新工科建设之路·计算机类专业系列教材

# Web 程序设计

李 辉 ⊗ 主编

电子工业出版社·
**Publishing House of Electronics Industry**
北京·BEIJING

## 内 容 简 介

PHP 与 MySQL 是 Web 应用系统开发技术的经典组合，具有开放源代码、支持多种操作系统平台等特点，被国内外众多网站广泛采用，具有很强的实用性。本书由浅入深、循序渐进，系统地介绍了 PHP 的相关知识及其在 Web 应用程序开发中的关键技术。全书共 14 章，包括 PHP 概述与开发运行环境搭建、PHP 语法基础、PHP 流程控制语句、PHP 函数、PHP 数组应用、Web 互动与会话控制技术、MySQL 数据库、PHP 操作 MySQL 数据库、PHP 面向对象编程、基于 PDO 数据库抽象层、PHP 与 MVC 开发模式、文件和目录操作、PHP 图形图像处理、程序调试与错误处理。

本书内容丰富、讲解深入，适用于初、中级 PHP 用户，既可以作为高等学校"Web 程序设计""网站开发与设计"课程的教材，又可以作为 Web 应用程序开发人员的参考用书。

**图书在版编目（CIP）数据**

Web 程序设计 / 李辉主编. —北京：电子工业出版社，2022.9

ISBN 978-7-121-44174-5

Ⅰ. ① W…　Ⅱ. ① 李…　Ⅲ. ① 网页制作工具－程序设计　Ⅳ. ① TP393.092.2

中国版本图书馆 CIP 数据核字（2022）第 150961 号

责任编辑：郝志恒　章海涛　　　　特约编辑：田学清

印　　刷：三河市鑫金马印装有限公司

装　　订：三河市鑫金马印装有限公司

出版发行：电子工业出版社

　　　　　北京市海淀区万寿路 173 信箱　　邮编：100036

开　　本：787×1092　1/16　　印张：22　　字数：563 千字

版　　次：2022 年 9 月第 1 版

印　　次：2022 年 9 月第 1 次印刷

定　　价：68.00 元

# 前　言

PHP 是当前开发 Web 应用系统比较理想的工具，易于使用、功能强大、成本低廉、安全性高、开发速度快且执行灵活，应用非常广泛。使用 PHP+MySQL 开发的 Web 项目在软件方面的投资成本较低、运行稳定，因此当今互联网中常见的应用（如微博、论坛、电子商务等）很多是由 PHP 实现的，无论是在性能、质量还是在价格上，PHP+MySQL 已成为企业优先考虑的开发组合。

本书以 Web 应用开发所需的关键技术为背景，较为详细地介绍了 PHP 及其相关知识，包括 PHP 概述与开发运行环境搭建、PHP 语法基础、PHP 流程控制语句、PHP 函数、PHP 数组应用、Web 互动与会话控制技术、MySQL 数据库、PHP 操作 MySQL 数据库、PHP 面向对象编程、基于 PDO 数据库抽象层、PHP 与 MVC 开发模式、文件和目录操作、PHP 图形图像处理、程序调试与错误处理。本书具有以下特色。

① 知识点全。本书紧密围绕 PHP 语言展开讲解，具有很强的逻辑性和系统性。

② 以代码驱动学习。每章都配有与本章知识相关的众多示例，强调动手实践，用代码来驱动读者逐步学会 Web 应用系统开发。

③ 示例丰富。书中各示例均经过精心设计和挑选，它们都是根据编者在实际开发中的经验总结而来的，较全面地反映了在实际开发中遇到的各种问题。

④ 零基础入门。本书完全面向没有 PHP 语言基础的读者，全书将 PHP 语言拆分成一个个小的技术点，让读者能轻松阅读下去，有助于读者尽快掌握 PHP 语言。

⑤ 配备素材，方便学习。本书提供所有案例需要的源文件，以便读者参考学习。

总之，本书难度适中，内容由浅入深，实用性强，覆盖面广，条理清晰，书中的大量内容来自实际开发案例，使读者更容易掌握 PHP 程序的开发技能。

在本书的编写过程中，我们力求精益求精，但难免存在疏漏和不足之处，敬请广大读者批评指正。

本书为教师提供配套的教学资料包，有需要者，请登录到华信教育资源网（http://www.hxedu.com.cn）上进行下载。

作　者

# 目　　录

# 第 1 章 PHP 概述与开发运行环境搭建

自 1995 年出现至今，PHP 已经是全球最受欢迎的脚本语言之一，是多种动态网站开发语言和流行的微信后台开发语言之一，适合开发规模为中小型的动态网站。

本章将介绍 PHP 优势、搭建 PHP 的开发运行环境，以及 Web 相关知识等。

## 1.1 Web 技术与 PHP

### 1.1.1 Web 技术

Web 即全球广域网，也称万维网，是一种基于超文本和 HTTP（HyperText Transfer Protocol，超文本传输协议）的、全球性的、动态交互的、跨平台的分布式图形信息系统。Web 是一个由相互链接的超文本文件组成的系统。在这个系统中，每个文件都被称为"资源"，并且由 URI（Uniform Resource Identifier，统一资源标识符）定位。这些资源文件通过 HTTP 传输给客户端用户，用户通过链接即可获得资源文件。

在 Web 开发中还会用到 B/S 架构、URL 和 HTTP 等知识。

#### 1．B/S 和 C/S 架构

在进行软件开发时，经常用到 C/S（Client/Server）架构和 B/S（Browser/Server）架构。其中，C/S 架构是指客户机与服务器的交互，如 QQ 聊天软件等。而 B/S 架构是指浏览器与服务器的交互，如高考志愿填报系统等。与 C/S 架构最大的区别是，B/S 架构通过浏览器可以直接访问各种网站服务，而不需要单独安装软件。

PHP 运行于服务器端，既可以在 C/S 架构中为客户机软件提供服务器接口，又可以作为 B/S 架构来搭建 Web 应用系统。本书主要基于 B/S 架构进行讲解。

#### 2．URL 地址

在 Internet 上的 Web 服务器中，每个网页文件都有一个访问标记符，用于唯一标识它的访问位置，以便浏览器可以访问到，这个访问标记符被称为统一资源定位符（Uniform

Resource Locator，URL）。URL 中包含了 Web 服务器的主机名、端口号、资源名及所使用的网络协议，其格式为

```
协议://主机地址:端口/资源路径?参数
```

参数说明如下。

协议：在网络中传输数据，通常为 HTTP 或 HTTPS。

主机地址：网站服务器的访问地址，可以通过 IP 地址或域名进行访问。

端口：表示访问服务器中的哪一个端口。HTTP 的默认端口为 80，HTTPS 的默认端口为 443。

资源路径：文件资源在服务器上对应的路径。

参数：浏览器为服务器提供的参数信息通常是"名字=值"的形式，如果有多个参数，就使用"&"字符进行分隔。

具体示例如下。

```
http://www.phei.com.cn:80/index.htm
```

其中，"http"表示传输数据所使用的协议（HTTP），"www.phei.com.cn"表示要请求的服务器主机名，"80"表示要请求的端口号，"index.html"表示要请求的资源名称。由于 80 是 Web 服务器的默认端口号，因此可以省略 URL 中的"：80"，即 http://www.phei.com.cn/index.htm。

### 3．HTTP 协议

文本传输协议（HyperText Transfer Protocol，HTTP）是浏览器与 Web 服务器之间进行数据交互需要遵循的一种规范。HTTP 是由 W3C 组织推出的，专门用于定义浏览器与 Web 服务器之间数据交换的格式。HTTP 是一种基于"请求"和"响应"的协议，当客户端与服务器建立连接后，由客户端（浏览器）向服务器端发送一个请求，称为 HTTP 请求，服务器接收到请求后会做出响应，称为 HTTP 响应。

### 4．网站与网页

网站由一系列网页文件通过超链接组成，其中包含与网页相关的资源，如图片、动画、音乐等。网站是一系列逻辑上可以视为一个整体的多个网页及其相关资源的集合。网页是网站中的一"页"，通常是 HTML 格式的文件，要通过浏览器来阅读。网页是构成网站的基本元素，通常由图片、链接、文字、音频、视频等元素组成。通常，我们看到的网页为以 .htm 或 .html 后缀的文件，因此被称为 HTML 文件。

### 5．动态网页和静态网页

从内容交互角度，网页分为动态网页和静态网页。

静态网页是指不是由应用程序直接或间接制作成 HTML 的网页，这种网页的内容是固定的，其修改和更新必须通过专用的网页制作工具，如 Dreamweaver 等。

动态网页是指使用网页脚本语言（如 PHP、JSP、ASP.NET 等）将网站内容动态存储到数据库，用户访问网站读取数据库动态生成的网页。网站上主要是一些框架基础，网页的内容大都存储在数据库中。

静态网页和动态网页最大的区别就是网页内容是固定的，而不是可在线更新的。

PHP 是使用最多的脚本语言之一，全球排名前 100 万的网站中有超过 70% 的网站是

使用 PHP 开发的。PHP 作为服务器端 Web 应用程序开发语言，主要有以下优势：一方面，PHP 是一种基于服务器端的 HTML 嵌入式的脚本语言，因此适用于 Web 开发；另一方面，PHP 基于 B/S 架构，即服务器启动后，用户可以不使用客户端软件，而直接使用浏览器进行访问，这种方式既保持了图形化的用户界面，又大大减少了应用程序的维护量。

# 1.1.2　PHP 概述

PHP 最初是由 Rasmus Lerdorf 于 1994 年为了维护个人网页而编写的一个简单程序。这个程序用来显示 Rasmus Lerdorf 的个人履历及统计网页流量，因此 PHP 最初被称为个人主页（Personal Home Page），后来受到 GNU 的影响，更名为超文本预处理器（Hypertext Preprocessor）。

PHP 是一种服务器端、跨平台、简单、面向对象、解释型、高性能、独立于框架、动态、可移植、HTML 嵌入式的脚本语言，其独特的语法吸收了 C 语言、Java 语言和 Perl 语言的特点，是一种被广泛应用的开源式的多用途脚本语言。

PHP 易于学习，使用广泛，主要适用于 Web 开发领域，成为当前最流行的构建 B/S 模式 Web 应用程序的编程语言之一。PHP 程序文件中的扩展名通常为 .php，如 index.php。从最初的 PHP/FI 到现在的 PHP 5、PHP 7，经过了多次重新编写和改进，发展十分迅速。PHP 是目前动态网页开发中使用最广泛的语言之一。PHP 能运行在 Windows、Linux 等绝大多数操作系统环境中，常与免费 Web 服务器软件 Apache 和数据库 MySQL 在 Linux、Windows 平台上配合使用，具有非常高的性价比。这几种技术号称 Web 开发的"黄金组合"（Linux + Apache + MySQL/MariaDB + Perl/PHP/Python，LAMP）。

PHP 具有如下优势。

### 1．易学好用

PHP 程序开发快，运行快，技术本身学习快。PHP 的主要目标是让 Web 开发人员只需学习很少的编程知识，就可以建设一个基于 Web 的应用系统，比如高考志愿填报系统。

### 2．免费，开源代码

与其他技术相比，PHP 本身免费且是开源代码，其学习成本低，使用成本也低。

### 3．平台无关（跨平台）

同一个 Web 应用程序，无须修改任意源程序，可以在 UNIX、Linux、Windows、Mac OS 等大多数操作系统下运行。

### 4．支持图像处理

PHP 可以动态创建图像。PHP 图像处理默认使用 GD2 函数库（注意：GD2 函数库扩展文件可用来处理图片，如生成图片、裁剪压缩图片、给图片打水印等）。

### 5．面向对象编程

PHP 较新的版本提供了面向对象的编程方式，不但提高了代码的重用率，而且为编写代码带来很大的方便，因此可以用来开发大型商业程序。

### 6．支持多种数据库

PHP 可支持多种主流与非主流的数据库，如 MySQL、Access、SQL Server、Oracle、DB2 等。其中，PHP 与 MySQL 是十分流行的组合，可以跨平台运行。

### 7．模板化编程

PHP 模板技术使程序逻辑与用户界面相分离。

### 8．基于多种 Web 服务器

常见的 Web 服务器如下。

① IIS（Internet Information Service）：运行 ASP、ASP.NET 脚本，默认占用 TCP 的 80 端口。

② Tomcat：运行 JSP 脚本。

③ Apache：运行 PHP 脚本，默认占用 TCP 的 80 端口。

④ Nginx：不仅是一个小巧且高效的 HTTP 服务器，还可以作为高效的负载均衡反向代理，默认端口是 80。

PHP 通常在 Apache 服务器上运行（也可以在 IIS 上运行）。PHP 的运行速度与服务器的速度有关，当服务器的一个 PHP 页面第一次被访问时，服务器就对它进行编译，只要服务器未关闭，其他客户机访问该页面时，就不必再编译。因此，PHP 的运行速度很快。

### 9．发展空间大

在当前 Internet 应用环境下，Web 3.0、云计算、物联网、人工智能等新概念不断催生出新的产业和服务，PHP 能够支撑这些新型产业和服务的技术体系。

鉴于 PHP 有上述优势，目前其应用较为广泛，Facebook、Google、百度、新浪等国内外一线互联网公司都在使用 PHP 开发应用系统。PHP 正吸引着越来越多的 Web 开发人员进行 Web 网站、OA 办公系统、电子商务、CRM 管理系统、ERP 系统、手机 App 接口及 API 接口、网页游戏后台、服务器脚本等方面的应用开发工作。

## 1.1.3　PHP 运行环境

PHP 脚本程序的运行需要借助 Web 浏览器（Web Browser）、PHP 预处理器（PHP Preprocessor）和 Web 服务器的支持，必要时需要借助数据库服务器（Database Server）来获取和存储数据。

### 1．Web 浏览器

Web 浏览器又称为网页浏览器，简称浏览器。浏览器是用户最常用的客户端程序之一，主要功能是显示 HTML 网页内容，让用户与这些网页内容产生互动。常用的浏览器有 Microsoft Edge、Google Chrome、Apple Safari 和火狐（Firefox）等。

### 2．HTML

HTML 是网页的静态内容，这些静态内容由 HTML 标记产生，Web 浏览器识别这些 HTML 标记并解释执行。例如，Web 浏览器识别 HTML 标记"<br/>"，将"<br/>"标记解析为换行。在 PHP 程序开发过程中，HTML 主要负责页面的互动、布局和美观。

### 3．PHP 预处理器

PHP 预处理器的功能是将 PHP 程序中的 PHP 代码解释为文本信息，这些文本信息中可以包含 HTML 代码。

### 4．Web 服务器

Web 服务器一般指网站服务器，是指驻留于 Internet 上某种类型计算机的程序，可以向浏览器等 Web 客户端提供文档，也可以放置网站文件让 Internet 用户浏览，还可以放置数据文件让 Internet 用户下载。

目前，主流的 Web 服务器是 Apache、IIS 和 Nginx。

① Apache 是应用最多的 Web 服务器之一，优势主要是开放源代码、支持跨平台应用和可移植等。虽然 Apache 的模块支持非常丰富，但在速度和性能上不及其他轻量级 Web 服务器，消耗的内存也比其他 Web 服务器消耗的内存要高。因为它是自由软件，所以不断有人为它开发新的功能、新的特性，修改原来的缺陷。

② IIS（Internet Information Server，Internet 信息服务）是 Microsoft 开发的，允许在公共 Intranet 或 Internet 上发布信息的 Web 服务器组件，包括 Web 服务器、FTP 服务器、NNTP 服务器和 SMTP 服务器，分别用于网页浏览、文件传输、新闻服务和邮件发送等方面。通过 IIS 在网络上发布信息非常简单。IIS 提供 ISAPI 作为扩展 Web 服务器功能的编程接口，还可以实现数据库的查询和更新。

③ Nginx 不仅是一个小巧且高效的 HTTP 服务器，还可以作为高效的负载均衡反向代理，接受用户的请求，并将其分发到多个 Mongrel 进程，可以极大地提高 Rails 应用的并发能力。

Web 服务器也称为 WWW（World Wide Web）服务器，主要功能是提供网络上信息浏览的服务。WWW 是 Internet 的多媒体信息查询工具，是 Internet 近年才发展起来的服务，也是目前发展最快和应用最广泛的服务之一。近年来，WWW 使得 Internet 迅速发展，且用户数量飞速增长。本书将使用 Apache 服务器部署 PHP 程序。

大部分 Web 服务器仅提供一个可以执行服务器程序和返回响应的环境，单纯的 Web 服务器只能响应静态页面（如不包含任何 PHP 代码的 HTML 页面）的请求。也就是说，如果 Web 浏览器请求的是静态页面，那么只需要 Web 服务器响应该请求；如果浏览器请求的是动态页面（如包含 PHP 代码的 HTML 页面），那么 Web 服务器会委托 PHP 预处理器将该动态页面解释为 HTML 静态页面，再将解释后的静态页面返回给浏览器显示。

### 5．数据库服务器

数据库服务器是一套为应用程序提供数据管理服务的软件，这些服务包括数据管理服务（如数据的添加、删除、修改、查询）、事务管理服务、索引服务、高速缓存服务、查询优化服务、安全及多用户存取控制服务等。

常见的数据库服务器有 Oracle 的 Oracle 和 MySQL、Microsoft 的 SQL Server、IBM 的 DB2、SAP 的 Sybase。由于 MySQL 具有体积小、速度快、免费开源等特点，许多中小型 Web 系统选择 MySQL 作为数据库服务器。本书将选用 MySQL 讲解有关 PHP 应用程序中数据库开发方面的知识。

## 1.1.4  PHP 的工作原理

PHP 是基于服务器端运行的脚本程序语言，能够实现数据库和网页之间的数据交互。一个完整的 PHP 系统由以下几部分构成。

❖ 操作系统：网站运行服务器所使用的操作系统。PHP 不要求操作系统的特定性，其跨平台的特性允许 PHP 在任何操作系统上运行，如 Windows、Linux 等。

❖ Web 服务器：主要用于存储大量的网络资源（如图片、视频等），供用户访问和处理 HTTP 请求。

❖ PHP 预处理器：实现对 PHP 文件的解析和编译，将 PHP 程序代码解释为文本信息。

❖ 数据库（DataBase，DB）：存储和管理数据的容器。PHP 支持多种数据库系统，包括 MySQL、SQL Server、Oracle 和 DB2 等。

❖ Web 浏览器：主要用于客户端显示 HTML 网页内容，并让用户与这些网页互动。由于 PHP 在发送到浏览器的时候已经被解析器编译成其他代码，因此 PHP 对浏览器没有任何限制。

PHP 的工作原理如图 1-1 所示。

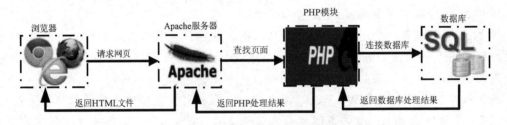

图 1-1  PHP 的工作原理

① 客户端浏览器向 Apache 服务器请求访问指定页面，如 index.php。
② Apache 服务器收到客户端请求后，查找 index.php 页面（代码）。
③ 若代码需要连接数据库，数据库服务器处理后，返回数据库处理结果。
④ 通过 PHP 解释器将 PHP 脚本处理结果返回给 Apache 服务器。
⑤ Apache 服务器将解释之后的 HTML 页面发送给客户端浏览器。
⑥ 客户端浏览器对 HTML 代码进行解释执行，用户就会看到请求的页面。

Web 服务器在处理访问请求时，会判断当前请求的目标是静态资源还是动态资源。如果是静态资源，那么直接读取文件返回给浏览器。如果是动态资源，那么调用 PHP 来进行处理。

📢 **注意**：Apache 服务器本身是一个 Web 服务器，只负责接收和响应用户请求，无法对 PHP 脚本进行解释，所以需要与 PHP 模块协同工作。

## 1.1.5　如何学好 PHP 编程

　　学习每种编程语言都应该讲究方法、策略，别人的学习经验可以借鉴，但不要生搬硬套，应该自己总结、分析、整理出一套适合自己的学习方法。这里将编者多年程序开发和教学过程中总结出来的经验分享给广大 PHP 程序开发者。

　　① 掌握网页制作基础知识。任何网站都是由网页组成的，学习网站开发的前提是先学会制作网页，因此必须掌握 HTML、CSS、JavaScript 等网页制作基础知识，达到可自行制作完整 HTML 网页的程度。

　　② 学会搭建 PHP 开发环境，并选择一种适合自己的开发工具。

　　③ 掌握 PHP 基础语法和函数库，理解动态编程语言的工作原理。

　　④ 学会结合使用 PHP 与 HTML 开发动态网页。

　　⑤ 学会结合使用 PHP 与 MySQL 数据库开发数据库存取操作程序。几乎所有网站都需要用到数据库存取操作，因此需要学会数据库的连接、查询、添加、修改和删除等常用数据库编程知识。

　　⑥ 多实践、多思考、多请教。学习一种编程语言，应该在掌握基本语法的基础上反复实践。大部分新手之所以觉得概念难学，是因为没有通过实际操作来理解概念的意义。边学边做是十分有效的方式，对于 PHP 的所有语法知识都要亲自实践，只有了解各程序代码能起到什么作用后，才会记忆深刻。

# 1.2　网页的前端技术

　　创建网页呈现给用户，主要通过 HTML、CSS、JavaScript 及衍生出的各种技术、框架、解决方案来实现 Internet 产品的用户界面交互。随着 Internet 技术的发展和 HTML5、CSS3 的应用，现代网页更加美观，交互效果更加显著，功能更加强大。其中，HTML 作为网页的结构表现尤为重要，下面介绍 HTML 相关知识。

## 1.2.1　HTML 基础知识

　　HTML 是一种简单、通用的标记语言，之所以叫标记语言，是因为 HTML 通过不同的标签来标记文档的不同部分。用户看到的每个 Web 页面都是由 HTML 通过一系列定义好的标签生成的，代码如下。

```html
<!DOCTYPE html>
<html>
    <head>
        <meta charset = "UTF-8">
        <title>我的第一个网页</title>
    </head>
    <body>
        Hi, baby!
```

```
        </body>
    </html>
```

&lt;!DOCTYPE html&gt;是文档类型声明标签，告诉浏览器这个页面采取 HTML5 版本来显示。

HTML 文档一般包括两个区域：头部区域和主体区域。HTML 文档的基本结构由 3 个标签负责组织：&lt;html&gt;、&lt;head&gt;和&lt;body&gt;。其中，&lt;html&gt;标签标识 HTML 文档，&lt;head&gt;标签标识头部区域，&lt;body&gt;标签标识主体区域。

网页头部的 HTML 标签是&lt;head&gt;和&lt;/head&gt;，用于存储网页描述信息，如网页标题、字符集设置、网页关键词等。其中，&lt;title&gt;和&lt;/title&gt;标签用于设置网页的标题，浏览该网页时将显示在浏览器的标题栏上。

&lt;meta&gt;标签用于设置网页的类别和语言字符集（Character Set）。语言字符集是多个字符的集合，以便计算机能够识别和存储各种文字。在&lt;head&gt;标签中，可以通过&lt;meta&gt;标签的 charset 属性来规定 HTML 文档应该使用哪种字符编码。charset 常用的值有 GB2312、BIG5、GBK 和 UTF-8，其中，UTF-8 也被称为万国码，基本包含了所有国家需要用到的字符。一般使用 UTF-8 编码，尽量统一写成标准的"UTF-8"，不要写成"utf8"或"UTF8"。

HTML 语法规则如下。

① HTML 标签是由"&lt;&gt;"包围的关键词，如&lt;html&gt;。

② HTML 标签通常是成对出现的，如&lt;html&gt;和&lt;/html&gt;，被称为双标签。双标签关系可以分为两类：包含关系和并列关系，如&lt;head&gt;和&lt;title&gt;为包含关系，&lt;head&gt;和&lt;body&gt;为并列关系。

③ 标签对。标签对中的第一个标签是开始标签，第二个标签是结束标签。

有些特殊的标签必须是单个标签（极少情况），如&lt;br /&gt;，被称为单标签。

网页主体的标签是&lt;body&gt;和&lt;/body&gt;，其中包含所要描述网页的具体内容。&lt;body&gt;标签的常用属性如表 1-1 所示。

表 1-1　&lt;body&gt;标签的常用属性

| 属性代码 | 属性名称 | 示　　例 |
| --- | --- | --- |
| bgcolor | 背景颜色 | &lt;body bgcolor="red"&gt; |
| background | 背景图片 | &lt;body background="图片地址"&gt; |
| topmargin | 上页边距 | &lt;body topmargin="0"&gt; |
| bottommargin | 下页边距 | &lt;body bottommargin="0"&gt; |
| leftmargin | 左页边距 | &lt;body leftmargin="0"&gt; |
| rightmargin | 右页边距 | &lt;body rightmargin="0"&gt; |
| bgsound | 背景音乐 | &lt;bgsound src="音乐地址"&gt;&lt;/bgsound&gt; |

从简单的文本编辑器，如 Windows 的记事本，到专业化的编辑工具，如 WebStorm、Visual Studio Code、NetBeans 等，都可以用上述标签来编辑 HTML 文档，编辑好的 HTML 文档必须以 .html 或 .htm 为后缀存储，最后通过浏览器打开 HTML 文档来查看页面效果。

HTML 的标签不区分大小写，因此&lt;B&gt;和&lt;b&gt;表示的含义相同。

HTML 标签定义的内容称为元素，元素包含在开始标签和结束标签之间。每种 HTML 元素一般会有一个或多个属性。属性用来设置或表示元素的一些特性、名称或显示效果等。属性放在元素标签中，紧跟在标签名称后，与标签名称之间有一个或多个空格。元素的每个属性都有一个值，属性值的设定使用"属性=值"的格式，可以为属性的值加上引号（不加引号也可以）。

### 1．网页头部元素

HTML 使用标签<head>定义一个标头，其结束标签是</head>。一般在<head>标签中设置文档的全局信息，如 HTML 文档的标题（Title）、搜索引擎关键字（Keyword）等。HTML 文档名称放在头部元素中，使用<title>标签定义。

### 2．标题元素

标题是指 HTML 文档中内容的标题。标题元素由标签<h1>到<h6>定义。<h1>定义最大的标题，<h6>定义最小的标题。

标题元素特点为：① 加了标题的文字会变粗，字号也会变大；② 一个标题独占一行。

**【例 1-1】** 标题标签的应用。

```
<h1>标题一共六级选，</h1>
<h2>文字加粗一行显。</h2>
<h3>由大到小依次减，</h3>
<h4>从重到轻随之变。</h4>
<h5>语法规范书写后，</h5>
<h6>具体效果刷新见。</h6>
```

### 3．段落与换行元素

在网页中要把文字有条理地显示出来，就需要将这些文字分段显示。在 HTML 标签中，<p>标签用于定义段落，可以将整个网页分为若干段落。例如：

```
<p> 我是一个段落标签 </p>
```

段落的特点为：① 文本在一个段落中会根据浏览器窗口的大小自动换行；② 段落和段落之间留有空隙。

设置段落对齐方式：可以使用 align 属性对段落中内容（文字、图片和表格等）的对齐方式进行设置，属性值有 left（左对齐，默认值）、right（右对齐）、center（居中对齐）。

在 HTML 中，一个段落中的文字会从左到右依次排列，直到浏览器窗口的右端，然后才自动换行。如果希望某段文本强制换行显示，就需要使用换行标签<br />。

换行标签的特点为：① <br />是单标签；② <br />标签只是简单地开始新的一行，与段落不同，段落之间会插入一些垂直的间距。

### 4．设置文字样式

<font>标签用于设置文字的字体，其包含的文字为样式作用区，也可以将其设置为包含文字的父级标签，主要有 face、color、size 这 3 个属性，如表 1-2 所示。

文字的其他修饰标签（均为双标签）如下。

❖ <h1>～<h6>：提供了 6 种标题标签，标签中 h 后面的数字越大，标题文字越小。

❖ <b>、<i>、<u>：分别用于对文字设置加粗、斜体，以及添加下画线修饰效果。

❖ <tt>、<cite>、<em>、<strong>：分别用于对文字进行打字机风格字体修饰、引用方式字体修饰（斜体）、强调字体（加粗并斜体）修饰、加重文本（加粗）修饰。

表 1-2　<font>标签的属性

| 属性 | 名称 | 说　　明 | 示　例 |
|------|------|----------|--------|
| face | 字体 | 文字字体 | <font face="宋体"> |
| color | 颜色 | 文字颜色，取 RGB 值或预设颜色常量 | <font color="red"> |
| size | 大小 | 取值范围是 1～7 和+(-)1～6（表示相对于原字体大小的增量或减量），默认是 3 | <font size="6"> |

❖ <sup>：上标格式标签，多用于数学指数的表示，如某数的平方或立方。

❖ <sub>：下标格式标签，多用于注释，如表示数学的底数。

❖ <strike>：删除线标签，实现删除效果。

### 5．列表

HTML 的列表分为有序列表和无序列表，包含的列表项由<li></li>定义。

① 无序列表：指列表项之间没有先后顺序，其列表标签为<ul></ul>。例如：

```
<ul>
    <li>列表项一<li>
    <li>列表项二<li>
    <li>列表项三<li>
    <li>列表项四<li>
</ul>
```

② 有序列表：指列表项之间有先后顺序，序列编号有 5 种，分别是 1、2、3，a、b、c，A、B、C，ⅰ、ⅱ、ⅲ，Ⅰ、Ⅱ、Ⅲ，列表标签为<ol></ol>。例如：

```
<ol>
    <li>列表项一<li>
    <li>列表项二<li>
    <li>列表项三<li>
</ol>
```

### 6．链接元素

HTML 文档中指向其他 Web 资源（如另一个 HTML 页面、图片等）的链接称为"锚"。在 HTML 中，使用标签<a>和</a>定义一个锚元素，即链接元素，也就是说，在<a>和</a>之间的内容会成为一个超链接。

```
<a href="index.html" target="_blank">进入新页面</a>
```

href 属性：指定新页面的地址（可使用相对地址，也可使用绝对地址）。

target 属性：指定新页面的弹出位置，即_self（本身）、_blank（新窗口）、_top（顶层）、_parent（父级框架）（用于框架）。

### 7．表格元素

表格主要用于显示、展示数据，可以让数据显示得非常规整，可读性非常好，特别是在后台展示数据时显得很重要。清爽简约的表格能够把繁杂的数据表现得很有条理。

标签<table></table>用于定义一个表格元素。一个表格由"行"构成，每行由数据单元构成。表格的"行"用标签<tr></tr>定义，数据单元用标签<td></td>定义。

```
<table>
```

```
    <tr>
        <td> 内容… </td>
        <td> 内容… </td>
    </tr>
</table>
```

① 控制表格的边框，基本语法如下：

```
<table border = "边框大小值">
```

语法解释：边框粗细值由数字表示，如 1、2、3、4。数值越大，边框越粗。

② 控制表格的边框颜色，基本语法如下：

```
<table bordercolor = "颜色值">
```

语法解释：边框颜色属性值与网页的背景色相同。

③ 控制表格的宽度，基本语法格式如下：

```
<table width = "大小值">
```

语法解释：表格宽度值以像素为单位。

④ 控制表格的高度，基本语法格式如下：

```
<table height = "大小值">
```

语法解释：表格高度值以像素为单位。

⑤ 控制表格的背景色，基本语法格式如下：

```
<table bgcolor = "颜色值">
```

语法解释：背景色属性值与网页的背景色相同。

⑥ 控制表格的背景图片，基本语法格式如下：

```
<table background = "背景图片地址">
```

语法解释：在默认情况下，背景图片会根据表格大小进行平铺显示。

⑦ 合并多个单元格。为了更灵活地安排表格中的各种数据，表格提供了合并单元格的功能，合并多个单元格在布局网页时非常有用。colspan 属性用于水平合并单元格，其值为水平合并单元格的数量。rowspan 属性用于垂直合并单元格，其值为垂直合并单元格的数量。

## 8. 图片元素

<img /> 单标签用于在网页中显示图片，通过设置属性来控制图片的显示效果。例如：

```
<img src="./cau.jpg" width="20px" height="20px" border="0" alt="校徽" />
```

其中，src 是 <img /> 标签的必选属性，用于指定图像文件的路径和文件名，此时的图片 cau.jpg 和 HTML 文档应在同一目录下，否则图片无法正常显示。

## 9. 多媒体

① 为网页添加背景音乐。<bgsound /> 单标签用于为网页添加背景音乐。语法格式如下：

```
<bgsound src = "音乐文件路径"loop = "-1|循环播放次数" />
```

src：指定所链接的音乐文件路径。

loop：指定背景音乐的循环播放次数，如果将循环播放次数设置为"-1"，就表示无限循环。

② 添加音乐、动画、视频播放器。<embed>双标签用于为网页添加音乐、动画和视频播放器。语法格式如下：

```
<embed src= "资源文件路径" width = "宽度" height = "高度" autostart = "true|false"> </embed>
```

src：指定链接的资源文件路径。

width：设置播放器宽度。

height：设置播放器高度。

autostart：设置是否自动播放，其取值为 true 或 false。

### 10．制作滚动效果

<marquee>双标签可以使包括在标签内的内容滚动，其内容可以是文字、图片、表格、多媒体等。语法格式如下：

```
<marquee direction= "方向" behavior = "方式" scrollamount = "速度"> 滚动内容 </marquee>
```

## 1.2.2　HTML 表单

表单是网页上的一个特定区域，通常用于让用户输入信息，如注册邮箱时进行填写的区域。

在 Web 应用程序开发中，通常使用表单实现程序与用户输入的交互。使用表单的目的是收集用户信息。用户通过在表单上输入数据，将一些信息传输给网站的程序进行相应的处理。

当用户在 Web 页面中的表单内填写好信息后，可以通过单击按钮或链接来实现数据的提交。表单标签主要包括 form、input、textarea、select 和 option 等。

在 HTML 中，一个完整的表单通常由表单域、表单控件（也称表单元素）和提示信息三部分构成。其中，表单域是一个包含表单元素的区域，由一对<form>标签定义，其程序结构可以通过查看源文件看到，表单域的常用属性有 action、method、name 等。

获取表单信息实际上就是获取不同的表单元素的信息。<form>标签中的 name 是所有表单元素都具备的属性，即这个表单元素的名称。在使用时，需要使用 name 属性获取相应的 value 属性值。

在程序开发过程中，使用的表单控件（表单元素）形式如下。

```
<input>表单元素
```

在表单元素中，<input>单标签用于收集用户信息，包含一个 type 属性。根据不同的 type 属性值，可以输入拥有很多形式的字段（文本字段、复选框、掩码后的文本控件、单选按钮、按钮等）。

```
<input type = "属性值"/>
```

其中，type 属性设置不同的属性值来指定不同的控件类型，如图 1-2 所示。

除了 type 属性，<input>标签还有很多其他属性，其常用属性如图 1-3 所示。

| 属性值 | 描述 |
|---|---|
| button | 定义可点击按钮（多数情况下，用于通过 JavaScript 启动脚本） |
| checkbox | 定义复选框 |
| file | 定义输入字段和 "浏览" 按钮，供文件上传 |
| hidden | 定义隐藏的输入字段 |
| image | 定义图像形式的提交按钮 |
| password | 定义密码字段。该字段中的字符被掩码 |
| radio | 定义单选按钮 |
| reset | 定义重置按钮。重置按钮会清除表单中的所有数据 |
| submit | 定义提交按钮。提交按钮会把表单数据发送到服务器 |
| text | 定义单行的输入字段，用户可在其中输入文本。默认宽度为 20 个字符 |

图 1-2　type 属性值及其描述

| 属性 | 属性值 | 描述 |
|---|---|---|
| name | 由用户自定义 | 定义 input 元素的名称 |
| value | 由用户自定义 | 规定 input 元素的值 |
| checked | checked | 规定此 input 元素首次加载时应当被选中 |
| maxlength | 正整数 | 规定输入字段中的字符的最大长度 |

图 1-3　<input>标签的常用属性

## 1．表单标签<form>

<form>标签是一个 HTML 表单必选的。<form>和</form>表示表单的开始与结束。表单的基本结构形式如下。

```
<form action = "url" method = "method" name = "name" enctype = "文件上传必需属性"> </form>
```

其中，action 的属性值为 URL 地址，主要用于指定接收并处理表单数据的服务器的 URL 地址；method 为指定表单数据的传送方式，常用的表单数据的传送方式有 GET、POST 两种；name 用于指定表单的名称，可以区分同一个网页中的多个表单域；如果进行上传文件等操作，还需使用 enctype 属性指定数据类型，enctype 即 encodetype（编码类型），其值 multipart/form-data 是指表单数据由多部分构成，其中既有文本数据，又有文件等二进制数据。

表单以<form>标签开始，以</form>标签结束，在其中放入的是表单的对象。单击"提交"按钮，这对标签之间的部分都要被提交到服务器，其中包含处理表单的脚本程序位置、提交表单的方法等信息。

◀》注意：<form>标签不能嵌套使用。

## 2．输入标签<input>

用户填写信息时要通过特定的输入标签。<input>是一个比较常见的输入标签，根据 type 属性的不同，又分为文本域、密码、按钮等类型。在<input>标签中，通过 type 属性的值来区分所表示的表单元素。

<input>标签的 type 属性是 text，用于表示文本框。例如：

```
<input name= "txtname" type = "text" value = "" size = "20" maxlength = "15">
```

name：表示表单元素的名称，接收程序将使用该名称获取表单元素的值。

type：<input>标签的类型，这里 text 表示文本框。

value：页面打开时文本框中的初始值，这里为空。

size：表示文本框的长度。

maxlength：表示文本框中允许输入的最多字符数。

有两种常见的类似文本框的表单元素——密码框与隐藏框。它们的属性和作用与文本框的相同，只是 type 的值不同。其中，密码框 type 的值为 password，隐藏框 type 的值为 hidden。例如：

```
<input name= "txtpwd" type = "password" value = "" size = "20" maxlength = "15">
```

需要注意的是，密码框只是在视觉上隐藏了用户的输入。在提交表单时，程序接收到的数据仍然是用户的输入，而不是一连串的圆点。

```
<input name= "txtpwd" type = "hidden" value = "" size = "20" maxlength = "15">
```

隐藏框不用于用户输入，只是用于存储初始信息，或者接收来自页面的脚本语言。在提交表单时，隐藏框中的数据与文本框一样都将被提交给用于接收数据的程序进行处理。

【例 1-2】 在系统登录界面中，输入用户名和密码表单。

```
<html>
    <head>
        <meta charset="UTF-8">
        <title>系统登录</title>
    </head>
    <body>
        请输入账号和密码：<br><br>
        <form action="do_get.php" method="get">
            用户名：<input type="text" name="username"><br><br>
            密码：<input type="password" name="pwd"><br><br>
            <input type="submit" value="提交">    
            <input type="reset" value="重置">
        </form>
    </body>
</html>
```

### 3. 按钮

HTML 表单中的按钮分为 3 种，即提交按钮、重置按钮和普通按钮，都是通过<input>标签实现的，其区别只在于 type 的值不同。

① 提交按钮用于将表单中的信息提交给相应的用于接收表单数据的页面。表单提交后，将跳转到用于接收表单数据的页面。提交按钮是通过 type 为 submit 的<input>标签来实现的。例如：

```
<input type = "submit" value = "提交">
```

注意：value 的值是按钮上显示的文字。

② 重置按钮用于使表单中所有元素均恢复到初始状态，是通过一个 type 为 reset 的 input 标签来实现的。例如：

```
<input type = "reset" value = "重置">
```

③ 普通按钮一般在数据交互方面没有任何作用，通常用于页面脚本如 JavaScript 的调用。普通按钮是通过一个 type 为 button 的 input 标签来实现的。例如：

```
<input type = "button" value = "按钮">
```

### 4. 单选按钮与复选框

单选按钮（radio）和复选框都是通过 input 标签来实现的。

单选按钮一般成组出现，具有相同的 name 值和不同的 value 值，在一组单选按钮中，同一时间只能有一个被选中。例如：

```
<input name = "radiobutton" type = "radio" value = "男">
```

📢 注意：name 表示单选按钮的名称。

type 的值为 radio，表示单选按钮，value 是单选按钮的值。如果选中这个单选按钮，则返回该单选按钮的值。例如，

```
<input name="radiobutton" type="radio" value="女">
```

复选框能够进行项目的多项选择，用户在填写表单时，有时需要选择多个项目，如在线听歌需要同时选取多首歌曲就会用到复选框。复选框一般都是多个选项同时存在的，为了便于传值，name 可以是数组形式，复选框的 type 的值为 checkbox。例如：

```
<input type = "checkbox" name = "chk1" value = "游泳">
```

### 5. 文本域

<textarea>标签用于定义一个文本域。文本域可以看作一个多行的文本框，与文本框实现同样的功能——从用户浏览器接收输入的字符。例如：

```
<textarea name = "textareatest" cols = "50" rows = "10">
```

📢 注意：name 属性表示文本域的名称，cols 表示文本域的列数，rows 表示文本域的行数。

### 6. 下拉列表框

下拉列表框是通过 select 与 option 标签来实现的，其中为用户选择的信息。

获取下拉列表框的值的方法非常简单，与获取文本框的值类似。首先需要定义下拉列表框的 name 属性值，然后应用$_POST[]全局变量进行获取。

```
<select name="subject_type">
    <option selectedvalue="H">---请选择题目类型---</option>
    <option value="A">A. 结合设计、科研、生产单位的题目</option>
    <option value="B">B. 结合教师科研的题目</option>
    <option value="C">C. 结合实验室建设的题目</option>
</select>
```

<select></select>标签用于声明一个下拉列表框，其中的每个 option 都是下拉列表框中的一个选项，下拉列表框的值将是选中的 option 中 value 属性所指定的值。在 option 标签中，selected 属性可以用于表示下拉列表框的初始选择。

【例 1-3】 实现界面如图 1-4 所示，其中"喜欢的编程技术"对应的下拉列表框的值为 PHP、Python、Java。

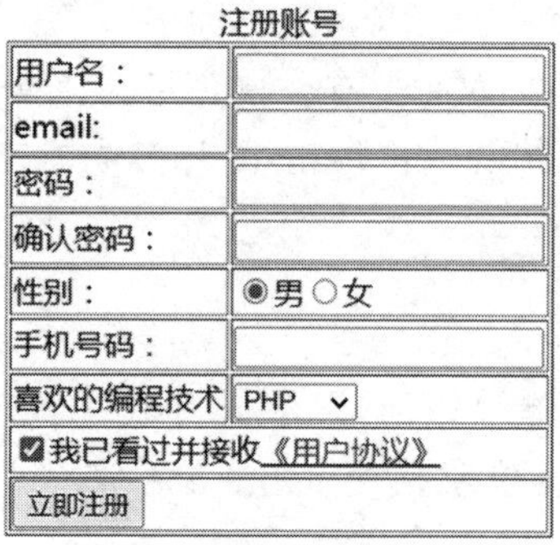

图 1-4　实现界面

具体实现如下。

```
<form action="infoShow.php" method="post" name="frminfo">
    <center>注册账号</center>
    <table align="center" border="1">
        <tr>
            <td>用户名：</td>
            <td><input type="text" name="content[username]"></td>
        </tr>
        <tr>
            <td>email:</td>
            <td><input type="text" name="content[email]"></td>
        </tr>
        <tr>
            <td>密码：</td>
            <td><input type="password" name="content[pwd]"></td>
        </tr>
        <tr>
            <td>确认密码：</td>
            <td><input type="password" name="content[confirmpwd]"></td>
        </tr>
        <tr>
            <td>性别：</td>
            <td><input type="radio" name="content[sex]" value="1"  checked>男
                <input type="radio" name="content[sex]" value="0">女</td>
        </tr>
        <tr>
            <td>手机号码：</td>
            <td><input type="text" name="content[phone]"></td>
        </tr>
        <tr>
            <td>喜欢的编程技术</td>
            <td>
                <select name="content[lovelanguage]">
```

```
                    <option>PHP</option>
                    <option>Python</option>
                    <option>Java</option>
                </select>
            </td>
        </tr>
        <tr>
            <td colspan="2"> <input type="checkbox" checked="">我已看过并接收<a href =
                                "http://jszx.cau.edu.cn">《用户协议》</a></td>
        </tr>
        <tr>
            <td colspan="2"> <input type="submit" name="btnsubmit" value="立即注册"></td>
        </tr>
    </table>
</form>
```

# 1.2.3　表单数据的接收

虽然表单是 HTML 页面的一部分，但是表单与 PHP 脚本传递数据的过程是无缝衔接的。PHP 脚本获取表单中的数据并完成处理，然后 PHP 解析器将处理结果以代码的形式嵌入 HTML 中，最后浏览器解析渲染 HTML 内容并将页面呈现给用户。

数据从表单发送到服务器端，PHP 脚本经过处理再生成 HTML 并返回。当 PHP 脚本处理表单时，会检索 URL、表单数据、上传文件等信息，然后通过 PHP 内置全局变量数组$_GET[]、$_POST[]等获取用户提交的数据。

接收表单数据主要有两种方法：GET 和 POST。

## 1．使用 GET 方法提交表单数据

GET 方法提交的本质是将数据通过 URL 地址的形式传递到下一个页面，提交的表单不会明显地改变页面状态。GET 方法是最简单的提交方法，主要用于静态 HTML 文档、图像或数据库查询结果的简单检索。

HTML 表单提交数据的默认方法就是 GET。如果在 form 标签中不指定 method 属性，就使用 GET 方法提交表单数据。

GET 方法将使表单中的数据按照"表单元素名=值"的关联形式添加到 form 标签中 action 属性所指向的 URL 后面，使用"？"连接，并且将各变量使用"&"连接。提交表单数据后，页面将跳转到新的地址。如果用户填写的个人敏感信息都在地址栏中显示，那么以 GET 方法提交安全性较差，在实际开发中一般较少使用 GET 方法。

在 PHP 中，使用$_GET[]数组接收使用 GET 方法传递的数据，其中"[ ]"中为表单元素的名称，相应的数组的值为用户的输入，如$_GET["txtname"]。例如：

```
<form method= "get" action = "register.php"></form>
```

## 2．使用 POST 方法提交表单数据

与 GET 方法相比，POST 方法具有很多优势。由于 POST 方法是通过头信息传递表单数据的，因此在长度上是不受限制的，同时不会把传递的表单数据暴露在浏览器的地址

栏中。在通常情况下，POST 方法用于提交一些相对敏感或数据量较大的信息。POST 方法提交表单数据时必须在 form 标签中指定 method 属性为"post"。例如：

```
<form method = "post" action = "register.php"> </form>
```

POST 方法会将表单中的数据放在表单的数据体中，并按照表单元素名称和值的对应关系将用户输入的数据传递到<form>标签中 action 属性指向的 URL 地址。提交表单数据后，页面将跳转到这个地址。

在 PHP 中，使用$_POST[]数组接收 POST 方法传递的数据，其中"[ ]"中为表单元素的名称，相应的数组的值为用户的输入。例如，接收一个来自名称为 txtname 的文本框的数据的 PHP 代码为$_POST["txtname"]。

GET 方法的提交会将用户输入的数据全部显示在地址栏上，其他用户可以通过查询浏览器的历史浏览记录得到输入的数据。而 POST 方法不依赖于 URL，用户输入的数据不会显示在地址栏中，所有提交的信息在后台传输，用户在浏览器端是看不到这个过程的。因此，使用 POST 方法传输数据比使用 GET 方法更安全可靠。

# 1.3　集成开发环境搭建

在进行 PHP 开发前，必须先搭建开发环境，通常有两种搭建方法：一种是自定义安装，另一种是集成安装。对初学者来说，Apache、PHP 和 MySQL 的安装和配置较为复杂，可以选择 XAMPP（Apache+MySQL+PHP/PERL）集成安装环境快速安装配置 PHP 服务器。集成安装环境就是将 Apache、PHP 和 MySQL 等服务器软件整合在一起，免去了单独安装配置服务器带来的麻烦，实现了 PHP 开发环境的快速搭建。

目前比较常用的集成安装环境是 XAMPP、WampServer 和 phpStudy，都集成了 Apache 服务器、PHP 预处理器及 MySQL 服务器。其中，XAMPP 是一个功能强大的建站集成软件包，可以在 Windows、Linux、Solaris、Mac OS 等操作系统下安装使用，支持多种语言，即英文、中文、韩文、俄文、日文等。所以，本书以 XAMPP 为例介绍 PHP 服务器的安装与配置。

## 1.3.1　PHP 运行环境 XAMPP 的安装

### 1．安装前的准备工作

安装 XAMPP 前应从其官方网站下载安装程序，如图 1-5 所示，目前比较新的版本是 XAMPP 8.1.2，具体选择哪个版本需要根据操作系统来决定。

### 2．XAMPP 的安装

① 双击 XAMPP 的安装文件，进入 XAMPP 安装页面，弹出"用户账户控制"对话框，如图 1-6 所示。

② 单击"是"按钮，出现"Warning"对话框，如图 1-7 所示，提供检测病毒软件影响提示。

图 1-5 XAMPP 下载页面

图 1-6 "用户账户控制"对话框

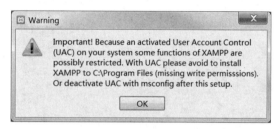

图 1-7 Warning 对话框

③ 单击 OK 按钮，出现 Setup 安装页面，如图 1-8 所示。

④ 单击"Next"按钮，出现 Select Components 对话框，从中选择需要安装的功能组件，如图 1-9 所示。

图 1-8 进入 Setup 安装页面

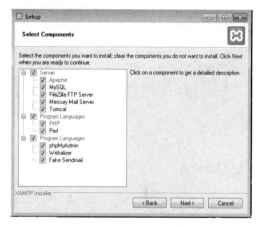

图 1-9 选择安装功能组件

⑤ 单击"Next"按钮，出现 Installation folder 对话框，设置安装目录，如图 1-10 所示。

⑥ 单击"Next"按钮，出现 Bitnami for XAMPP 对话框，为准备开始安装应用提醒，如图 1-11 所示。

⑦ 单击"Next"按钮，出现 Ready to Install 对话框，开始安装软件，如图 1-12 所示。

⑧ 单击"Next"按钮，开始执行安装，并提示安装进度，如图 1-13 所示。

⑨ 等待安装完成，进入安装完成页面，如图 1-14 所示。

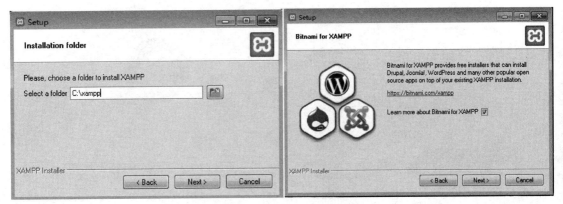

图 1-10　设置安装目录　　　　　　　　图 1-11　安装应用提醒

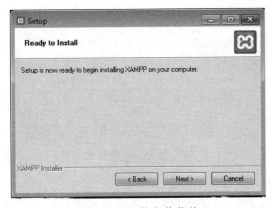
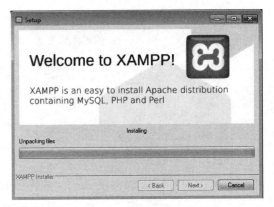

图 1-12　开始安装软件　　　　　　　　图 1-13　安装进度显示

⑩　单击 Finish 按钮，进入图 1-15 所示的 XAMPP 管理页面。

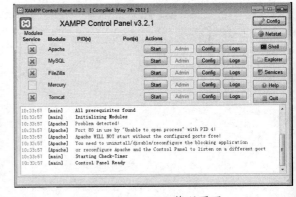

图 1-14　安装完成页面　　　　　　　　图 1-15　XAMPP 管理页面

⑪　单击 Apache 对应行的 Start 按钮，其变为 Stop 按钮，此时 Apache 服务启动完成，如图 1-16 所示。此时若 80 端口被占用，Apache 将无法启动。

⑫　如果 Apache 无法启动，可以单击 Apache 对应行的 "Config" 按钮，打开 httpd.conf 文件，把端口 80 改为 8081（或其他不冲突的数字），然后重新启动 Apache，如图 1-17 和图 1-18 所示。

XAMPP 端口冲突的解决办法如下。

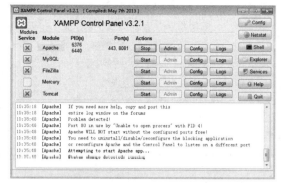

图 1-16 Apache 服务启动完成

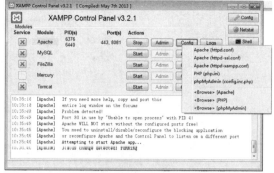

图 1-17 重启 Apache 服务

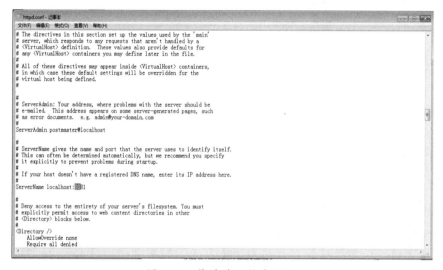

图 1-18 修改端口号为 8081

80 端口冲突的解决办法：单击 Apache 对应行的 "Config" 按钮，打开 httpd.conf 文件，找到该配置文件中的如下 2 项。

❖ Listen 80：将此处的 80 改为 88 或其他未占用的端口号。

❖ ServerName localhost:80：将此处的 80 改为 88 或其他未占用的端口号。

🔊 注意：两处的数字要一致。

443 端口冲突的解决办法如下：单击 Apache 对应行的 "Config" 按钮，打开 httpd-ssl.conf 文件，找到该配置文件中的如下 3 项。

❖ Listen 443：将此处的 443 改为 446 或其他未占用的端口号。

❖ <VirtualHost _default_:443>：将此处的 443 改为 446 或其他未占用端口号。

❖ ServerName www.example.com:443：将此处的 443 改为 446 或其他未占用端口号。

🔊 注意：3 处的数字要一致。

⑬ 单击 MySQL 对应行的 "Start" 按钮，当 "Start" 按钮变为 "Stop" 按钮时，启动 MySQL 服务，如图 1-19 所示。

⑭ 启动服务完成，说明安装 XAMPP 成功。

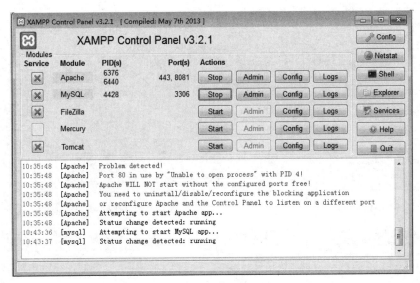

图 1-19　启动成功界面

## 1.3.2　PHP 开发常见的编辑工具

在 PHP 中，常用的编辑工具有 PHPEdit、EditPlus、NetBeans 和 Zend Studio。

### 1．PHPEdit

PHPEdit 是 Windows 操作系统下一款优秀的 PHP 脚本 IDE（集成开发环境），为快速、便捷地开发 PHP 脚本提供了多种工具，包括语法关键词高亮、代码提示和浏览、集成 PHP 调试工具、帮助生成器、自定义快捷方式、脚本命令、键盘模板、报告生成器、快速标记、插件等。

### 2．EditPlus

EditPlus 是一款由韩国 Sangil Kim（ES-Computing）出品的小巧且功能强大的可处理文本、HTML 和程序语言的 Windows 编辑器，甚至可以通过设置用户工具将其作为 C、Java、PHP 等语言的一个简单 IDE。

### 3．NetBeans

NetBeans 是由 Sun 公司（2009 年被甲骨文公司收购）建立的开放源代码软件开发工具，可以在 Windows、Linux、Solaris 和 Mac OS X 平台上开发，是一个可扩展的开发平台。NetBeans 开发环境可供程序员编写、编译、调试和部署程序，还可以通过插件扩展更多功能。

### 4．Zend Studio

Zend Studio 是 Zend 公司开发的 PHP 集成开发环境，包括 PHP 所有必需的开发组件，适合专业开发人员使用。Zend Studio 通过一整套编辑、调试、分析、优化和数据库工具，加快了软件开发周期，简化了复杂的应用方案。

在上述 4 种编辑工具中，PHPEdit 提供了多种开发工具；EditPlus 占用资源少，适合初学者使用；而 NetBeans 和 Zend Studio 虽然功能强大，但占用资源多，使用起来较为复杂，适合专业的开发人员使用。推荐读者使用 NetBeans 作为开发工具。

## 1.3.3 NetBeans 的安装和使用

### 1. NetBeans 的安装过程

① 通过 NetBeans 下载地址进入 NetBeans 下载页面，如图 1-20 所示。下载完安装包后双击之，启动安装程序，直接打开"NetBeans IDE 安装程序"对话框，如图 1-21 所示。

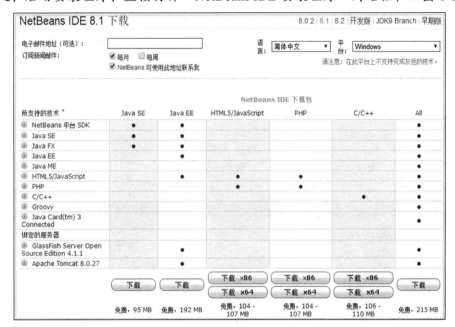

图 1-20　NetBeans 下载页面

图 1-21　"NetBeans IDE 安装程序"对话框

② 单击"下一步"按钮，打开"许可证协议"对话框，如图 1-22 所示，勾选"我接受许可证协议中的条款"复选框，单击"下一步"按钮；出现选择安装路径的对话框（如图 1-23 所示），其中显示 NetBeans 的默认安装路径，也可以选择其他路径。

③ 单击"下一步"按钮，打开如图 1-24 所示的对话框，其中显示 NetBeans 的安装路径，并可以选择是否检查软件更新信息。为了节约安装时间，可以取消勾选"检查更新"复选框，不检查更新。单击"安装"按钮，执行安装。

④ 安装完成后，显示如图 1-25 所示的对话框，NetBeans 安装完成。

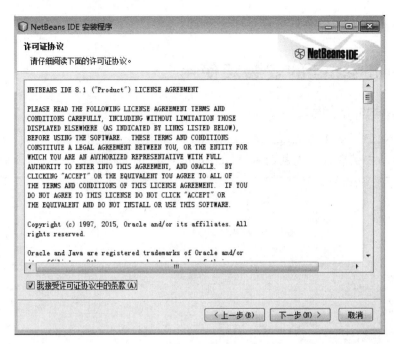

图 1-22 "许可证协议"对话框

图 1-23 选择安装路径

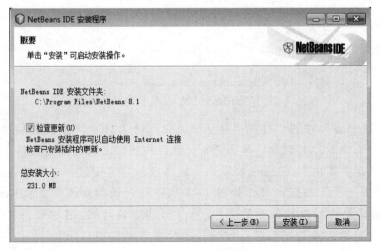

图 1-24 安装概要信息

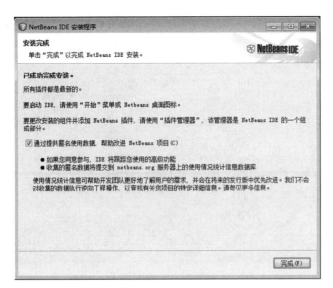

图 1-25　安装完成

## 2．新建一个工程项目

① 双击"NetBeans IDE 8.1"图标，进入如图 1-26 所示的开发环境页面。

图 1-26　开发环境页面

② 选择"文件 → 新建项目"菜单命令，出现"新建项目"对话框，在"类别"列表框中选择 PHP，在"项目"列表框中选择"PHP 应用程序"，如图 1-27 所示。

③ 单击"下一步"按钮，出现"新建 PHP 项目"对话框，从中确定项目存储信息，如图 1-28 所示。

④ 单击"完成"按钮，出现如图 1-29 所示的对话框，从中确定访问路径，然后单击"完成"按钮。

⑤ 新建一个空项目，编写 HTML 和 PHP 代码，如图 1-30 所示；单击"运行"按钮，在浏览器中运行该程序。

图 1-27　选择项目

图 1-28　确定项目存储信息

图 1-29　确定访问路径

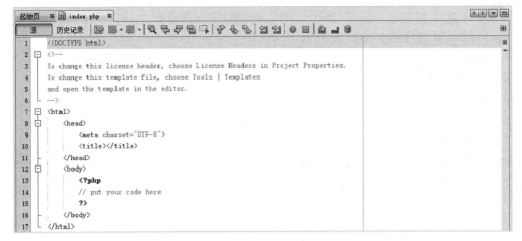

图 1-30　程序代码

# 1.3.4　PHP 程序开发流程

前面编写并运行了一个简单的 PHP 程序，从这个简单的程序可以总结出 PHP 程序的开发流程，具体操作如下。

① 编辑。PHP 源代码是一系列的语句或命令。可以使用任意的文本编辑器编辑 PHP 源代码，如 Windows 系统的记事本、NetBeans，以及 Linux 系统的 vi、Sublime Text 等。编辑完的 PHP 源代码的文件扩展名必须是 .php，这样才能由 PHP 引擎来处理。在大部分的服务器上，.php 是 PHP 的默认扩展名，也可以在 Web 服务器中指定其他扩展名。

② 上传（存储）。将编辑完成的 PHP 源代码上传到 Web 服务器，本书中编辑好的 PHP 代码存放在目录 C:\xampp\htdocs 下。

③ 运行。如果已经将 PHP 文件成功上传到 Web 服务器，打开浏览器，在地址栏输入 Web 服务器的 URL 访问这个文件，服务器将自动解析文件，并将解析的结果返回给请求的浏览器。

# 思考与练习

1．简述在 PHP 程序运行过程中，PHP 预处理器、Web 服务器和数据库各自的功能。

2．简述常见的 Web 服务器和数据库服务器。

3．简述 PHP 程序的工作原理。

4．简述静态网页和动态网页的区别。

5．简述网页的组成及 HTML 表单元素。

6．PHP 是一种跨平台、（　　）的网页脚本语言。

A．可视化　　　　　B．客户端　　　　　C．面向过程　　　　　D．服务器端

7．PHP 网站可称为（　　）。

A．桌面应用程序　　　　　　　　　　B．PHP 应用程序

C．Web 应用程序　　　　　　　　　　D．网络应用程序

8．PHP 网页文件的文件扩展名为（　　　）。

A．.exe　　　　　B．.php　　　　　　C．.bat　　　　　　D．.class

9．下列说法中正确的是（　　　）。

A．PHP 网页可直接在浏览器中显示

B．PHP 网页可访问 Oracle、SQL Server、Sybase 及其他数据库

C．PHP 网页只能使用纯文本编辑器编写

D．PHP 网页不能使用集成化的编辑器编写

10．LAMP 的具体结构不包含（　　　）。

A．Windows 系统　　　　　　　　　　B．Apache 服务器

C．MySQL 数据库　　　　　　　　　　D．PHP 语言

11．以下（　　　）类型是 B/S 架构的正确描述。

A．需要安装客户端　　　　　　　　　B．不需要安装就可以使用

C．依托浏览器的网络系统　　　　　　D．不需要服务器的系统

12．PHP 的源码是（　　　）。

A．开放的　　　　B．封闭的　　　　　C．需购买的　　　　D．完全不可见的

13．下列选项中，（　　　）不属于 URL 地址所包含的信息。

A．主机名　　　　B．端口号　　　　　C．网络协议　　　　D．状态码

14．下列不属于 PHP 语言优势的是（　　　）。

A．跨平台　　　　　　　　　　　　　　B．完全免费

C．面向对象　　　　　　　　　　　　　D．仅支持 MySQL 数据库

15．在 HTML 中，超链接用的是（　　　）标签。

A．<a>　　　　　B．<table>　　　　　C．<b>　　　　　　D．<head>

16．在 HTML 中，title 标签放在（　　　）中。

A．body 标签　　　　　　　　　　　　B．head 标签

C．script 标签　　　　　　　　　　　D．table 标签

17．读取 POST 方法传递的表单元素值的方法是（　　　）。

A．$_post["名称"]　　　　　　　　　　B．$_POST["名称"]

C．$post["名称"]　　　　　　　　　　D．$POST["名称"]

18．复选框的 type 属性值是（　　　）。

A．checkbox　　　　　　　　　　　　B．radio

C．select　　　　　　　　　　　　　D．check

19．不属于 PHP 集成运行环境的是（　　　）。

A．WampServer　　　　　　　　　　　B．AppServ

C．XAMPP　　　　　　　　　　　　　D．VC++

20．不属于 XAMPP 软件组件的是（　　　）。

A．Apache　　　　　　　　　　　　　B．MySQL

C．PHP 模块　　　　　　　　　　　　D．浏览器

# 第2章 PHP 语法基础

本章着重讲述 PHP 基本语法及 PHP 编码规范，详细讲解 PHP 数据类型及数据输出等知识。通过学习本章，读者可以从整体上了解 PHP 程序的组成部分。

## 2.1 PHP 基本语法

### 2.1.1 PHP 标记

由于 PHP 是嵌入式脚本语言，在实际开发中经常会与 HTML 内容混编在一起，为了区分 HTML 与 PHP 代码，需要使用标记对 PHP 代码进行标识。PHP 标记就是为了便于与其他内容区分所使用的一种特殊方法。

PHP 7 之前的版本支持 4 种标记，而 PHP 7 仅支持标准标记（<?php ?>）和简短标记风格（<? ?>）。

#### 1．XML 标记风格（标准标记）

XML 标记风格如下：

```
<?php
    echo "这是 XML 风格的标记";
?>
```

由上可知，XML 标记风格是以"<?php"开始、以"?>"结尾的，中间包含的代码就是 PHP 代码。这是 PHP 常用的标记风格，推荐使用这种标记风格，因为它不能被服务器禁用，在 XML、XHTML 中都可以使用。

#### 2．脚本标记风格

脚本标记风格如下：

```
<script language="php">
    echo "这是脚本风格的标记";
</script>
```

脚本标记风格是以"<script …>"开头、以"</script>"结尾的。由于 PHP 不推荐使用这种标记，读者只需了解即可。

### 3．简短标记风格

简短标记风格是以"<?"开始、以"?>"结束的。简短标记风格如下所示。

```
<?
    echo "这是简短风格的标记";
?>
```

如果使用这种标记风格开发 PHP 程序，就必须保证 PHP 配置文件"php.ini"中的"short_open_tag"选项值设置为"on"。

### 4．ASP 标记风格

ASP 标记风格如下所示。

```
<%
    echo "这是 ASP 风格的标记";
%>
```

如果想使用这种标记风格开发 PHP 程序，就必须保证 PHP 配置文件"php.ini"中的"asp_tags"选项值设置为"on"。

## 2.1.2　编码规范

编码规范对编程人员来说非常重要。很多初学者对编码规范不以为然，认为编码规范对程序开发没什么帮助，这种想法是错误的。

在如今的 Web 项目开发中，不再是一个人完成所有工作，尤其是一些大型的项目，需要很多人共同完成。在项目开发中，难免会有新的开发人员参与进来，如果前任开发人员编写的代码没有按编码规范编写，新的开发人员在阅读代码时就会有许多问题。

以 PHP 开发为例，编码规范就是融合了开发人员长时间积累下来的经验，形成的一种良好统一的编程风格，这种良好统一的编程风格会在团队开发或二次开发时起到事半功倍的效果。编码规范是一种总结性的说明和介绍，并不是强制性的规则。从项目长远的发展及团队效率来考虑，遵守编码规范是十分必要的。

遵循编码规范有如下优势。

❖ 开发人员可以了解任何代码，理清程序的状况。

❖ 提高代码的可读性，有利于相关设计人员的交流。

❖ 有助于程序的维护，降低软件成本。

❖ 有利于团队管理，实现团队资源的可重用。

本节介绍关于编码规范的一些知识。

### 1．书写规范

① 缩进。使用制表符（Tab 键）缩进，缩进单位为 4 个空格。如果开发工具的种类多样，就需要在开发工具中统一设置。

② "{}"，有两种放置规则。一种是将"{}"放到关键字的下方，与关键字同列。

```
if ($expr)
{
    ...
```

```
}
```

另一种是将"{"与关键词同行，"}"与关键字同列。

```
if ($expr) {
    ...
}
```

两种方式并无太大差别，选择自己喜欢的方式即可。

③ 关键字、小括号、函数、运算符。

不要把"( )"与关键字紧贴在一起，建议用空格将它们分隔。例如：

```
if ($expr) {                        // if 与(之间有一个空格
    ...
}
```

但是，"( )"应与函数紧贴在一起，以便区分关键字和函数。例如：

```
round($num)                         // round 与(之间没有空格
```

运算符与两边的变量或表达式之间要有一个空格（字符连接运算符"."除外）。例如：

```
while ($boo == true) {              // $boo 与"=="之间、true 与"=="之间建议有一个空格
    ...
}
```

当代码段较长时，上、下应当加入空行，两个代码块之间只使用一个空行，禁止使用多行。

尽量不要在 return 返回语句中使用"( )"。例如：

```
return 1;                           // 除非必要，否则不使用"()"
```

## 2. 命名规范

良好的命名规范是重要的编程习惯，描述性强的名称让代码更加容易阅读、理解和维护。命名遵循的基本原则是：以标准计算机英文为蓝本，杜绝一切拼音或拼音英文混杂的命名方式，建议应用语义化的方式命名。

① 类命名。

❖ 使用大写字母作为词的分隔，其他字母均使用小写。

❖ 名称的首字母使用大写。

❖ 不要使用下画线（"_"）。

例如，Name、SuperMan、BigClassObject。

② 类属性命名。

❖ 属性命名应该以字符"m"为前缀。

❖ 前缀"m"后采用与类命名一致的规则。

❖ "m"总是在名字的开头起修饰作用，就像以"r"开头表示引用一样。

例如，mValue、mLongString 等。

③ 方法命名。方法的作用都是执行一个动作，达到一个目的，所以方法的名称应该说明方法是做什么的，一般名称的前缀和后缀都有一定的规律，如 Is（判断）、Get（得到）、Set（设置）。

方法的命名规范和类命名是一致的。例如：

```
class StartStudy{                          // 设置类
    $mLessonOne = "";                      // 设置类属性
    $mLessonTwo = "";                      // 设置类属性
    function GetLessonOne() {              // 定义方法，得到属性 mLessonOne 的值
        ...
    }
}
```

④ 方法中的参数命名。

❖ 第一个字符使用小写字母。

❖ 首字符后的所有字符都按照类命名规则首字母大写。

例如：

```
class EchoAnyWord {
    function EchoWord($firstWord, $secondWord) {
        ...
    }
}
```

⑤ 变量命名。

❖ 所有字母都使用小写。

❖ 使用"_"分隔每个单词。

例如，$msg_error、$chk_pwd 等。

⑥ 引用变量。引用变量应该带前缀"r"。例如：

```
class Example {
    $mExam = "";
    function SetExam(&$rExam) {
        ...
    }
    function &rGetExam() {
        ...
    }
}
```

⑦ 全局变量。全局变量应该带前缀"g"。例如，global = $gTest、global = $g。

⑧ 常量/全局常量。常量/全局常量应该全部使用大写字母，单词之间用"_"分隔。

例如：

```
define('DEFAULT_NUM_AVE', 90);
define('DEFAULT_NUM_SUM', 500);
```

⑨ 静态变量。静态变量应该带前缀"s"。例如：

```
static $sStatus = 1;
```

⑩ 函数命名。所有名称都使用小写字母，单词之间使用"_"分隔。例如：

```
function this_good_idear() {
    ...
}
```

以上各种命名规则可以组合起来使用。例如：

```
class OtherExample {
```

```
$msValue = "";                    // 该参数既是类属性，又是静态变量
}
```

⑪ 数据库表命名。

❖ 表名均使用小写字母。

❖ 普通数据表使用"_t"结尾。

❖ 视图使用"_v"结尾。

❖ 多个单词组成的表名使用"_"分隔。

例如，student_t、student_score_v 等。

⑫ 数据库字段命名。

❖ 字段全部使用小写字母。

❖ 单词之间使用"_"分隔。

例如，user_pwd、course_name 等。

# 2.1.3　代码注释

注释是指在程序编写过程中，对程序文件或代码片段添加的备注说明，是程序中不可缺少的一个重要元素。使用注释不仅能够提高程序的可读性，还有利于程序的后期维护工作。

注释不会影响程序的执行，因为在执行时，它会被 PHP 解释器忽略，注释部分的内容不会被解释器执行。

PHP 的注释有 3 种风格，下面分别对其进行介绍。

## 1．C 风格的多行注释（/*…*/）

```php
<?php
    /*
        echo "这是第 1 行注释信息";
        echo "这是第 2 行注释信息";
    */
    echo "使用 C 风格的注释";
?>
```

运行结果：

```
使用 C 风格的注释
```

上面代码虽然使用 echo 输出语句分别输出了"这是第 1 行注释信息""这是第 2 行注释信息"和"使用 C 风格的注释"，但是因为使用注释符号"/*…*/"将前面两个输出语句注释掉了，所以其不会被程序执行。

多行注释中可以嵌套单行注释，但不能再嵌套多行注释。

## 2．C++风格的单行注释（//）

```php
<?php
    echo "使用 C++风格的注释。";
    // echo "这就是 C++风格的注释。";
?>
```

运行结果：

使用 C++风格的注释。

上面代码使用 echo 输出语句分别输出了"使用 C++风格的注释"和"这就是 C++风格的注释"，但是因为使用注释符号（//）将第 2 个输出语句注释掉了，所以其不会被程序执行。

### 3．Shell 脚本风格的注释（#）

```php
<?php
    echo "这是 Shell 脚本风格的注释。";                # 这里的内容是看不到的
?>
```

运行结果：

这是 Shell 脚本风格的注释。

因为使用了注释符号"#"，所以在#注释符号后的内容是不会被程序执行的。由于"//"注释在 PHP 开发中更加流行，因此推荐使用"//"注释，而"#"注释了解即可。

📢 **注意**：在使用单行注释时，注释内容中不要出现"?>"标志，因为解释器会认为这是 PHP 脚本，所以会去执行"?>"后的代码。例如：

```php
<?php
    echo "这样会出错的！"                // 不会看到?>会看到。
?>
```

运行结果：

这样会出错的！会看到。

程序注释是书写规范程序很重要的一个环节。注释主要是针对代码的解释和说明，用来解释脚本的用途、版权说明、版本号、生成日期、作者、内容等，有助于对程序的阅读理解。合理使用注释需要遵循以下原则。

❖ 注释语言必须准确、易懂、简洁。
❖ 注释在编译代码时会被忽略，不会被编译到最后的可执行文件中，所以注释不会增加可执行文件的大小。
❖ 注释可以书写在代码中的任意位置，但是一般写在代码的开头或结束位置。
❖ 避免在一行代码或表达式的中间插入注释，否则容易使代码可理解性变差。
❖ 修改程序代码时，一定要同时修改相关的注释，保持代码和注释同步。
❖ 在实际的代码规范中，要求注释占程序代码的比例达到 20%左右，即 100 行程序中包含 20 行左右的注释。
❖ 在程序块的结束行右方加注释标记，以表明某程序块的结束。
❖ 避免在注释中使用缩写，特别是非常用缩写。
❖ 注释与所描述内容进行同样的缩排，可使程序排版整齐，并方便注释的阅读与理解。

## 2.1.4　PHP 语句及语句块

PHP 程序一般由若干条 PHP 语句构成，每条 PHP 语句完成某项操作。PHP 中每条语句以";"结束，但 PHP 结束标记前的 PHP 语句可以省略结尾的";"。书写 PHP 代码时，一条 PHP 语句一般占用一行，但是一行写多条 PHP 语句或一条 PHP 语句占用多行也是

合法的（可能导致代码的可读性差，不推荐）。

如果多条PHP语句之间密不可分，就可以使用"{"和"}"将这些PHP语句包含起来形成语句块。

## 2.1.5  PHP 标识符与关键字

在现实生活中，每种事物都有自己的名称，从而与其他事物区分开。例如，每种蔬菜都有　个名称来标识，如西红柿、白菜等。

### 1．标识符

在 PHP 中，同样需要对程序中各个元素命名加以区分，这种用来标识变量、函数、类等元素的符号被称为标识符。

PHP 规定，标识符是由字母、数字和下画线组成的，并且只能是以字母或下画线开头的字符集合。

在使用标识符时应注意以下 3 点：① 系统已用的关键字不得用作标识符；② 命名时应遵循见名知义的原则；③ 虽然关键字可作为变量名使用，但容易混淆，不建议使用。

### 2．关键字

关键字是系统已经定义过的标识符，在程序中已有特定的含义，也称为保留字，如 class 关键字用于定义一个类，const 关键字用于定义常量，function 关键字用于定义一个函数，因此不能再使用关键字作为其他名称的标识符。表 2-1 列出了 PHP 的常用关键字。

表 2-1  PHP 的常用关键字

| __halt_compiler | abstract | and | array | as |
|---|---|---|---|---|
| break | callable | case | catch | class |
| clone | const | continue | declare | default |
| die | do | echo | else | elseif |
| empty | enddeclare | endfor | endforeach | endif |
| endswitch | endwhile | eval | exit | extends |
| final | finally | for | foreach | function |
| global | goto | if | implements | include |
| include_once | instanceof | insteadof | interface | isset |
| list() | namespace | new | or | print |
| private | protected | public | require | require_once |
| return | static | switch | throw | trait |
| try | unset | use | var | while |
| xor | yield | | | |

## 2.1.6  PHP 大小写敏感

在 PHP 中，关于大小写的问题，对于新手来说有些模糊不清，有些地方需要区分大小写，有些地方又不需要区分大小写。

PHP 中的大小写敏感问题的处理比较乱，即使某些地方大小写不敏感，但在编程过程中能始终坚持"大小写敏感"是最好不过的。

① 大小写敏感。

❖ 变量名区分大小写，如$score 和$Score 是不同的。

❖ 数组索引（键名）区分大小写，如$arr['Tom']与$arr['tom']是不同的。

❖ 常量名区分大小写。

② 大小写不敏感。

❖ 函数名、方法名、类名不区分大小写。

❖ NULL、TRUE、FALSE 不区分大小写。

❖ 强制类型转换不区分大小写。

❖ 魔术常量不区分大小写，推荐大写，如__FILE__。

# 2.2　PHP 常量

变量是指在程序执行过程中值可以变化的量，常量是指在程序执行过程中值不变的量，例如，圆周率 π 就可以定义为常量。

在 PHP 中，常量是通过 define( )函数来定义的。有时，PHP 使用常量实现数据在内存中的存储，使用常量名实现内存数据的按名存取。

常量用于存储不经常改变的数据信息。常量的值被定义后，在程序的整个执行期间，这个值都有效，且不可再次对该常量进行赋值。PHP 常量分为自定义常量和预定义常量。

## 2.2.1　声明和使用常量

PHP 中常量的命名遵循标识符的命名规则，默认大小写敏感，习惯上常量名称总是使用大写字母表示。PHP 提供了两种定义常量的方式：define( )函数和 const 关键字。

### 1. 使用 define()函数声明自定义常量

常量在使用前必须被定义。define( )函数用于定义常量。例如：

```
define(string $constant_name, mixed $value[, $case_sensitive=true])
```

define( )函数的参数说明如表 2-2 所示。

表 2-2　define( )函数的参数说明

| 参　数 | 说　　　明 |
|---|---|
| $constant_name | 必选参数，指定常量名称，即标识符 |
| $value | 必选参数，指定常量的值，mixed 说明一个参数可以接受多种不同的（但不一定是所有的）类型，如 NULL、array |
| $case_sensitive | 可选参数，指定是否大小写敏感，设定为 true，表示不敏感 |

📢 **注意**：函数中用"[]"括起来的参数表示"可选"（不是必选的）。

## 2．const 关键字

const 关键字在定义常量时，只需在其后跟上一个常量名称，并使用"="进行赋值，如 const PI=3.14，这样就定义了一个常量 PI。

虽然 define( )函数和 const 关键字都可以定义常量，但是二者有以下区别。

① const 关键字定义的常量大小写敏感；define( )函数可以通过第三个参数指定是否区分大小写，true 表示大小写不敏感，默认为 false。

② const 关键字不能在函数、循环和 if 条件语句中定义，define( )函数可以。

③ const 关键字可以在类中定义，define( )函数不可以。

## 3．使用 constant()函数获取常量的值

获取常量的方法有两种：一种是直接使用常量名获取对应的值；另一种是使用 constant( )函数获取对应的值，但函数可以动态地输出不同的常量，在使用上要灵活、方便很多。constant( )函数的语法如下：

```
mixed constant(string const_name)
```

其中，参数 const_name 为要获取常量的名称。如果获取成功，constant( )函数就返回常量的值，否则提示错误信息——常量没有被定义。

## 4．使用 defined()函数判断常量是否已经被定义

defined( )函数的语法如下：

```
bool defined(string constant_name);
```

其中，参数 constant_name 为要判断常量的名称，若已经被定义，则返回 true，否则返回 false。

【例 2-1】使用 define( )函数定义名为 MESSAGE 的常量，使用 constant( )函数获取该常量的值，最后使用 defined( )函数判断常量是否已经被定义。

```php
<?php
    /* 使用 define()函数来定义名为 MESSAGE 的常量，并为其赋值为"能看到一次"，然后分别输出常量 MESSAGE
       和 Message，因为没有设置 case_sensitive 参数为 true，所以表示大小写敏感，因此执行程序时，解释
       器会认为没有定义 Message 而输出提示，并将它作为普通字符串输出 */
    define("MESSAGE", "能看到一次");
    echo  MESSAGE;
    echo  Message;
    /* 使用 define()函数来定义名为 COUNT 的常量，并为其赋值为"能看到多次"，并设置 case_sensitive 参
       数为 true，表示大小写不敏感，分别输出常量 COUNT 和 Count，由于设置了大小写不敏感，因此程序会认
       为 Count 和 COUNT 是同一个常量，同样会输出值 */
    define("COUNT", "能看到多次", true);
    echo  "<br>";
    echo  COUNT;
    echo  "<br>";
    echo  Count;
    echo  "<br>";
    echo  constant("Count");              // 使用 constant()函数获取名为 Count 常量的值，并输出
    echo  "<br>";                         // 输出空行符
    // 判断 MESSAGE 常量是否已被赋值，若已被赋值，则输出"1"，否则返回 false
```

```
        echo(defined("MESSAGE"));
    ?>
```

运行结果如下：

```
能看到一次
Notice: Use of undefined constant Message - assumed 'Message' in C:\xampp\htdocs\ chap2\
index.php on line 17
Message
能看到多次
能看到多次
能看到多次
```

📢 注意：定义常量时应注意以下几点。

① 常量必须使用 define( )函数或 const 关键字定义，常量名前不加前缀"$"。

② 常量名由字母或下画线开头，后跟任意数量的字母、数字或下画线。

③ 常量名可以全部大写、全部小写或大小写混合，但是一般习惯全部大写。

④ 常量的作用域是全局的，不存在使用范围的问题，可以在程序的任意位置定义和使用。

⑤ 常量一旦被定义，其值便不能在程序运行过程中修改，也不能被销毁。

## 2.2.2　预定义常量

内存中专门为常量的存储分配了一个空间：常量存储区，是一块比较特殊的存储空间，位于该存储空间的常量是全局的，且在程序运行期间不能修改和销毁。

预定义常量是指系统中已定义的常量，可以在程序中直接使用，PHP 提供了很多预定义常量，可以获取 PHP 中的信息，但不能任意更改这些常量的值，如表 2-3 所示。

表 2-3　PHP 预定义常量的名称及其作用

| 常 量 名 | 作　　　用 |
| --- | --- |
| __FILE__ | 默认常量，PHP 程序文件名 |
| __LINE__ | 默认常量，PHP 程序行数 |
| PHP_VERSION | 内建常量，PHP 程序的版本，如"3.0.8_dev" |
| PHP_OS | 内建常量，执行 PHP 解析器的操作系统名称，如"Windows" |
| TRUE | 一个真值（true） |
| FALSE | 一个假值（false） |
| NULL | 一个 null 值 |
| E_ERROR | 指最近的错误处 |
| E_WARNING | 指最近的警告处 |
| E_PARSE | 指解析语法有潜在问题处 |
| E_NOTICR | 发生不寻常，但不一定是错误处 |

📢 注意：__FILE__ 和 __LINE__ 中的"__"是两条下画线，而不是一条"__"。表中以 E_ 开头的预定义常量是 PHP 的错误调试部分。如果需详细了解，可参考 error_ reporting( )函数的使用。

【例 2-2】 使用预定义常量输出 PHP 的一些信息。

```php
<?php
    echo "当前文件路径为: ".__FILE__;        // 使用__FILE__常量获取当前文件路径
    echo "<br>";
    echo "当前行数为: ".__LINE__;            // 使用__LINE__常量获取当前行数
    echo "<br>";
    echo "当前 PHP 版本信息为: ".PHP_VERSION; // 使用 PHP_VERSION 常量获取当前 PHP 版本
    echo "<br>";
    echo "当前操作系统为: ".PHP_OS;          // 使用 PHP_OS 常量获取当前操作系统
?>
```

运行结果如下:

```
当前文件路径为: C:\xampp\htdocs\chap2\index.php
当前行数为: 4
当前 PHP 版本信息为: 8.0.12
当前操作系统为: WINNT
```

# 2.3  PHP 变量

在 PHP 中,若要存储数据,就需要用到变量。变量是可以随时改变的量,主要用于存储临时数据,是编码程序中尤为重要的一部分。

在 PHP 中,变量是由 "$" 和变量名组成的,变量的命名规则与标识符的命名规则相同。需要注意的是,变量名是区分大小写的,如$Num 与$num 是两个不同的变量。

在定义变量时,通常要为其赋值,所以在定义变量的同时,系统会自动为该变量分配一个存储空间来存储变量的值。

## 2.3.1  声明变量

### 1. 变量的定义

在 PHP 中,定义变量的语法格式如下:

```
$变量名称 = 变量的值
```

### 2. 变量的命名规则

在 PHP 中,变量的命名规则如下。

① PHP 中的变量名是区分大小写的。

② 变量名前必须加 "$"。

③ 变量名可以以下画线开头。

④ 变量名不能以数字字符开头。

⑤ 变量名可以包含一些扩展字符(如重音拉丁字母),但不能包含非法扩展字符(如汉字字符和汉字字母)。

【例 2-3】 命名举例。

正确的变量命名：

```
$name = "cau";                   // 定义一个变量，变量名为 name 的变量值为 cau
$_pwd = "abc123";                // 定义一个变量，变量名为_pwd 的变量值为 abc123
$_123number = 87665;             // 定义一个变量，变量名为_123number 的变量值为 87665
$_Class = "roof";                // 定义一个变量，变量名为_Class 的变量值为 roof
```

错误的变量命名：

```
$11112_var = 11112;              // 变量名不能以数字字符开头
$~%$_var = "Lit";                // 变量名不能包含非法字符
```

## 2.3.2  变量赋值

变量的赋值有如下 3 种方式。

### 1．直接赋值

直接赋值就是使用"="直接将值赋给某变量。

```php
<?php
    $name = "cau";
    $number = 110;
    echo $name;
    echo "<br>";
    echo $number;
?>
```

运行结果如下：

```
cau
110
```

上述代码中分别定义了 name 变量和 number 变量，并分别为其赋值，然后使用 echo 输出语句输出变量的值。

### 2．传值赋值。

传值赋值就是使用"="将一个变量的值赋给另一个变量。

```php
<?php
    $a = 18;
    $b = $a;
    echo $a."<br>";
    echo $b;
?>
```

运行结果如下：

```
18
18
```

在上述代码中，先定义变量 a 并将其赋值为 18，然后定义变量 b，并设置变量 b 的值等于变量 a 的值，此时变量 b 的值也为 18。

### 3．引用赋值。

前面使用的变量都是传值赋值，即当一个变量的值赋给另一个变量时，改变其中一个变量的值，不会影响另一个变量的值。

引用赋值相当于给变量命名了一个别名，表示新变量引用原变量，如果一个变量改变，另一个变量也会随之改变。这好比一个人有大名与小名之分，但都指同一个人。

使用引用赋值，需要将"&"添加到引用的变量前。

```php
<?php
    $a = 18;
    $b = &$a;
    $b = 28;
    echo $a."<br>";
    echo  $b;
?>
```

运行结果如下：

```
28
28
```

仔细观察，"$b = &$a"中多了一个"&"，这就是引用赋值。当执行"$b = &$a"语句时，变量 b 将指向变量 a，并且与变量 a 共用同一个值。当执行"$b = 28"时，变量 b 的值发生了变化，此时由于变量 a 和变量 b 共用同一个值，因此当变量 b 的值发生变化时，变量 a 的值也随之发生变化。

赋值与引用的区别：赋值是将原来变量的值复制了一份，然后把复制的内容赋给一个新变量，而引用则相当于给变量重新命名了一个名字。

## 2.3.3　可变变量

前面使用变量时，变量名是不可以更改的。如果想动态地设置和使用变量名，就需要使用可变变量，一个可变变量使用一个普通变量的值作为其变量名，因此可变变量是一种独特的变量，这种变量的名称是由另一个变量的值来确定的，声明可变变量的方法是在变量名称前加两个"$"。声明可变变量的语法格式如下：

```
$$可变变量名称 = 可变变量的值
```

【例 2-4】 声明可变变量的方法。

```php
<?php
    $a = "cau";                    // 定义变量
    $$a = "bccd";                  // 声明可变变量，该变量名称为变量 a 的值
    echo $a."<br>";                // 输出变量 a
    echo $$a."<br>";               // 输出可变变量
    echo $cau;                     // 输出变量 cau
?>
```

运行结果如下：

```
cau
bccd
bccd
```

## 2.3.4　外部变量

在 PHP 中，程序中定义的变量被称为内部变量，表单中定义的变量（即控件名称）、URL 中的参数名统被称为外部变量，其值通过预定义变量$_POST、$_GET、$_REQUEST 获得，比如，带参数超链接<a href="php 文件名？参数名=值&参数名=值">。

❖ $_POST["表单变量"]：取得从客户端以 POST 方式传递过来的表单变量的 value 值。

❖ $_GET["表单变量"]：取得从客户端以 GET 方式传递过来的表单变量的 value 值。

❖ $_REQUEST["表单变量"]：取得从客户端以任意方式传递过来的表单变量的 value 值。

❖ $_REQUEST["参数名"]：取得从客户端传递过来的参数值。

【例 2-5】利用 POST 和 GET 方式提交表单，演示外部变量的使用方法。

```html
<html>
    <head>
        <meta http-equiv="Content-Type" content="text/html; charset=utf-8" />
    </head>
    <body>
        <form name="form1" method="post" action="">
            用 POST 发送的学号（98044066）：
            <input type="text" name="XH" id="XH" />
            <input type="submit" name="btnsubmit_1"  value="提交" />
        </form>
        <form name="form2" method="get" action="">
            用 GET 发送的姓名（李爱妮）：
            <input type="text" name="XM" id="XM" />
            <input type="submit" name="btnsubmit_2" value="提交" />
        </form>
        <?php
            if(isset($_POST[' btnsubmit_1']))          // 使用$_POST 接收表单变量的值
                echo '学号：'.$_POST['XH'];
            if(isset($_GET[' btnsubmit_2']))           // 使用$_GET 接收表单变量的值
                echo '姓名：'.$_GET['XM'];
        ?>
    </body>
</html>
```

运行结果如上程序，用 POST 发送学号：98044066，单击"提交"按钮后，显示：

学号：98044066

用 GET 发送姓名：李爱妮，单击"提交"按钮后，显示：

姓名：李爱妮

## 2.3.5　变量或常量数据类型查看函数

PHP 为变量或常量提供了查看数据类型的函数：gettype( )函数和 var_dump( )函数。

### 1. gettype()函数

gettype( )函数的语法格式如下：

```
string gettype(mixed var)
```

gettype( )函数需要变量名（带"$"）或常量名作为参数，返回变量或常量的数据类型，这些数据类型包括 integer、double、string、array、object、unknown type 等。

### 2．var_dump()函数

var_dump( )函数的语法格式如下：

```
void var_dump(mixed var)
```

var_dump( )函数需要传递一个变量名（带"$"）或常量名作为参数，可以得到变量或常量的数据类型及其对应的值，并将这些信息输出。

调试程序时，经常使用 var_dump( )函数查看变量或常量的值、数据类型等信息。

【例 2-6】 变量或常量数据类型查看函数应用。

```php
<?php
    define("USERNAME", "root");
    $score = 97.0;
    $age = 20;
    $words = array(2, 4, 6, 8, 10);
    echo gettype(USERNAME);
    echo "<br/>";
    echo gettype($score);
    echo "<br/>";
    echo gettype($age);
    echo "<br/>";
    echo gettype($words);
    echo "<br/>";
    var_dump(USERNAME);
    echo "<br/>";
    var_dump($score);
    echo "<br/>";
    var_dump($age);
    echo "<br/>";
    var_dump($words);
?>
```

运行结果如下：

```
string
double
integer
array
string(4) "root"
float(97)
int(20)
array(5) {[0]=> int(2) [1]=> int(4) [2]=> int(6) [3]=> int(8) [4]=> int(10)}
```

# 2.4 PHP 数据类型

在计算机中，操作的对象是数据，那么如何使用合适的容器来存放数据才不致浪费空间？先来看一个生活中的例子。某公司要快递一份文件，可以用文件袋和纸箱来装，但是如果使用纸箱装一本书，显然有点大材小用，浪费纸箱的空间。同理，为了更充分地利用内存空间，PHP 可以为不同的数据指定不同的数据类型。

计算机操作的对象是数据，而每个数据都有其类型，具备相同类型的数据才可以彼此操作。PHP 与传统高级语言的相同之处如下。

① PHP 使用变量或常量实现数据在内存中的存储，并使用变量名（如 userName）或常量名（如 PI）实现内存数据的按名存取。

② PHP 使用"="（赋值运算符）给变量赋值。

③ PHP 不允许直接访问一个未经初始化的变量，否则预处理器会提示 Notice 信息。

④ PHP 提供变量作用域的概念实现内存数据的安全访问控制。

⑤ PHP 引入了数据类型的概念修饰和管理数据。

PHP 与传统高级语言的不同之处如下。

① PHP 的变量名前要加"$"标识，如$userName 变量。

② PHP 是一种"弱类型的语言"，声明变量或常量时，不需要事先声明变量或常量的数据类型，会自动由预处理器根据变量的值将变量转换成适当的数据类型。

PHP 数据类型可以分为 4 种：标量数据类型、复合数据类型、特殊数据类型和伪类型，如图 2-1 所示。其中，标量数据类型有 4 种：布尔型、整型、浮点型和字符串型；复合数据类型有 2 种：数组和对象；特殊数据类型有 2 种：资源数据类型和空数据类型；伪类型通常在函数的定义中使用。

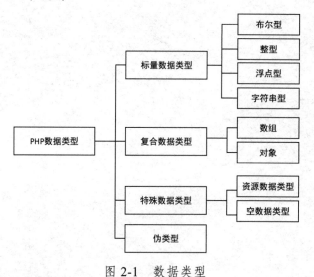

图 2-1　数据类型

## 2.4.1　标量数据类型

标量数据类型是数据结构中最基本的单元，只能存储一个数据。PHP 中的标量数据类型包括 4 种，如表 2-4 所示。

下面对各数据类型进行详细介绍。

表 2-4 标量数据类型

| 类 型 | 说 明 |
|---|---|
| boolean（布尔型） | 布尔型是十分简单的数据类型，只有两个值，即真值（TRUE）和假值（FALSE） |
| string（字符串型） | 字符串型就是连续的字符序列，可以是计算机所能表示的一切字符的集合 |
| integer（整型） | 整型只能包含整数，可以是正数或负数 |
| float（浮点型） | 浮点型用来存储数字，与整型不同的是，它有小数位 |

## 1．布尔型

布尔型（boolean）是 PHP 常用的数据类型之一，通常用于逻辑判断，仅有真值（TRUE）或假值（FALSE），这两个值不区分大小写。

布尔型数据的用法如下：

```php
<?php
    $a = TRUE;
    $c = FALSE;
?>
```

◀》 **注意：**使用 echo 输出 TRUE 时，TRUE 被自动转换为整数 1；使用 echo 输出 FALSE 时，FALSE 被自动转换为空字符串。

## 2．字符串型

字符串型 string 是连续的字符序列，由数字、字母和符号组成。字符串中的每个字符只占用 1 字节。字符包含以下类型：数字类型，如 1、2、3 等；字母类型，如 a、b、c、d 等；特殊字符，如#、$、%、^、&等；转义字符，如\n（换行符）、\r（回车符）、\t（水平制表符）等。其中，转义字符是比较特殊的一组字符，是用来控制字符串格式化输出的，在浏览器上不可见，只能看到字符串输出的结果，如表 2-5 所示。

表 2-5 转义字符

| 转义字符 | 含 义 |
|---|---|
| \n | 换行符（ASCII 字符集中的 LF 或 0x0A(10)） |
| \r | 回车符（ASCII 字符集中的 CR 或 0x0D(13)） |
| \t | 水平制表符（ASCII 字符集中的 HT 或 0x09(9)） |
| \v | 垂直制表符（ASCII 字符集中的 VT 或 0x0B(11)） |
| \e | Escape（ASCII 字符集中的 ESC 或 0x1B(27)） |
| \f | 换页（ASCII 字符集中的 FF 或 0x0C(12)） |
| \\ | 反斜线 |
| \$ | 美元标记 |
| \" | 双引号 |

**【例 2-7】** 运用 PHP 的转义字符完成字符串的格式输出。

```php
<?php
    echo "Web 程序设计\r 网站开发与设计\n 数据库原理及应用基础\t 程序设计基础训练";    // 输出字符串
?>
```

在 IE 浏览器中不能直接看到不可见字符（\r、\n 和\t）的作用效果。只有通过查看源文件，才能看到不可见字符的作用效果。

PHP 提供了 4 种表示字符串的方式，分别为单引号、双引号、heredoc 语法结构和 nowdoc 语法结构。heredoc 与 nowdoc 语法结构的区别在于开始标识符名称，前者没有引号，后者必须用"'"进行包裹。

"'" 和 """ 是经常被使用的定义方式，定义格式如下：

```
$a = '字符串';
$a = "字符串";
```

📢 注意：

① """中包含的变量会自动被替换成实际数值（若出现变量名界定不明确时，可以使用"{}"来对变量进行界定，如{num}），而"'"中包含的变量则按普通字符串输出。

② 在定义字符串时，尽量使用"'"，因为"'"的运行速度要比""快。

字符串的另一种形式是使用界定符"<<<"，是在"<<<"后提供一个标识符表示开始，然后是包含的字符串，最后用同样的标识符表示结束字符串。

【例 2-8】 使用单引号、双引号、界定符输出变量的值。

```php
<?php
    $a = "不忘初心，牢记使命";
    echo "$a"."<br>";                        // 使用双引号输出变量
    echo '$a'."<br>";                        // 使用单引号输出变量
    // 使用界定符输出变量
    echo <<<std
$a
std;
    $name = 'PHP';
    $heredoc = <<<EOD
<ul>
    <li>$name 是世界上最好的语言！</li>
    <li>$name is the best programming language in the world!</li>
</ul>
EOD;
    echo $heredoc;
    $nowdoc = <<<'EOD'
<ul>
    <li>$name 是世界上最好的语言！</li>
    <li>$name is the best programming language in the world!</li>
</ul>
EOD;
    echo $nowdoc;
?>
```

运行结果如下：

```
不忘初心，牢记使命
$a
不忘初心，牢记使命
•    PHP 是世界上最好的语言！
```

· 46 ·

- PHP is the best programming language in the world!
- $name 是世界上最好的语言！
- $name is the best programming language in the world!

📢 **注意**：使用界定符输出字符串时，结束标识符必须另起一行，并且不允许有空格。如果在标识符前后有其他符号或字符，就会发生错误。使用界定符形式可以容易地定义较长的字符串，因此通常用于从文件或数据库中输出大段文档。

heredoc 结构中的字符串会解析其中的变量，nowdoc 结构中的变量会被原样输出，其功能分别与""""和"!"字符串类似。

### 3．整型

整型 integer 表示存储的数据是整数，整型数据类型只能包含整数，不包含有小数点的实数。整型数据可以用十进制数、八进制数和十六进制数来表示，并且在前面加上"+"或"−"表示正整数或负整数。如果用二进制数表示，数字前必须加上 0b 或 0B；如果用八进制数表示，数字前必须加 0；如果用十六进制数表示，数字前必须加 0x 或者 0X。

二进制数由 0、1 组成，逢 2 进 1；八进制数由 0～7 的数字序列组成，逢 8 进 1；十六进制数由 0～9 的数字和 A～F 的字母序列组成，逢 16 进 1。

注意，整型数值有最大的取值范围，其范围与平台有关。通过常量 PHP_INT_MAX 可以获取当前环境的整型最大值。

【例 2-9】 输出十进制数、八进制数和十六进制数的结果。

```php
<?php
    $dec = 12;                          // 十进制变量
    $oct = 012;                         // 八进制变量
    $hex = 0x12;                        // 十六进制变量
    echo "数字 12 不同进制的输出结果：<p>";
    echo "十进制数的结果是：$dec <br>";
    echo "八进制数的结果是：$oct<br>";
    echo "十六进制数的结果是：$hex";
?>
```

运行结果如下：

```
数字 12 不同进制的输出结果：
十进制数的结果是：12
八进制数的结果是：10
十六进制数的结果是：18
```

📢 **注意**：如果给定的数值超出了 int 类型所能表示的最大范围，会被当作 float 类型处理，这种情况被称为整数溢出。同样，如果表达式的最后运算结果超出了 int 类型的范围，也会返回 float 类型。

如果在 64 位的操作系统中，其运行结果可能有所不同。

### 4．浮点型

浮点型 float 表示存储的数据是实数，其取值范围也与平台有关。浮点型可以用来存储整数，也可以存储小数。float 类型提供的精度比整数大得多。在 PHP 4.0 以前的版本中，浮点型的标识为 double，又称为双精度浮点数。

浮点型数据默认有两种书写格式。一种是标准格式：

```
3.1415
0.333
-15.8
```

另一种是科学记数法格式：

```
1.58E1
849.72E-3
```

例如：

```php
<?php
    $fa = 1.36;
    $fb = 2.35;
    $fc = 1.58E1;                              // 该变量的值为 1.58×10
?>
```

📢 **注意：** 浮点型数据的数值只是一个近似值，所以要尽量避免浮点型数值之间比较大小，因为最后的结果往往是不准确的。不管采用哪种格式，浮点数的有效位数都是 14。有效位数是指从左边第一个不为 0 的数字开始，直到末尾数字的个数，且不包括小数点。

如果需要判断两个浮点数是否相等，就可以使用 bccomp()函数。bccomp()函数有 3 个返回值，分别为 0、1 和-1，返回 0 时表示相等，返回 1 时表示大于，返回-1 时表示小于。bccomp()函数的语法格式如下：

```
bccomp(a, b, c);
```

其中，a 和 b 表示要比较的数值，c 表示精确到小数点后几位。

## 2.4.2　复合数据类型

复合数据类型包括两种：数组（array）和对象（object）。

### 1. 数组

数组是一组类型相同数据的集合，把一系列数据组织起来，形成一个可操作的整体。数组中可以包括很多数据，如标量数据、数组、对象、资源及 PHP 支持的其他语法结构等。

数组中的每个数据称为一个元素，每个元素都有一个唯一的编号，称为索引。元素的索引只能由数字或字符串组成。元素的值可以是多种数据类型。

PHP 的数组有两种形式，即索引数组和关联数组。

❖ 索引数组：用整数作为下标，默认从 0 开始，后面依次加 1。

❖ 关联数组：用字符串作为下标，通过"=>"符号将下标与值关联。

定义数组的语法格式如下：

```
$array['key'] = 'value';
```

或

```
$array(key1 => value1, key2 => value2, …)
```

其中，参数 key 是数组元素的索引，value 是数组元素的值。

【例 2-10】 数组应用示例。

```php
<?php
    // 索引数组的声明
    $stu = array('tom', 'berry', 'ketty');              // 索引数组
    print_r($stu);                         // 输出数组 array([0] => tom [1] => berry [2] => ketty)
    echo $stu[0], '<br>';                              // tom
    echo $stu[1], '<br>';                              // berry
    echo $stu[2], '<br>';                              // ketty
    // 关联数组
    $emp = array('name'=>'李白', 'sex'=>'男', 'age'=>22);
    print_r($emp);                         // 输出数组 array([name] => 李白 [sex] => 男 [age] =>
22)
    echo $emp['name'], '<br>';                         // 李白
    echo $emp['sex'], '<br>';                          // 男
    echo $emp['age'];                                  // 22
?>
```

运行结果如下：

```
Array([0] => tom [1] => berry [2] => ketty)
tom
berry
ketty
Array([name] => 李白 [sex] => 男 [age] => 22)
李白
男
22
```

PHP 的数组与传统高级语言的数组的区别如表 2-6 所示。

表 2-6   PHP 数组与传统高级语言数组的区别

| 区别点 | 传统高级语言的数组 | PHP 的数组 |
| --- | --- | --- |
| 下标（键） | 必须是从 0 开始、顺序连续的整数 | 可以是整数，也可以是浮点型数据和字符串数据 |
| 元素数据类型 | 必须是同类型数据 | 可以是标量数据类型数据，也可以是复合数据类型数据（如数组、对象） |
| 长度 | 静态的，即在定义数组前必须指定数组的长度 | 动态的，在定义数组时不必指定数组的长度 |

【例 2-11】 数组区别应用示例。

```php
<?php
    $numbers = array(5,4,3,2,1);
    $words = array("OS", "MIS", "database"=>"MySQL");
    echo $numbers[2];                                  // 输出 3
    echo "<br/>";
    echo $words["database"];                           // 输出 MySQL
?>
```

运行结果如下：

```
3
MySQL
```

## 2．对象

客观世界中的一个事物就是一个对象，每个客观事物都有自己的特征和行为。从程序设计的角度，事物的特征就是数据，又称为成员变量；事物的行为就是方法，又称为成员方法。面向对象的程序设计方法就是利用客观事物的特点，将客观事物抽象为"类"，而类是对象的"模版"。对象是类的实例，可以使用 new 命令创建对象。

【例 2-12】 对象的应用。

```php
<?php
    class Movie {
        // 下面是 Student 类的成员变量
        public  $name;
        public  $star;
        public  $date;
        // 下面是 Student 类的成员方法
        function getName() {                        // this 指向当前对象
            return $this->name;
        }
        function setName($name){
            $this->name = $name;
        }
    }
    $movie = new Movie();
    $movie->setName("我和我的祖国");
    echo $movie->getName();
?>
```

运行结果如下：

我和我的祖国

上述代码通过使用 new 关键字实例化一个$movie 对象，然后通过如下方式访问该对象的成员变量和成员方法。

❖ 访问成员变量的方法：对象->成员变量，如$movie->name。

❖ 访问成员方法的方法：对象->成员方法，如$movie->getName()。

❖ 其他有关面向对象的技术可以参考本书后面的内容。

# 2.4.3  特殊数据类型

特殊数据类型包括两种：资源（resource）和空值（null）。

## 1．资源

资源是一种特殊的变量类型，又称为句柄，由专门的函数建立和使用。资源是一种特殊的数据类型，由程序员分配，其操作方式有创建、使用和释放。

在使用资源时，要及时释放不需要的资源。如果程序员忘记释放资源，系统自动启用垃圾回收机制，避免内存消耗殆尽。例如，一个"数据库的连接"就是一个资源。

## 2．空值

空值，顾名思义，表示没有为该变量设置任何值，另外，空值不区分大小写，null 和

NULL 的效果是一样的。被赋予空值的情况有三种：没有赋任何值、被赋值为 null、使用 unset()函数处理过的变量。

【例 2-13】 空值的三种情况应用。

```php
<?php
    $a;                          // 没有赋值的变量
    $b = NULL;                   // 被赋空值的变量
    $c = 3;
    unset($c);                   // 使用 unset()函数处理后，$c 的值为空
    var_dump($a);
    var_dump($b);
    var_dump(is_null($c));
?>
```

运行结果如下：

```
Notice: Undefined variable: a in C:\xampp\htdocs\firstweb\index.php on line 6
NULL NULL
Notice: Undefined variable: c in C:\xampp\htdocs\firstweb\index.php on line 8
bool(true)
```

◀)) 注意：

① var_dump()函数用来判断一个变量的类型与长度，并输出变量的数值，若变量有值，则输出的是变量的值，并返回数据类型。var_dump()函数显示关于一个或多个表达式的结构信息，包括表达式的类型与值。数组将递归展开值，通过缩进显示其结构。

② unset()函数用于取消变量定义，语法格式如下：

```
void unset(mixed var)
```

其功能是取消变量 var 的定义。该函数的参数为变量名（带"$"），没有返回值。

③ isset()函数的语法格式如下：

```
bool isset(mixed var)
```

其功能是检查变量 var 是否定义。该函数的参数为变量名（带$符号），若变量已经定义，则该函数返回布尔值 true，否则返回 false。

④ is_null()函数用来判断变量是否为 null，返回值为布尔型，若变量为 null，则返回 true，否则返回 false。

## 2.4.4 伪类型

PHP 引入了 4 种伪类型，用于指定一个函数的参数或返回类型。

① mixed 混合类型：说明一个参数可以接收不同类型，但并不是可以接收所有类型。

② number 数字类型：可以接收 integer 整型和 float 浮点型。

③ callback 回调类型。例如，call_user_func()函数可以接收用户自定义的函数作为一个参数，是 PHP 的一个内置函数；callback()函数不仅可以是一个函数，还可以是一个对象的方法或静态类的方法。

PHP 函数用函数名字符串来传递，可以传递任何内置的或用户自定义的函数，除了语言结构，如 array()、echo()、empty()、eval()、exit()、isset()、list()、print()、unset()等。

如果传入一个对象的方法，就需要以数组的形式来传递，数组下标 0 是对象名，数组下标 1 是方法名。如果没有实例化为对象的静态类，要传递其方法，就需要将数组下标 0 指明的对象名换成该类名。

除了普通的用户定义的函数，也可以使用 create_function( )函数创建一个匿名的回调函数。

④ void：说明函数没有参数或返回值。

📢 注意：伪类型不能作为变量的数据类型，使用伪类型主要为了确保函数的易读性。

## 2.4.5 数据类型转换

在 PHP 中，对两个变量进行操作时，若其数据类型不相同，则需要对其进行数据类型转换。数据类型转换通常是指变量或值从一种数据类型转换为另一种数据类型。数据类型转换有两种方式：自动类型转换和强制类型转换。

### 1．自动类型转换

所谓自动类型转换，是指当运算需要或与期望的结果类型不匹配时，将自动进行类型转换，无须人工操作。

在程序开发过程中，最常见的自动类型转换有 3 种，分别为布尔型、整型和字符串型。各类型自动进行转换时需要注意以下几点。

① 当其他类型需要转换为布尔型时，整型 0、浮点型 0.0、字符串型""（空字符串）与 "0"、不包含任何元素的数组、不包含任何成员变量的对象、NULL 都会被转换为 false，其他值被转换为 true。

② 当布尔型转换为整型时，true 被转换为整数 1，false 被转换为整数 0。

③ 若字符串是数字序列的字符，则转换为该数字，否则出现警告。

④ 当布尔型转换为字符串型时，true 转换为 "1"，false 转换为""。

⑤ 整型或浮点型数据的字面样式可以转换为字符串形式。

### 2．强制类型转换

强制类型转换是使用者手动将某数据类型转换成目标数据类型，其中非常简单的方法是在需要转换的变量前加上用 "( )" 括起来的目标类型。PHP 允许转换的类型如表 2-7 所示。

表 2-7　PHP 允许转换的类型

| 转换函数 | 转换类型 | 举　　例 |
| --- | --- | --- |
| (boolean),(bool) | 将其他数据类型强制转换成布尔型 | $a=1; $b=(boolean)$a; $b=(bool)$a; |
| (string) | 将其他数据类型强制转换成字符串型 | $a=1; $b=(string)$a; |
| (integer),(int) | 将其他数据类型强制转换成整型 | $a=1; $b=(int)$a; $b=(integer)$a; |
| (float),(double),(real) | 将其他数据类型强制转换成浮点型 | $a=1; $b=(float)$a; $b=(double)$a; $b=(real)$a; |
| (array) | 将其他数据类型强制转换成数组 | $a=1; $b=(array)$a; |
| (object) | 将其他数据类型强制转换成对象 | $a=1; $b=(object)$a; |

在进行类型转换的过程中应该注意以下几点。

① 转换成布尔型。null、0 和未赋值的变量或数组被转换为 false，其他值被转换为 true。

② 转换成整型。

❖ 布尔型的 false 被转换为 0，true 被转换为 1。

❖ 浮点型的小数部分被舍去。

❖ 若字符串型以数字开头，则截取到非数字位，否则输出 0。

❖ 当字符串型转换为整型或浮点型时，如果字符是以数字开头的，就会先把数字部分转换为整型，再舍去后面的字符串；如果数字中含有小数点，就会取到小数点前一位。

【例 2-14】通过"()"实现强制类型转换。

```php
<?php
    $num1 = 3.14;
    $num2 = (int) $num1;
    var_dump($num1);                        // 输出 float(3.14)
    var_dump($num2);                        // 输出 int(3)
?>
```

除了上述转换方式，强制类型转换还可以通过 intval()、floatval()、strval() 和 settype() 函数实现，如表 2-8 所示。

表 2-8　通过函数进行强制类型转换

| 转换函数 | 说　明 | 举　例 |
|---|---|---|
| float floatval(mixed $var) | 获取变量的浮点值，不能用于获取数组或对象 | $var = '122.34343runoob';<br>$float_value_of_var = floatval ($var); |
| int intval(mixed $var[, int $base = 10]) | 获取变量的整数值 | intval(4.2); |
| string strval(mixed $var) | 获取变量的字符串值 | $int_str = 123;var_dump($int_str); |
| bool settype (mixed &$var , string $type) | 设置变量的类型 | $foo = "5bar";　　　　　// string<br>$bar = true;　　　　　// boolean<br>var_dump($foo);<br>var_dump($bar);<br>settype($foo, "integer"); // $foo 现在是 5 (integer)<br>settype($bar, "string");　// $bar 现在是"1" (string)<br>var_dump($foo);<br>var_dump($bar); |

【例 2-15】通过转换函数实现强制类型转换。

```php
<?php
    $str = "123.9abc";
    $int = intval($str);                    // 转换后的数值：123
    $float = floatval($str);                // 转换后的数值：123.9
    $str = strval($float);                  // 转换后的字符串："123.9"
?>
```

通过"()"可以进行强制类型转换，与表 2.8 中的前 3 种函数进行的强制类型转换亿元，都没有改变这些被转换变量的类型与值，只是将转换得到的新类型数据赋给新的变量，但表 2-8 中的 settype() 函数可以将变量的本身类型转换为其他类型。

【例 2-16】通过 settype() 函数实现强制类型转换。

```php
<?php
    $num4 = 12.8;
    $flg = settype($num4, "int");
    var_dump($flg);                         // 输出 bool(true)
```

```
        var_dump($num4);                              // 输出 int(12)
    ?>
```

## 2.4.6  检测数据类型

PHP变量的数据类型通常不是由开发人员设定的，而是根据该变量使用的上下文在运行时决定的，变量的类型由存储的数据决定。

为了检测变量所赋的值是否符合期望的数据类型，PHP 内置了一些检测数据类型的函数，可以对不同类型的数据进行检测，判断其是否属于某个类型，如表 2-9 所示。

表 2-9　检测数据类型函数

| 函　数 | 检测类型 | 举　例 |
|---|---|---|
| is_bool() | 检测变量是否为布尔型 | is_book($a) |
| is_string() | 检测变量是否为字符串型 | is_string($a) |
| is_float()/is_double() | 检测变量是否为浮点型 | is_float($a), is_double($a) |
| is_integer()/is_int() | 检测变量是否为整型 | is_integer($a), is_int($a) |
| is_null() | 检测变量是否为 null | is_null($a) |
| is_array() | 检测变量是否为数组型 | is_array($a) |
| is_object() | 检测变量是否为对象型 | is_object($a) |
| is_numeric() | 检测变量是否为数字或由数字组成的字符串 | is_numeric($a) |

若变量属于某个类型，则函数返回 true，否则返回 false。

【例 2-17】下面通过检测数据类型的函数来检测相应的字符串类型。

```
<?php
    $a = true;
    $b = "你好 PHP";
    $c = 123456;
    echo "1. 变量是否为布尔型：".is_bool($a)."<br>";        // 检测变量是否为布尔型
    echo "2. 变量是否为字符串型：".is_string($b)."<br>";      // 检测变量是否为字符串型
    echo "3. 变量是否为整型：".is_int($c)."<br>";            // 检测变量是否为整型
    echo "4. 变量是否为浮点型：".is_float($c)."<br>";         // 检测变量是否为浮点型
?>
```

运行结果如下：

```
1. 变量是否为布尔型：1
2. 变量是否为字符串型：1
3. 变量是否为整型：1
4. 变量是否为浮点型：
```

◀》 **注意**：函数返回的布尔值 true 被转换成字符串"1"，false 被转换成字符串""（空串）。变量 c 不是浮点型，因此第 4 个判断的返回值为 false，即空值。var_dump()函数也可以对数据类型进行检测并输出，如 var_dump($c)。

## 2.4.7  PHP 数据的输出

PHP 提供了一系列的输出语句，常用的有 echo、print、var_dump()和 print_r()。PHP

经常使用 echo 语句向浏览器输出字符串数据，还可以使用 print 语句或 print( )函数向浏览器输出字符串数据。

echo 与 print 语句输出的是没有经过格式化的字符串，而 print( )函数输出的则是经过格式化的字符串。

对于复合数据类型的数据（如数组或对象），可选用 print_r( )函数输出。

如果 HTML 代码块中只嵌入一条 PHP 语句，且该 PHP 语句是一条输出语句，此时可以使用输出运算符 <?=   ?> 输出字符串数据。

### 1．print 语句和 echo 语句

print 语句与 echo 语句的功能几乎一样，都是用于向页面输出字符串。二者的区别在于，echo 语句可以同时输出多个值（多个值之间使用","隔开即可），而 print 语句一次只能输出一个值。其他区别如下：

① 在 echo 语句前不能使用错误抑制符 "@"。

② print 语句也可以被看作一个有返回值的函数，此时只能作为表达式的一部分，而 echo 语句不能。

③ echo 语句没有返回值，print 语句的返回值为 1。

④ echo 语句输出的速度比 print 语句输出的速度快。

### 2．输出运算符 <?=   ?>

如果 HTML 代码块中只嵌入一条 PHP 语句，且该 PHP 语句是一条输出语句，此时使用 echo 语句或 print 语句输出字符串不但麻烦，而且会降低程序的易读性。PHP 提供了输出运算符用于输出字符串数据。例如：

```
<?=date("Y-m-d") ?>
```

### 3．print_r()函数

复合数据类型的数据输出经常使用 print_r( )函数，输出数组中的元素或对象中的成员变量将按照 "键" => "值" 对或 "成员变量名" => "值" 的方式输出。

【例 2-18】print_r( )函数的应用。

```php
<?php
    class Person {
        public $name = "王梦瑶";
        public $sex = "女";
        public $age = 18;
        function sing() {
            echo "她喜欢唱歌";
        }
        function dance() {
            echo "她喜欢跳舞";
        }
    }
    $person = new Person();
    print_r($person);
    echo "<br/>";
```

```
    $words = array("Network", "MIS", "DB");
    print_r($words);
?>
```

运行结果如下：

```
Person Object([name] => 王梦瑶 [sex] => 女 [age] => 18)
array([0] => Network [1] => MIS [2] => DB)
```

### 4．var_dump()函数输出每个表达式的类型和值

var_dump()函数不仅可以打印一个或多个任意类型的数据，还可以获取数据的类型和元素个数。

【例2-19】 var_dump()函数的应用。

```
<?php
    $a = "alsdflasdf;a";
    $b = var_dump($a);
    echo $b;
?>
```

运行结果如下：

```
string(12) "alsdflasdf;a"。
```

📢 **注意：** var_dump()函数能打印出类型；print_r()函数只能打印出值；echo()函数能正常输出；var_dump()函数能进行精确调试；print_r()函数能进行一般查看。

# 2.5  PHP 运算符

运算符（也称为操作符）是用来对数据进行操作的符号，操作的数据被称为操作数。运算符根据操作数的个数可分为一元运算符、二元运算符、三元运算符。

根据功能，PHP运算符可分为算术运算符、字符串运算符、赋值运算符、位运算符、自加运算符或自减运算符等。

## 2.5.1  算术运算符

算术运算符主要用于处理算术运算操作，常用的算术运算符及其作用如表2-10所示。

表 2-10  常用的算术运算符

| 名　　称 | 操　作　符 | 举　　例 |
| --- | --- | --- |
| 加法运算 | + | $a + $b |
| 减法运算 | - | $a-$b |
| 乘法运算 | * | $a * $b |
| 除法运算 | / | $a / $b |
| 取余数运算 | % | $a % $b |

📢 **注意：** 在表2-10中，前4种运算符与数学的运算符含义相同，最后一种运算符就是

数学中的求余数。在使用算术运算符时，需要注意以下几点。

❖ 当有多种运算符参与运算时，先算乘除，后算加减。

❖ 当有浮点型数据参与前四种运算时，运算结果的数据类型为浮点型。

❖ 当进行取余数运算时，运算结果的正负取决于被除数的正负，即在算术运算符中使用"%"取余数，如果被除数（$a）是负数，那么取得的结果也是一个负数，如(-8)%7=-1，而8%(-7)=1。

**【例2-20】** 通过算术运算符计算每月总支出金额、剩余工资、房贷占总工资的比例等。

```php
<?php
    $a = '4500';                    // 定义变量a，月工资为4500
    $b = '1750';                    // 定义变量b，房贷为1750
    $c = '550';                     // 定义变量c，消费金额为550
    echo $c + $b .'<br>';           // 计算每月总支出金额
    echo $a-$b-$c.'<br>';           // 计算每月剩余工资
    echo $b/$a.'<br>';              // 计算房贷占总工资的比例
    echo $b%$a.'<br>';              // 计算变量b和变量a的余数
?>
```

运行结果如下：

```
2300
2200
0.38888888888889
1750
```

## 2.5.2 字符串运算符

字符串运算符主要用于处理字符串的相关操作，在PHP中，字符串运算符只有一个，就是"."，用于将两个字符串连接起来，形成一个新的字符串。例如：

```
$a.$b
```

此运算符在前面的例子中已经使用，如

```
echo $c + $b.'<br>';                // 计算每月总支出金额
```

使用字符串运算符将$c+$b的值与字符串<br>连接，在输出$c+$b的值后执行换行操作。

注意，当连接的变量或值是布尔型、整型、浮点型或NULL时会自动转换成字符串型。

## 2.5.3 赋值运算符

赋值运算符主要用于处理表达式的赋值操作，它的作用就是将右边的常量、变量或表达式的值赋给左边的变量。PHP提供了很多赋值运算符，其用法及意义如表2-11所示。

表中"="是赋值运算符，而非数学意义上的相等的关系，一条赋值语句可以对多个变量进行赋值，如$a=$b=$c=6。

**【例2-21】** 赋值运算符的应用。

```
$a = 5;
```

此处应用"="运算符为变量a赋值。下面再举一个复杂的示例，代码如下：

表 2-11　常用的赋值运算符

| 操　作 | 符　号 | 实　例 | 展开形式 | 意　义 |
|---|---|---|---|---|
| 赋值 | = | $a=3 | $a=3 | 将右边的值赋给左边 |
| 加 | += | $a+= b | $a=$a + b | 将右边的值加到左边 |
| 减 | -= | $a-= b | $a=$a-b | 将右边的值减到左边 |
| 乘 | *= | $a*= b | $a=$a * b | 将左边的值乘以右边 |
| 除 | /= | $a/= b | $a=$a / b | 将左边的值除以右边 |
| 连接字符 | .= | $a.= b | $a=$a. b | 将右边的字符加到左边 |
| 取余数 | % | $a%= b | $a=$a % b | 将左边的值对右边的值取余数 |

```php
<?php
    $a = 5;                    // 使用 "=" 运算符为变量 a 赋值
    $b = 10;                   // 使用 "=" 运算符为变量 b 赋值
    $a *= $b;                  // 使用 "*=" 运算符获得变量 a 乘以变量 b 的值，并将值赋给变量 a
    echo $a;                   // 输出重新赋值后变量 a 的值
?>
```

运行结果如下：

```
50
```

📢 **注意：** 在执行 i=i+1 的操作时，建议使用 i+=1 代替，因为其符合 C/C++ 代码习惯。

## 2.5.4　自加或自减运算符

自加运算符++使其操作数递增 1，自减运算符--使其操作数递减 1。自加和自减运算符可以在变量的前面，也可以在变量的后面，在变量前面的称为前置，在变量后面的称为后置。

自加和自减运算符与算术运算符类似，都是对数值型数据进行操作。但算术运算符适合在两个或两个以上不同操作数的场合使用，当只有一个操作数时，就可以使用 "++" 或 "--" 运算符。

**【例 2-22】** 自加和自减运算符的应用。

```php
<?php
    $a = 10;
    $b = 5;
    $c = 8;
    $d = 12;
    // 输出上面 4 个变量的值， 是空格符
    echo "a=".$a."  b=".$b."  c=".$c."  d=".$d."<br>";
    echo "++a=".++$a."<br>";                // 计算变量 a 自加的值
    echo "b++=".$b++."<br>";                // 计算变量 b 自加的值
    echo "--c=".--$c."<br>";                // 计算变量 c 自减的值
    echo "d--=".$d--."<br>";                // 计算变量 d 自减的值
?>
```

运行结果如下：

```
a=10   b=5   c=8   d=12
++a=11
```

```
b++=5
--c=7
d--=12
```

📢 **注意**: " " 为 HTML 的空格标记。

上述代码中，$b 自加和 $d 自减后的值为什么没变？

当运算符位于变量前时（++$a），先自加，再返回变量的值；当运算符位于变量后时（$a++），先返回变量的值，再自加，即输出的是变量 a 的值，并非 a++ 的值。这就是 $b 自加和 $d 自减后的值没变的原因。在使用运算符时需要注意以下 4 点。

① 自加和自减运算符只针对纯数字或字母（a~z 和 A~Z）。

② 对于值为字母的变量，只能自加，不能自减（如 $X 值为 a，则 ++$X 结果为 b）。

③ 当操作数为布尔型数据时，自加或自减操作对其值不产生影响。

④ 当操作数为 NULL 时，自加的结果为 1，自减不受影响。

## 2.5.5　逻辑运算符

逻辑运算符对布尔型的数据进行操作，返回布尔型结果，是程序设计中一组非常重要的运算符，如表 2-12 所示。

表 2-12　PHP 的逻辑运算符

| 运　算　符 | 实　　例 | 结　　果 |
|---|---|---|
| &&或 and（逻辑与） | $m and $n 或 $m && $n | 当 $m 和 $n 都为真或假时，返回 true 或 false<br>当 $m 和 $n 有一个为假时，返回 false |
| \|\|或 or（逻辑或） | $m \|\| $n 或 $m or $n | 当 $m 和 $n 都为真或假时，返回 true 或 false<br>当 $m 和 $n 有一个为真时，返回 true |
| xor（逻辑异或） | $m xor $n | 当 $m 和 $n 都为真或假时，返回 true 或 false<br>当 $m 和 $n 有一个为真时，返回 true |
| !（逻辑非） | !$m | 当 $m 为假时返回 true，当 $m 为真时返回 false |

虽然逻辑运算符只能操作布尔型数据，但很少直接操作布尔型数据，通常都是使用比较运算符返回的结果作为逻辑运算符的操作数。此外，逻辑运算符经常出现在条件语句和循环语句中。

【例 2-23】如果使用逻辑运算符判断变量存在，且值不为空，那么执行数据的输出操作，否则弹出提示信息（变量值不能为空！）。

```php
<?php
    $a = "";                          // 若变量 a 的值为空，则输出提示信息，否则输出"北京欢迎您！"
    if(isset($a) && !empty($a)) {     // 使用 and 判断变量 a 和变量 b
        echo "北京欢迎您！";
    }
    else {
        echo "<script>alert('变量值不能为空！');</script>";
    }
?>
```

弹出对话框，显示的运行结果为"变量值不能为空！"。

注意：本例在 if 语句中应用逻辑与判断，当变量存在且值不为空时，输出数据，否则
输出提示信息。

isset( )函数用来检查变量是否设置，若设置，则返回 true，否则返回 false。

empty( )函数用来检查变量是否为空，若为空，则返回 true，否则返回 false。

注意：当逻辑表达式中后一部分的取值不会影响整个表达式的值时，为了提高程序效
率，后一部分将不再进行任何数据运算。例如，对于表达式$a && $b，若$a 为
false，则$b 不需要计算；若$a || $b 中的$a 为 true，则$b 也不需要计算。

## 2.5.6　比较运算符

比较运算符是对变量或表达式的结果进行比较，主要用于比较两个数据的值，返回值
为一个布尔类型（若比较结果为真，则返回 true，否则返回 false），如表 2-13 所示。

表 2-13　PHP 的比较运算符

| 运　算　符 | 含　　义 | 说　　　　明 |
| --- | --- | --- |
| < | 小于 | $m<$n，当$m 小于$n 时，返回 true，否则返回 false |
| > | 大于 | $m>$n，当$m 大于$n 时，返回 true，否则返回 false |
| <= | 小于或等于 | $m<=$n，当$m 小于或等于$n 时，返回 true，否则返回 false |
| >= | 大于或等于 | $m>=$n，当$m 大于或等于$n 时，返回 true，否则返回 false |
| == | 相等 | $m==$n，当$m 等于$n 时，返回 true，否则返回 false |
| != | 不等 | $m!=$n，当$m 不等于$n 时，返回 true，否则返回 false |
| === | 恒等 | $m=== $n，当$m 等于$n，并且数据类型相同，返回 true，否则返回 false |
| !== | 非恒等 | $m! ==$n，当$m 不等于$n，并且数据类型不相同，返回 true，否则返回 false |

虽然比较运算符的使用方法很简单，但是在实际开发中还需要注意以下两点。

① 两个数据类型不相同的数据进行比较时，PHP 会自动将其转换成数据类型相同的
数据后再进行比较，例如，3 与 3.14 进行比较时，先将 3 转换成浮点型 3.0，再与 3.14 进
行比较。

② 运算符"==="与"!=="在进行比较时，不仅要比较数值是否相等，还要比较其
数据类型是否相等。而"=="和"!="运算符在进行比较时，只比较其数值是否相等。

【例 2-24】使用比较运算符比较小刘与小李的工资。

```php
<?php
    $a = 6150;                              // 小刘的工资 6150
    $b = 6240;                              // 小李的工资 6240
    echo "a=".$a."  b=".$b."<br>";
    echo "a < b 的返回值为： ";
    echo var_dump($a<$b)."<br>";            // 比较 a 是否小于 b
    echo "a >= b 的返回值为： ";
    echo var_dump($a>=$b)."<br>";           // 比较 a 是否大于或等于 b
    echo "a == b 的返回值为： ";
    echo var_dump($a==$b)."<br>";           // 比较 a 是否等于 b
    echo "a != b 的返回值为： ";
    echo var_dump($a!=$b)."<br>";           // 比较 a 是否不等于 b
```

```
?>
```

运行结果如下：

```
a=6150   b=6240
a < b 的返回值为: bool(true)
a >= b 的返回值为: bool(false)
a == b 的返回值为: bool(false)
a != b 的返回值为: bool(true)
```

# 2.5.7  条件运算符

条件运算符，又称为三元运算符，作用于三个操作数之间，可以提供简单的逻辑判断，语法格式如下：

表达式 1?表达式 2:表达式 3

若表达式 1 的值为 true，则执行表达式 2，否则执行表达式 3。

【例 2-25】 条件运算符的应用。

```php
<?php
    $a = 0.0;
    $b = ($a==0) ? "zero" : "not zero";
    echo $b;                              // 输出: zero
?>
```

运行结果如下：

```
zero
```

# 2.5.8  NULL 合并运算符

NULL 合并运算符是 PHP 7 新增的运算符，用于简单的数据存在性判断，其语法格式如下：

条件表达式 ?? 表达式

先求条件表达式的值是否存在，若存在，则返回条件表达式的值，否则返回表达式的值。例如：

```php
$age = 18;
$age = $age ?? 18;
```

在上述代码中，若$age 的值存在，则使用$age 的值，否则将$age 的值设置为 18。

# 2.5.9  组合比较运算符

<=>运算符也是 PHP 7 新增的运算符，其语法格式如下：

表达式 1 <=> 表达式 2

当表达式 1 小于、等于或大于表达式 2 时，分别返回-1、0 或 1。

比如，表达式 1 <=> 1、1 <=> 2、2 <=>1 的返回值分别为 0、-1、1。

## 2.5.10 位运算符

位运算符是指对二进制位从低位到高位对齐后进行运算，允许对整型数据中指定的位进行求值和操作，如表 2-14 所示。

表 2-14 PHP 的位运算符

| 运算符 | 含义 | 举例 | 运算符 | 含义 | 举例 |
|---|---|---|---|---|---|
| & | 按位与 | $m & $n | ~ | 按位非或按位取反 | $m ~ $n |
| \| | 按位或 | $m \| $n | << | 左移 | $m << $n |
| ^ | 按位异或 | $m ^ $n | >> | 右移 | $m >> $n |

【例 2-26】 利用 "&" 判断奇数或偶数。

```php
<?php
    for($i = 0; $i < 10; $i++) {
        if($i & 1) {
            echo $i." ";
        }
    }
?>
```

运行结果如下：

```
1 3 5 7 9
```

位运算在开发中的应用有很多，如文件的权限控制。假设每个文件有读取、写入和执行 3 种权限，分别用二进制数 100、010、001 表示（对应十进制数 4、2、1）。若文件同时拥有这 3 种权限，则用二进制数 111 表示（对应十进制数 7）。实现权限验证的代码如下。

```php
$file = 4 | 2 | 1;                # 添加读取、写入、执行权限
var_dump(($file & 4) == 4);       # 判断是否有读取权限
var_dump(($file & 2) == 2);       # 判断是否有写入权限
var_dump(($file & 1) == 1);       # 判断是否有执行权限
```

虽然运用位运算可以完成一些底层的系统程序设计，但 PHP 很少参与计算机底层编程，因此这里只需了解位运算即可。

## 2.5.11 错误控制运算符

当 PHP 表达式产生错误时，可以通过错误控制运算符@进行控制。将错误控制运算符@放置在 PHP 表达式前，该表达式产生的任何错误信息将不会输出到页面。但是注意，错误控制运算符@只是不输出错误信息，并没有真正解决错误，如

```php
echo @(5/0)
```

错误控制运算符@不仅可以避免浏览器页面出现错误信息影响页面美观，还能避免错误信息外露造成系统漏洞。错误信息虽不会输出，但是错误依然存在。

错误控制运算符@不仅只对表达式有效，还可以放在常量、变量、函数和 include( )调用前，但不能放在函数或类的定义前。

## 2.5.12　运算符的使用规则

运算符的使用规则就是当表达式中包含多种运算符时,运算符的执行顺序与数学四则运算中的先算乘除后算加减是一个道理。PHP 的运算符优先级如表 2-15 所示。

📢 **注意:** 想记住这么多级别是不太现实的,也没有必要。如果写的表达式真的很复杂,而且包含较多运算符,可以多加 "()",如$a and (($b != $c) or (5*(50-$d))),这样就会降低出现逻辑错误的可能性。

表 2-15　PHP的运算符的优先级

| 优先级 | 运算符 |
|---|---|
| 高<br><br>↓<br><br>低 | or, and, xor |
| | 赋值运算符 |
| | ‖, && |
| | \|, ^ |
| | &, . |
| | +, - |
| | /, *, % |
| | <<, >> |
| | ++, -- |
| | +、-(正、负运算符), !, ~ |
| | ==, !=, <> |
| | <, <=, >, >= |
| | ?: |
| | -> |
| | => |

# 2.6　表达式与语句

表达式是 PHP 的基石,是 PHP 最重要的组成元素,由操作数、操作符及括号组成。在 PHP 中,任何有值的内容都可以理解为表达式。

PHP 的常量、变量和函数通过运算符连接后便可以形成表达式,例如,$a=6 就是一个表达式。表达式也有值,表达式$a=6 的值就为 6。

根据表达式中运算符类型的不同,可以把表达式分成算术表达式、字符串连接表达式、赋值表达式、位运算表达式、逻辑表达式、比较表达式、其他表达式等,其中最常见的表达式是比较表达式和逻辑表达式,这两种表达式的值都为真或假。

表达式主要用于计算值的操作,并返回一个值,以下是常见的两种表达式。

❖ 常量、变量,如 3.14、$num。

❖ 由运算符和操作数组成的表达式,如$m++、$m+8、$m= func()。

注意,每个表达式都有自己的值,即表达式都有运算结果。在表达式的后面加上一个 ";" 就是语句,因此通常使用 ";" 来区分表达式与语句。

# 思考与练习

1．PHP 的标记符支持哪几种标记风格?有何注意事项?

2．PHP 的注释种类有哪些?这些注释在何种场合下使用,并如何进行 HTML 注释?

3．PHP 的数据类型有哪些?每种数据类型适用于哪种应用场合?

4．如何定义常量及获取常量的值?

5．"===" 是什么运算符?请举例说明在什么情况下使用 "==" 会得到 true,而使用 "===" 却得到 false。

6．检测一个变量是否设置,需要使用哪个函数?检测一个变量是否为 "空",需要使用哪个函数?这两个函数有何区别?

7. PHP 中 echo、print_r、print、var_dump 之间的区别是什么？

8. 双引号和单引号的区别是什么？

9. PHP 中传值与传引用的区别是什么？

10. isset、empty、is_null 的区别是什么？

11. 任意指定 3 个数，编写程序求出 3 个数中的最大值。

12. 下列说法中正确的是（　　　）。

A. PHP 代码只能嵌入 HTML 代码中

B. 在 HTML 代码中只能在开始标识<?PHP 和结束标识?>之间嵌入 PHP 程序代码

C. PHP 单行注释必须独占一行

D. 在纯 PHP 代码中，可以没有 PHP 代码结束标识

13. 可以作为 PHP 常量名的是（　　　）。

A. $_abc　　　　　　B. $123　　　　　　C. Abc　　　　　　D. 123

14. 执行下面的代码后，输出的结果为（　　　）。

```php
<?php
    $x = 10;
    $y = &$x;
    $y = "5ab";
    echo $x+10;
?>
```

A. 10　　　　　　B. 15　　　　　　C. "5ab10"　　　　　　D. 代码出错

15. 要查看一个变量的数据类型，可使用函数（　　　）。

A. type()　　　　　B. gettype()　　　　C. GetType()　　　　D. Type()

16. 下列关于恒等运算符"==="说法中正确的是（　　　）。

A. 只有两个变量的数据类型相同时才能比较

B. 两个变量数据类型不同时，将其转换为相同数据类型再比较

C. 字符串和数值之间不能使用恒等运算符比较

D. 只有当两个变量的值和数据类型都相同时，结果才为 true

17. 字符串是按（　　　）进行比较的。

A. 拼音顺序　　　　B. ASCII 值　　　　C. 随机　　　　　　D. 先后顺序

18. 在 PHP 中，（　　　）可以输出变量类型。

A. echo　　　　　　B. print　　　　　　C. var_dump()　　　D. print_r()

19. 下列定义的变量正确的是（　　　）。

A. var a = 5;　　　B. $a = 10;　　　　C. int b = 6;　　　D. var $a = 12;

20. 若 x、y 为整型数据，以下语句执行后，$y 的结果为（　　　）。

```
$x = 1;
++$x;
$y = $x++;
```

A. 1　　　　　　　B. 2　　　　　　　C. 3　　　　　　　D. 0

21. 要查看一个结构类型变量的值，可以使用函数（　　　）。

A. Print()　　　　　B. print()　　　　　C. Print_r()　　　　D. print_r()

22. PHP 中，输出拼接字符串正确的是（　　　）。

A．echo $a+"hello" B．echo $a+$b

C．echo $A．"hello" D．echo '{$a}hello'

23．PHP 代码中如何输出反斜杠（ ）。

A．\n 代表换行 B．\r 代表换行

C．\t 代表制表符 D．\\

24．以下代码输出的结果为（ ）。

```
$a = "cc";
$cc = "dd";
echo $a == "cc"?"{$$a}":$a;
```

A．cc B．$a C．$$a D．dd

25．PHP 中，运算符优先级从高到低分别是（ ）。

A．关系运算符，逻辑运算符，算术运算符

B．算术运算符，关系运算符，逻辑运算符

C．逻辑运算符，算术运算符，关系运算符

D．关系运算符，算术运算符，逻辑运算符

26．PHP 中，字符串的连接运算符是（ ）。

A．- B．+ C．& D．.

27．要检查一个常量是否定义，可以使用（ ）函数。

A．defined() B．isdefin() C．isdefined() D．无

28．下列选项中，不属于标量类型的是（ ）。

A．布尔型 B．字符串型 C．空型 D．浮点型

29．下列表达式中，结果为 true 的选项是（ ）。

A．0==='0' B．0=='0' C．0 != '0' D．0 !== '0'

30．以下代码输出的结果是（ ）。

```
<?php
    $a = 10;
    $b = &$a;                        // &取地址
    echo $b;
    $b = 15;
    echo $a;
?>
```

A．1015 B．1010 C．1515 D．1510

# 第 3 章　PHP 流程控制语句

　　程序由语句组成，每条语句用来实现一个具体的任务。在一般情况下，一段程序代码是顺序执行的，即从头到尾按顺序逐行执行。顺序执行是程序十分基本、简单的结构。但有时需要在某种条件下有选择地执行指定的操作，或者重复地执行某一类程序，这就是程序流程的控制问题。

　　PHP 程序设计中的流程控制结构包括顺序结构、选择结构和循环结构。它们都是通过流程控制语句实现的，其中顺序结构不需要通过特殊的语句实现，选择结构需要通过条件语句实现，循环结构需要通过循环语句实现。除此之外，有时程序无条件地执行一些操作需要用到转移语句。

　　合理使用这些控制结构可以使程序流程清晰、可读性强，从而提高工作效率。

## 3.1　PHP 的三种控制结构

　　在编程的过程中，所有操作都是按照某种结构有条不紊地进行的，学习 PHP 语言不仅要掌握其中的函数、数组、字符串等实际知识，更重要的是通过这些知识形成一种属于自己的编程思想和编程方法。要想形成属于自己的编程思想和方法，首先要掌握程序设计的结构，再配合函数、数组、字符串等实际知识，逐步形成一种属于自己的编程方法。

　　程序设计的结构可以分为顺序结构、选择结构和循环结构。在使用这三种结构时，很少有哪个程序是单独使用某一种结构完成某个操作的，基本上都是将其中的 2 种或 3 种结构结合使用。

　　1．顺序结构

　　顺序结构的流程依次按顺序执行。传统流程图的表示方式与 N-S 结构化流程图的表示方式，如图 3-1 和图 3-2 所示。

　　2．选择结构

　　选择结构是对给定条件进行判断，条件为真时执行一个分支，条件为假时执行另一个分支，其流程图的表示方式与 N-S 结构化流程图的表示方式，如图 3-3 和图 3-4 所示。

　　除此之外，PHP 还有一种特殊的运算符：三元运算符（又称为三目运算符），也可以

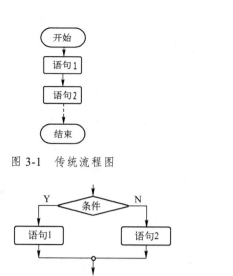

图 3-1 传统流程图

图 3-2 N-S 结构化流程图

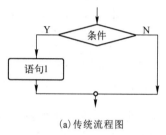

(a)传统流程图

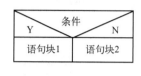

(b) N-S 结构化流程图

图 3-3 条件成立与否都执行语句或语句块

(a)传统流程图

(b)N-S 结构化流程图

图 3-4 条件为否不执行语句或语句块

完 if-else 语句的功能，其语法格式如下：

    条件表达式 ? 表达式 1 ：表达式 2

先求条件表达式的值，若为真，则返回表达式 1 的执行结果，否则返回表达式 2 的执行结果。例如：

    echo $age >=18 ? '已成年' : '未成年';

当表达式与条件表达式相同时，可以简写，省略中间部分：

    条件表达式 ?：表达式 2

在规定学生的年龄$age 是自然数（>=0）的情况下，示例如下：

    echo $age ?: '还未出生';

### 3．循环结构

循环结构可以按照需要多次重复执行一行或多行代码。循环结构分为两种：前测试型循环和后测试型循环。

前测试型循环，先判断后执行。当条件为真时，反复执行语句或语句块，当条件为假时，跳出循环，继续执行循环后面的语句，如图 3-5 所示。

后测试型循环，先执行后判断。先执行语句或语句块，再进行条件判断，直到条件为假时，跳出循环，继续执行循环后面的语句，否则一直执行语句或语句块，如图 3-6 所示。

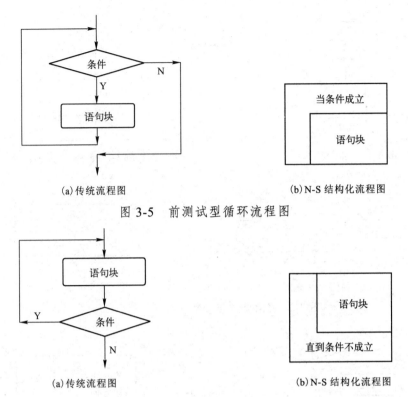

(a)传统流程图                    (b)N-S结构化流程图

图 3-5　前测试型循环流程图

（a）传统流程图                    (b)N-S结构化流程图

图 3-6　后测试型循环流程图

在 PHP 中，大多数程序以这 3 种结构组合的形式出现。顺序结构就是直接输出程序的运行结果，而选择结构和循环结构则需要一些特殊的控制语句来实现，其中包括以下 3 种控制语句：① 条件语句，如 if、else、elseif 和 switch；② 循环语句，如 while、do-while、for 和 foreach；③ 跳转语句，如 break、continue。

# 3.2　选择结构语句

选择结构语句，又称为条件语句，就是对语句中不同条件的值进行判断，进而根据不同的条件执行不同的语句。

条件语句可以给定一个判断条件，并在程序执行过程中判断该条件是否成立。程序根据判断结果执行不同的操作，这样就能够改变代码的执行顺序，从而实现更多功能。例如，用户登录某款软件，若账号与密码输入正确，则显示登录成功界面，否则显示登录失败界面。

PHP 的条件控制语句有 if 语句、if-else 语句、if-elseif-else 语句、switch 语句。

## 3.2.1　if 语句

if 语句是最简单、最常用的条件语句，根据获取的不同条件判断执行不同的语句。if 语句的应用范围十分广泛，无论程序大小几乎都会用到该语句，其语法格式如下：

```
if (expr)
```

```
    statement;                          // 这是基本的表达式
    if () {}                            // 这是执行多条语句的表达式
    if () {}else {}                     // 这是通过 else 延伸的表达式
    if () {}elseif() {} else {}         // 这是加入 elseif 同时判断多个条件的表达式
```

参数 expr 按照布尔型求值。若 expr 的值为 true, 则执行 statement, 否则忽略 statement。if 语句可以无限层地嵌套到其他 if 语句中, 实现更多条件的执行。

【例 3-1】 if 语句的应用。

```
<?php
    $num = rand(1,10);                  // 使用 rand()函数生成一个随机数
    if($num % 2 == 0) {
        echo "\$num=$num <BR>";
        echo "$num 是一个偶数。";
    }
?>
```

运行结果如下:

```
$num=2
2 是一个偶数。
```

📢 **注意:** rand()函数用来生成一个随机数, 格式为 int rand(int mix, int max), 返回一个 mix 与 max 之间的随机数, 若没有参数, 则返回 0 到 rand max 之间的随机整数。

其中, else 的功能是当 if 语句在参数 expr 的值为 false 时执行其他语句, 即在执行的语句不满足该条件时执行 else 后大括号中的语句。

【例 3-2】 if-else 语句的应用。

```
<?php
    $num = rand(1,10);                  // 使用 rand()函数生成一个随机数
    if($num % 2 == 0) {
        echo "\$num=$num <BR>";
        echo "$num 是一个偶数。";
    }
    else {
        echo "\$num=$num <BR>";
        echo "$num 是一个奇数。";
    }
?>
```

运行结果如下:

```
$num=3
3 是一个奇数。
```

在同时判断多个条件时, PHP 提供了 elseif 语句来扩展需求。elseif 语句被放置在 if 与 else 语句之间, 满足多条件同时判断的需求。

if 语句、if-else 语句、elseif 语句的流程控制图如图 3-7、图 3-8 和图 3-9 所示。

【例 3-3】 在文本框中输入一个百分制分数, 单击"提交"按钮后, 输出成绩等级。90 分以上记为"A", 80~89 分记为"B", 70~79 分记为"C", 60~69 分记为"D", 60 分以下记为"E"。

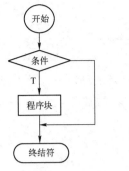

图 3-7 if 语句的流程控制图

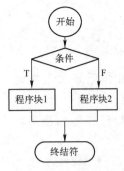

图 3-8 if-else 语句的流程控制图

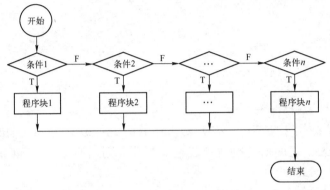

图 3-9 elseif 语句的流程控制图

```html
<html >
    <head>
        <meta http-equiv="Content-Type" content="text/html; charset=utf-8" />
        <title>百分制分数</title>
    </head>
    <body>
        <form id="form1" name="form1" method="post" action="">
            <input type="text" name="score" id="score" />
            <input type="submit" name="button" id="button" value="提交" />
        </form>
        <?php
            if (isset($_POST["button"])) {
                $score=$_POST ["score"];
                if ($score>=90)  $grade='A';
                elseif ($score>=80)  $grade='B';
                elseif ($score>=70)  $grade='C';
                elseif ($score>=60)  $grade='D';
                else  $grade='E';
                echo "成绩等级为".$grade;
            }
        ?>
    </body>
</html>
```

运行结果如下：

输入86，单击"提交"按钮后，在当前页面中显示如下信息：

成绩等级为 B

# 3.2.2　switch 语句

switch 语句也是多分支语句，功能与 if 语句的功能相同，但是只能针对某表达式的值进行判断，从而决定执行哪一段代码，该语句的特点就是代码更加清晰简洁、便于阅读。

switch 语句的语法格式如下：

```php
<?php
    switch (expr) {                  // expr 条件为变量名称
        case expr1:                  // case 后的 expr1 为变量的值
            statement1;              // 符合该条件时要执行的部分
            break;                   // 应用 break 跳出循环体
        case expr2 :
            statement2 ;
            break ;
        default:
            statementN;
            break;
    }
?>
```

switch 语句的参数说明如表 3-1 所示。

表 3-1　switch 语句的参数说明

| 参　数 | 说　　明 |
|---|---|
| expr | 表达式的值，即 switch 语句的条件变量的名称 |
| expr1 | 放置于 case 语句后，是要与条件变量 expr 进行匹配的值中的一个 |
| statement1 | 在参数 expr1 的值与条件变量 expr 的值相匹配时执行的代码 |
| break 语句 | 终止语句的执行，当语句在执行过程中，遇到 break 就停止执行，跳出循环体 |
| default | case 的一个特例，匹配任何其他 case 都不能匹配的情况，并且是最后一条 case 语句 |

switch 语句的流程控制图如图 3-10 所示。

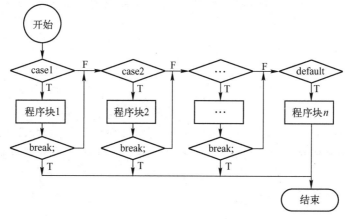

图 3-10　switch 语句的流程控制图

**注意：** ① 表达式的类型可以是数值型或字符串型；② 多个不同的 case 可以执行同一个语句块。

**【例 3-4】** 应用 switch 语句判断用户的权限情况。

```php
<?php
    $level = 3;
    switch($level) {
        case 3:
            echo "赋予管理员权限";
            break;
        case 2:
            echo "赋予站务权限";
            break;
        case 1:
            echo "赋予版主权限";
            break;
        default:
            echo "赋予普通用户权限";
            break;
    }
?>
```

运行结果如下：

赋予管理员权限

**注意：** if 语句和 switch 语句可以从使用的效率上区分，也可以从语句实用性角度区分。如果从使用的效率上区分，在对同一个变量的不同值进行条件判断时，使用 switch 语句的效率相对更高，尤其是判断的分支越多，效率提高越明显。如果从语句实用性的角度区分，那么 switch 语句不及 if 语句。if 语句是实用性最强和应用范围最广的语句。

在程序开发的过程中，if 语句和 switch 语句的使用应该根据实际的情况而定，不要因为 switch 语句的效率高就一味使用，也不要因为 if 语句常用就不使用 switch 语句。要根据实际的情况，具体问题具体分析，使用最适合的条件语句。一般情况下可以使用 if 语句，但在实现一些多条件的判断中，特别是在实现框架的功能时应该使用 switch 语句。

# 3.3　循环结构语句

循环结构语句是在满足条件的情况下反复执行某操作。PHP 提供了 4 种循环控制语句，分别是 while 循环语句、do-while 循环语句、for 循环语句和 foreach 循环语句。PHP 的循环语句也支持嵌套使用（即多重循环），前 3 种格式的循环语句可以根据需求相互嵌套。

## 3.3.1　while 循环语句

while 循环语句的作用是反复执行某操作，是最简单、最常用的循环语句。while 循环语句对表达式的值进行判断，当表达式的值为非 0 时，执行 while 循环语句中的内嵌语句；当表达式的值为 0 时，不执行 while 循环语句中的内嵌语句。while 循环语句的特点是：先判断条件表达式，后执行语句。while 循环语句的操作流程如图 3-11 所示。

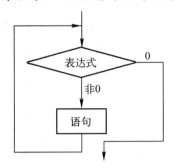

图 3-11　while 循环语句的操作流程

其语法格式如下：

```
while (expr) {
    statement;              // 先判断条件，当条件满足时执行语句块，否则不向下执行
}
```

"{}"中的语句称为循环体，只要 while 表达式中 expr 的值为 true，就重复执行嵌套中的 statement 语句，若 while 表达式中 expr 的值一开始就是 false，则循环语句一次也不执行。

注意，若循环条件一直为 true，则会出现死循环，因此在开发中应根据实际需要，在循环体中设置循环出口，即循环结束的条件。

【例 3-5】 将 10 以内的偶数输出，若不是偶数，则不输出。

```php
<?php
    $num = 1;
    $str = "10 以内的偶数为: ";
    while($num <= 10) {
        if($num % 2 == 0)
            $str .= $num." ";
        $num++;
    }
    echo $str;
?>
```

运行结果如下：

```
10 以内的偶数为: 2 4 6 8 10
```

## 3.3.2　do-while 循环语句

do-while 循环语句也是循环语句中的一种，使用方式与 while 循环语句相似，通过判断表达式的值来输出循环语句。do-while 循环语句是非零次循环结构，即至少执行一次循环体，执行过程是先执行循环体结构，再判断条件表达式，其语法格式如下：

```
// 程序在未经判断之前就进行了一次循环，循环到 while 部分才判断条件，即使条件不满足，也会运行 1 次
```

```
do {
    statement;
} while(expr);
```

do-while 循环语句的操作流程是：先执行 1 次指定的循环体语句，再判断表达式的值，当表达式的值为非 0 时，返回重新执行循环体语句，如此反复，直到表达式的值等于 0 为止，此时循环结束，再判断循环条件是否成立，如图 3-12 所示。

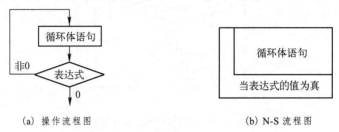

(a) 操作流程图          (b) N-S 流程图

图 3-12    do-while 循环语句的操作流程

**【例 3-6】** 通过 do-while 循环语句计算一个员工的工龄工资增加情况。

```php
<?php
    $a = 1;                              // 定义变量$a 的值为1
    $year =  5;
    do{
        $price = 50*12*$a;
        echo "您第".$a."年的工龄工资为<b>".$price."</b>元<br>";
        $a++;
    }while($a <= $year);
?>
```

运行结果如下：

```
您第 1 年的工龄工资为 600 元
您第 2 年的工龄工资为 1200 元
您第 3 年的工龄工资为 1800 元
您第 4 年的工龄工资为 2400 元
您第 5 年的工龄工资为 3000 元
```

如果使用 do-while 循环语句计算员工的工龄工资，当变量 a 的值等于 6 时，会得到一个意想不到的结果。下面具体操作，定义变量 a 的值为 6，重新执行示例，其代码如下。

```php
<?php
    $a = 6;                      // 当直接定义$a 的值为6时，仍可以输出第6年的工龄工资
    $year = 5;                   //定义初始变量$year=5
    do {
        $price = 50*12*$a;
        echo "您第".$a."年的工龄工资为<b>".$price."</b>元<br>";
        $a++;
    } while($a <= $year);        // 当$year=5 时，程序没有停止，继续计算第 6 年的工龄工资，当
                                 // $year=6 时，判断条件不符合停止循环，但是第 6 年的工龄工资已经输出了
?>
```

运行结果如下：

```
您第 6 年的工龄工资为 3600 元
```

**注意：** 这就是 while 循环语句与 do-while 循环语句的区别。do-while 循环语句是先执行后判断，无论表达式的值是否为 true，都将执行一次循环；而 while 语句先判断表达式的值是否为 true，若为 true，则执行循环语句，否则将不执行循环语句。

do-while 循环语句的条件表达式后边必须加上"；"作为该语句的结束。

这个例子意在说明 while 循环语句与 do-while 循环语句在执行判断上的区别，在实际的程序开发中不会出现上述情况。

## 3.3.3　for 循环语句

for 循环语句是最常用的循环结构之一，语句灵活，适合循环次数已知的情况，完全可以代替 while 循环语句。

for 循环语句拥有 3 个条件表达式，其语法格式如下：

```
for (expr1; expr2; expr3) {
    statement;
}
```

for 循环语句的参数说明如表 3-2 所示。

表 3-2　for 循环语句的参数说明

| 参　数 | 说　　明 |
|---|---|
| expr1 | 必选参数。第 1 个条件表达式，在第一次循环开始时被执行，即初始值 |
| expr2 | 必选参数。第 2 个条件表达式，在每次循环开始时被执行，决定循环是否继续，即循环条件 |
| expr3 | 必选参数。第 3 个条件表达式，在每次循环结束时被执行，即循环变量 |
| statement | 必选参数。满足条件后，循环执行的语句，即循环体 |

for 循环语句的执行过程：首先执行 expr1；然后执行 expr2，并对 expr2 的值进行判断，若为 true，则执行 for 循环语句中指定的内嵌语句，否则结束循环，跳出 for 循环语句；最后执行 expr3（一定是在 expr2 的值为 true 时），返回 expr2 继续循环执行，如图 3-13 所示。

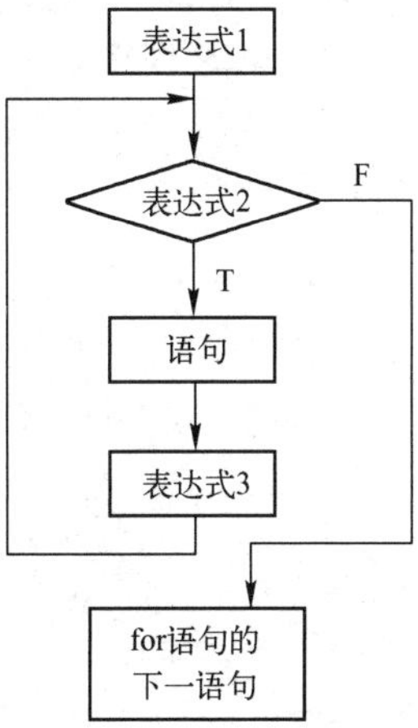

**【例 3-7】** 用 for 循环语句计算 2～100 所有偶数之和。

```php
<?php
    $b = "";
    for($a = 0; $a <= 100; $a+= 2){   // 执行 for 循环
        $b = $a+$b;                    // 计算所有偶数之和
    }
    echo "结果为：<b>".$b."</b>";
?>
```

图 3-13　for 循环语句的操作流程

运行结果如下：

```
结果为：2550
```

**注意：** 有时会遇到使用 for 循环语句的特殊语法格式来实现无限循环（"（）"中的每个表达式都可以为空，但是必须保留"；"分隔符），其语法格式如下：

```
for( ; ; ) {
    ...
}
```

对于这种无限循环，可以通过 break 语句跳出循环。例如：

```
for( ; ; ) {
    if(x < 20)
        break;
    x++;
}
```

## 3.3.4　foreach 循环语句

foreach 循环语句自 PHP 4 开始引入，主要用于处理数组，是遍历数组的一种简单方法。如果使用该语句处理其他数据类型或初始化的变量，会产生错误。foreach 语句的语法有两种格式。格式一：

```
foreach (array_expression as $value) {
    statement;
}
```

格式二：

```
foreach (array_expression as $key => $value) {
    statement;
}
```

其中，参数 array_expression 指定要遍历的数组，$value 是数组的值，$key 是数组的键名；statement 是满足条件时要循环执行的语句。

在格式一中，当遍历指定的是 array_expression 数组时，每次循环将当前数组单元的值赋给变量$value，并且将数组中的指针移动到下一个单元。

格式二中的应用是相同的，只是在将当前单元的值赋给变量$value 的同时，将当前单元的键名也赋给了变量$key。

✎ 说明：当使用 foreach 循环语句处理其他数据类型或未初始化的变量时会产生错误。为了避免这个问题，最好先使用 is_array( )函数判断变量是否为数组类型，如果是数组类型，再进行其他操作。

【例 3-8】 foreach 循环语句输出数组元素值的应用。

```
<?php
    $a = array(1,2,3,4,5,6);
    foreach($a as $b)
        echo $b." ";
?>
```

运行结果如下：

```
1 2 3 4 5 6
```

# 3.4 跳转语句

跳转语句用于实现程序执行过程中的流程跳转。PHP 常用的跳转语句包括 break、continue 和 goto 语句。跳转语句使用起来非常简单而且非常容易被掌握，主要原因是它们都应用在指定的环境（如 for 循环语句）中。

在程序运行中，可以使用 return 和 exit 语句来终止程序的运行。

## 3.4.1 break 语句

break 关键字可以终止当前的循环，包括 while、do-while、for、foreach 和 switch 在内的所有循环语句。

break 语句不仅可以跳出当前的循环，还可以指定跳出几重循环，其语法格式如下：

```
break n;
```

其中，参数 n 用于指定要跳出的循环数量。break 语句的流程图如图 3-14 所示。

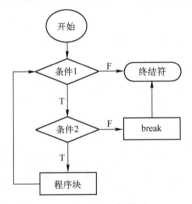

图 3-14  break 语句的流程图

【例 3-9】 计算半径 1~10 的圆面积，直到面积大于 100 时为止。

```php
<?php
    define(PI,3.14);
    for($r = 1; $r <= 10; $r++) {
        $area = PI * $r * $r;
        if($area > 100)
            break;
        echo "r=$r, area=$area";
        echo "<br/>";
    }
?>
```

运行结果如下：

```
r=1, area=3.14
r=2, area=12.56
r=3, area=28.26
r=4, area=50.24
r=5, area=78.5
```

## 3.4.2　continue 语句

程序执行 break 语句后，将跳出循环，继续执行循环体的后续语句。continue 语句的作用没有 break 语句那么强大，只能终止本次循环，从而进入下一次循环。在执行 continue 语句后，程序将结束本次循环的执行，并开始下一轮循环的执行操作，如图 3-15 所示。continue 语句也可以指定跳出几重循环。

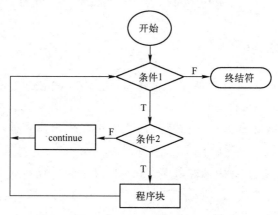

图 3-15　continue 语句的流程图

【例 3-10】 用 for 循环计算 1～100 所有奇数的和。在 for 循环中，当循环到偶数时，使用 continue 实现跳转，然后继续执行奇数的运算。

```php
<?php
    $sum = 0;
    for($i = 1; $i <= 100; $i++){
        if($i%2 == 0){
            continue;
        }
        $sum = $sum + $i;
    }
    echo $sum;
?>
```

运行结果如下：

```
2500
```

✎说明：break 语句和 continue 语句都能实现跳转功能，但是有区别的：continue 语句只是结束本次循环，并不是终止整个循环的执行，而 break 语句是结束整个循环过程。

## 3.4.3　goto 语句

程序使用 goto 语句可以跳转到指定位置执行代码，并且只能从一个文件和作用域中跳转（即无法跳出一个函数或类方法）。goto 语句经常用于跳出循环语句或 switch 语句，可以代替多层 break 语句。

## 3.4.4 return 语句

在大部分编程语言中，return 语句可以将函数的执行结果返回，与 return 的用法类似。return 语句的作用是将函数的值返回给函数的调用者，如果在全局作用域内使用 return 关键字，将终止脚本的执行。return 语句在函数中使用时，有以下两个作用：① 如果在函数中执行了 return 语句，它后面的语句将不会被执行，也就是退出函数；② 可以向函数调用者返回函数体中任意确定的值，也就是常说的函数返回值。

【例 3-11】return 语句的应用示例。

```php
<?php
    function sum($a, $b) {
        return $a + $b;
        return $a * $b;
    }
    $temp = sum(3,5);
    echo $temp;
?>
```

输出的结果为 8，而后面的"return　$a*$b;"不会执行，并将函数的返回值赋给$temp，然后输出结果。

## 3.4.5 exit 语句

在程序执行过程中总会发生一些错误，如被零除、打开一个不存在的文件或数据库连接失败等情况。当程序发生错误后，应用控制程序应立即终止执行剩余代码，exit 语句（或 die 语句）可以实现这个功能。exit 语句终止整个 PHP 程序的执行，即后续代码不会执行。

exit 语句的语法格式如下：

```
void exit [string message])
```

则输出字符串信息 message，然后终止 PHP 程序的运行。

📢 注意：字符串信息 message 必须写在"( )"中。

【例 3-12】exit 语句的应用。

```php
<?php
    @($a = 2/0) or exit("发生被零除错误！");
    echo "exit 后面的语句将不会运行！";
?>
```

运行结果如下：

```
发生被零除错误！
```

exit 不是函数，而是一个语句，因此上述代码可以修改为如下：

```php
<?php
    @($a = 2/0) or exit;
    echo "exit 后面的语句将不会运行！";
?>
```

PHP 还提供了 die 语句用于终止程序的运行，die 可以看作 exit 的别名。例如，上述例子可以修改为如下：

```php
<?php
    @($a = 2/0) or die("发生被零除错误！");
    echo "die 后面的语句将不会运行！";
?>
```

# 3.5　流程替代语法

当大量的 HTML 代码与 PHP 代码混合编写时，为了方便区分流程语句的开始位置和结束位置，可以使用 PHP 提供的替代语法进行编码。当在 HTML 代码中嵌入 PHP 代码时，for、while 等循环语句的"{}"语法形式可读性不强，为此 PHP 提供了替代语法，用于在模板中输出数据。

替代语法是在 HTML 模板中嵌入 PHP 代码时，将一些语句替换成可读性更好的语法，把 if、while、for、foreach 和 switch 循环语句的"{"换成":"，把"}"分别换成"endif;""endwhile;""endfor;""endforeach;""endswitch;"。

替代语法代码示例，如图 3-16 所示。

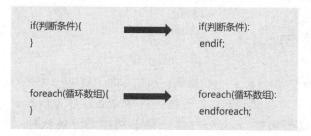

图 3-16　替代语法代码示例

下面通过代码演示替代语法的使用方法。

【例 3-13】将$info 数组中年龄大于 16 岁的学生信息提取出来，并显示在表格中。$info 数组的具体代码如下。

```php
<?php
    # 定义一个学生的信息数组
    $info = [['name' => 'Strong','age' =>16],
            ['name' => 'berry','age' =>17],
            ['name' => 'tommy','age' =>20]];
?>
<table>
    <tr><td>姓名</td><td>年龄</td></tr>
    <?php foreach ($info as $k): ?>
    <?php if ($k['age'] > 16): ?>
    <tr>
        <td><?=$k['name']?></td>
        <td><?=$k['age']?></td>
    </tr>
    <?php endif; ?>
```

```
<?php endforeach; ?>
</table>
```

运行结果如下：

| 姓名 | 年龄 |
|------|------|
| berry | 17 |
| tommy | 20 |

从上述代码可以看出，foreach 和 if 循环语句的开始位置和结束位置很明确，避免了"{ }"分不清流程语句开始位置和结束位置的问题，增强了代码的可读性。其中，代码的 `<?= ?>` 是一种简写的输出语法，自 PHP 5.4 起，这种语法在短标记关闭的情况下仍然可用，其完整形式为"`<?php echo …?>`"。因此，在 HTML 代码中嵌入 PHP 变量，使用这种简写形式将会非常方便。

# 3.6 PHP 文件间包含函数的使用

在程序开发中会涉及多个 PHP 文件，为此 PHP 提供了包含函数，可以从另一个文件中将代码包含进来。使用包含函数不仅可以提高代码的重用性，还可以提高代码的维护和更新。引用外部文件可以减少代码的重用性也是 PHP 编程的重要技巧。

PHP 提供了 4 个非常简单却有用的包含函数，即 include()、require()、include_once()、require_once()，它们允许重新使用任何类型的代码。

在进行文件包含时常会涉及文件路径。文件路径指的是被包含文件所在的绝对路径或相对路径。绝对路径就是从盘符开始的路径，如"C:\xampp\htdocs\chap3\index.php"。相对路径就是从当前路径开始的路径，如果被包含文件 index.php 与当前文件所在路径都是"C:\xampp\htdocs\chap3"，那么其相对路径就是"./index.php"。在相对路径中，"./"表示当前目录，"../"表示当前目录的上级目录（可连用，如"../../"）。

在被包含文件中，还可以使用 return 关键字返回一个值。

## 3.6.1 include()函数

include()函数的语法格式如下：

```
mixed include(string resource)
```

其功能：将一个资源文件 resource 载入当前 PHP 程序。字符串参数 resource 是一个资源文件的文件名，该资源文件可以是本地 Web 服务器上的资源，如图片、HTML 页面、PHP 页面等，也可以是互联网上的资源。若找不到资源文件 resource，则 include()函数返回 false；若找到资源文件 resource，且资源文件 resource 没有返回值，则返回整数 1，否则返回资源文件 resource 的返回值。

📢 注意：

① 使用 include()函数载入文件时，如果被载入的文件中包含 PHP 语句，这些语句必须使用 PHP 开始标记和结束标记标识。

· 81 ·

② 当 resource 资源是互联网的某资源时,需要将配置文件 php.ini 中的选项 allow_url_include 设置为 on（allow_url_include=on）,否则不能引用互联网资源。

【例 3-14】 程序文件位于同一目录下的 include 语句的应用（即"include.php"和"main.php"位于同一个目录下）。

程序文件一：include.php。

```php
<?php
    $color = 'red';
    $fruit = 'apple';
    echo "这是被引用的文件输出！<br/>";
?>
```

程序文件二：main.php。

```php
<?php
    echo "A $color $fruit<br/>";
    include "include.php";
    echo "A $color $fruit<br/>";
?>
```

程序文件二的运行结果如下：

```
Notice: Undefined variable: color in C:\xampp\htdocs\chap3\index.php on line 16
Notice: Undefined variable: fruit in C:\xampp\htdocs\chap3\index.php on line 16
A
这是被引用的文件输出！
A red apple
```

## 3.6.2  include()函数与 require()函数的区别

应用 require()函数调用文件,其应用方法与 include()函数的应用方法类似,但二者还有一定的区别。

① 在使用 require()函数调用文件时,如果被引用文件发生错误或不能找到被引用文件,将提示 Warning 和 Fatal error 信息,然后终止程序运行。include()函数在没有找到文件时则会输出警告,不会终止脚本的处理。

② 使用 require()函数调用文件时,只要程序执行,就会立刻调用外部文件。通过include()函数调用外部文件时,只有程序执行到该函数时,才会调用外部文件。

【例 3-15】 include()函数和 require()函数不同之处的实例。

```php
<?php
    echo "<h2>include 包含不在的 conn.php 文件的结果：</h2>";
    include("conn.php");
    echo "include 的内容";
?>
<?php
    echo "<h2>require 包含不在的 conn.php 文件的结果：</h2>";
    require "conn.php" ;
    echo "require 的内容";
?>
```

运行结果如图 3-17 所示。

图 3-17　include( )函数和 require( )函数的不同

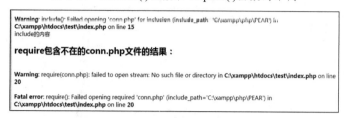

图 3-17　include( )函数和 require( )函数的不同（续）

从例 3-15 的结果可以看到，include( )函数包含不存在的文件时不会终止脚本运行，而 require( )函数会终止脚本运行。

## 3.6.3　include_once()函数和 require_once()函数

随着程序资源规模的扩大，同一程序多次使用 include( )函数或 require( )函数的情况时有发生，多次引用同一个资源也不可避免，可能导致文件的引用混乱。为了解决这类问题，PHP 提供了 include_once( )函数和 require_once( )函数，确保同一个资源文件只能引用一次。

include_once( )函数是 include( )函数的延伸，其作用与 incldue( )函数几乎是相同的，唯一的区别在于，include_once( )函数会在导入文件前先检测该文件是否在该页面的其他部分被导入过，若是，则不会重复导入该文件。例如，要导入的文件中存在一些自定义函数，如果在同一个程序中重复导入这个文件，在第二次导入时便会发生错误，因为 PHP 不允许相同名称的函数被重复声明第二次。

include_once( )函数的语法如下：

```
void include_once(string filename);
```

其中，参数 filename 用于指定的完整路径文件名。

include_once( )函数的功能：将一个资源文件 resource 载入当前 PHP 程序中。若找不到资源文件 resource，则 include_once( )函数返回 false；若找到资源文件 resource 且该资源文件第一次载入，则返回整数 1；若找到资源文件 resource 且该资源文件已经载入，则返回 true。

【例 3-16】应用 include_once( )函数引用并运行制定的外部文件 top.php。

```html
<html>
    <head>
        <meta http-equiv="Content-Type" content="text/html; charset=gb2312">
        <title>应用 include_once()函数包含文件</title>
```

```
        </head>
        <body>
            <table width="779" border="0" cellpadding="0" cellspacing="0">
                <tr>
                    <td><?php include_once("top.php");?></td>
                </tr>
            </table>
        </body>
</html>
```

top.php 文件代码如下：

```
<html>
    <head>
        <title>被包含文件</title>
    </head>
    <body>
        <table width="779" height="80" border="0" cellpadding="0" cellspacing="0">
            <tr>
                <td bgcolor="#33CCFF">使用 include_once 语句引用的文件</td>
            </tr>
        </table>
    </body>
</html>
```

注意：include_once( )函数在脚本执行期间调用外部文件发生错误时，产生一个警告，而 require_once( )函数导致一个致命的错误。

# 思考与练习

1．continue 语句、break 语句在循环中分别起到什么作用？
2．描述 include( )函数和 require( )函数的区别。
3．举例说明 while 循环语句和 do-while 循环语句在应用上的不同点。
4．关于 exit( )函数与 die( )函数的说法中，正确的是（　　　）。
A．当 exit( )函数执行会停止执行下面的脚本，而 die( )函数无法做到
B．当 die( )函数执行会停止执行下面的脚本，而 exit( )函数无法做到
C．die( )函数等价于 exit( )函数
D．die( )函数与 exit( )函数有直接关系
5．以下代码在页面上的输出结果为（　　　）。

```
<?php
    $i = 0;
    $a = 0;
    while($i < 20) {
        for( ; ; ) {
            if($i%10 == 0){
                break;
            }
```

```
        else {
            $i--;
        }
    }
    $i = $i+11;
    $a = $a+$i;
    }
    echo 'a='.$a;
?>
```

A. a=30  B. a=32  C. a=20  D. a=12

6. 以下两条语句执行的次数分别是（　　　）。

```
for($k=0; $k=1; $k++) ;
for($k=0; $k==1; $k++) ;
```

A. 无限和 0  B. 0 和无限  C. 都是无限  D. 都是 0

7. 结束循环的语句是（　　　）。

A. break  B. if  C. continue  D. switch

8. 无论循环条件判断的结果是否为 true，（　　　）循环至少执行一次。

A. for  B. while  C. do-while  D. 以上都可以

9. 下面代码的运行结果为（　　　）。

```php
<?php
    $sum = 0;
    for($i = 10; $i >= 1; $i--) {
        if($i%2 != 0) {
            break;
        }
        $sum=$sum + $i;
    }
    echo $sum;
?>
```

A. 1  B. 2  C. 0  D. 10

10. 下面代码的运行结果为（　　　）。

```php
<?php
    $sum = 0;
    for($i = 1; $i <= 10; $i++) {
        if($i%3 != 0) {
            continue;
        }
        $sum = $sum + $i;
    }
    echo $sum;
?>
```

A. 1  B. 8  C. 18  D. 10

# 第 4 章　PHP 函数

PHP 程序由一系列语句组成，这些语句都是为了实现某个具体的功能的。如果这个功能在整个应用中经常使用，那么每处需要使用该功能的位置都写上同样的代码，这样必将造成大量的冗余代码，不便于开发及后期维护。

为此 PHP 引入函数的概念，目的是简化编程、减少代码量、提高效率，达到增加代码重用性、避免重复开发的目的。

## 4.1　函数

在程序设计中，可以将经常使用的代码段独立出来，形成单独的子程序，这些子程序就是函数。函数只需要定义一次，之后便可以重复使用，可以增加代码的重用性。一般而言，函数的功能较为单一，因此函数的编写和维护比较容易。

在开发过程中，经常要重复某种操作或处理，如日期、字符串操作等，如果每个模块的操作都要重新输入一次代码，不但增加程序员的工作量，而且对于代码后期维护及运行效果也有较大的影响，使用 PHP 函数可让这些问题迎刃而解。

PHP 函数种类的划分方法和变量种类的划分方法相似，有三种函数：内置函数、自定义函数和变量函数。

内置函数类似预定义变量，是 PHP 已预定义好的函数，这些函数在编程时无须定义，可以直接使用。

自定义函数类似自定义变量，是由程序员根据特定需要编写出来的代码段。与内置函数不同，自定义函数只有在定义之后才可以使用。

变量函数类似可变变量，变量函数的函数名为一个变量。

三种函数的共同点是：在调用函数时，对函数名大小写不敏感。例如，调用 md5( )函数和调用 MD5( )函数实质上是调用同一个函数。

### 4.1.1　定义和调用函数

#### 1. 定义函数

如果说一个 Web 应用系统是一个加工厂，那么一个函数可以比作一个"加工作坊"，这个"加工作坊"接收上一个"加工作坊"传递的"原料"(即参数),并对这些"原料"加工处理生产出"产品",再把"产品"传递给下一个"加工作坊"。这个过程就是函数设置一个或多个参数,并定义了一系列的操作处理这些参数,然后将处理结果返回。自定义函数的使用过程为:程序员定义函数的参数、函数体(一系列操作)及返回值,声明函数后对函数进行调用。

创建函数的基本语法格式如下:

```
function fun_name([$str1, $str2, …, $strn]) {
    fun_body;
}
```

✎ **说明:** 函数的定义由关键字 function、函数名、参数和函数体组成。function 为声明自定义函数时必须使用的关键字,函数头由关键字 function、函数名和参数列表三部分组成。

fun_name 为自定义函数的名称。函数名与变量命名规则基本相同,但函数名不区分大小写。

$str1, …, $strn 为函数的参数,是可选的,多个参数之间使用","分隔。

fun_body 为自定义函数的主体,是功能的实现部分。函数体位于函数头后,用"{}"括起来,代表这是一个函数的功能区间。若想得到一个处理结果,则函数的返回值需要使用 return 关键字将返回的数据传递给调用者。

用"[]"括起来的部分表示可选,即参数列表与返回值是可选的,其他部分是必须存在的。

### 2.调用函数

当函数定义完成后,如果需要使用函数的功能,就需要调用函数。函数的调用十分简单,调用自定义函数的方法与调用系统内置函数类似,其语法格式如下:

```
fun_name([$str1, $str2, …, $strn])
```

函数调用只需引用函数名并赋予正确的参数即可。

【例 4-1】定义函数 square(),计算传入参数的平方,然后连同表达式和结果全部输出。

```php
<?php
    /*   声明自定义函数    */
    function show() {
        echo '不忘初心,牢记使命'.'<br>';      // 返回计算后的结果
    }
    show();                                // 调用函数
    SHOW();                                // 函数名大写,调用函数
?>
```

运行结果如下:

```
不忘初心,牢记使命
不忘初心,牢记使命
```

从上述运行结果来看,调用函数时,对函数名的大小写不敏感。

## 4.1.2 在函数间传递参数

参数列表由一系列参数组成，每个参数是一个表达式，用"，"分隔。在调用函数时需要向函数传递参数，被传入的参数称为实参，函数定义的参数为形参。实参与形参需要按对应顺序传递数据。参数传递的方式有按值传递、按引用传递、默认参数和指定参数类型。

### 1. 按值传递

按值传递是指将实参的值复制到对应的形参中，在函数内部的操作针对形参进行，其操作的结果不会影响实参，即函数返回后，实参的值不会改变。

【例 4-2】定义一个函数 sum( )，其功能是将传入的参数值做一些运算后再输出。接着在函数外部定义一个变量 $m，也就是要传来的参数。最后调用函数 sum($m)，输出函数的返回值 $m 和变量 $m 的值。

```php
<?php
    function sum($m) {                    // 定义一个函数
        $m = $m * 2 + 6;
        echo "在函数内：\$m = ".$m;         // 输出形参的值
    }
    $m = 5;
    sum($m);                              // 传递值，将$m的值传递给形参$m
    echo "<p>在函数外 \$m = $m <p>" ;     // 实参的值没有发生变化，输出 m=1
?>
```

运行结果如下：

```
在函数内：$m = 16
在函数外：$m = 5
```

### 2. 按引用传递

按引用传递就是将实参的内存地址传递到形参中。这时，在函数内部的所有操作都会影响实参的值，返回后实参的值会发生变化。利用按引用传递进行传值时在原基础上加"&"即可。

【例 4-3】仍然使用例 4-2 中的代码，不同的是函数参数前多了一个"&"。

```php
<?php
    function sum(&$rm) {                  // 定义一个函数，同时传递参数$rm的变量
        $rm = $rm * 2 + 6;
        echo "在函数内：\$rm = ".$rm;      // 输出形参的值
    }
    $m = 5;
    sum($m);                             // 传递值，将$m的值传递给形参$m
    echo "<p>在函数外：\$m = $m <p>" ;    // 实参的值发生变化，输出 m=15
?>
```

运行结果如下：

```
在函数内：$rm = 16
在函数外：$m = 16
```

### 3. 默认参数

如果参数列表中的某个参数有值，就称这个参数为默认参数。

【例 4-4】 使用默认参数实现一个简单的价格计算功能，设置自定义函数 values( )的参数$tax 为默认参数，其默认值为空。第一次调用该函数，并且给默认参数$tax 赋值 0.2，输出价格；第二次调用该函数，不给默认参数$tax 赋值，输出价格。

```php
<?php
    function values($price, $tax = "") {      // 定义一个函数，其中的一个参数初始值为空
        $price = $price+($price*$tax);         // 声明一个变量$price，等于两个参数的运算结果
        echo "价格: $price<br>";               // 输出价格
    }
    values(10, 0.2);                           // 给默认参数赋值 0.2
    values(10);                                // 没有给默认参数赋值
?>
```

运行结果如下：

```
价格: 12
价格: 10
```

**注意：** 当使用默认参数时，默认参数必须放在非默认参数的右侧，且默认值必须是常量表达式，如"3.14"和"PHP"等，否则函数可能出错。从 PHP 5 开始，默认值也可以通过按引用传递。

### 4．指定参数类型

PHP 7 及以上版本，在自定义函数时，可以指定参数具体是哪种数据类型。例如：

```php
<?php
    function sum(int $num1, int $num2) {
        return $num1 + $num2;
    }
    echo sum(3.14, 3.8);
?>
```

从上例可知，当用户调用函数时，如果传递的参数不是 int 类型，程序将其强制转换为 int 类型后再进行操作，这种方式称为弱类型参数设置。除此之外，还可以将其设置为强类型的参数（在函数定义的前面加一条语句"declare(strict_types = 1);"），当用户传递的参数类型不符合函数的定义，程序会报错提醒。

在 PHP 7 中不仅可以设置函数参数的类型，还可以指定函数返回值的数据类型，可以作为返回值类型的分别是 int、float、string、bool、interfaces、array 和 callable 类型。例如：

```php
<?php
    declare(strict_types = 1);
    function sum(int $num1, int $num2):int {
        return $num1 + $num2;
    }
    echo sum(3,8);
?>
```

# 4.1.3　从函数中返回值

前面介绍了如何定义和调用一个函数，并且讲解了如何在函数间传递值，本节将讲解

函数的返回值。函数的参数列表是调用者将数据传递到函数内部的接口，而函数的返回值是将函数执行后的结果返回给调用者。

注意，return 语句并不是函数必需的部分，具体视函数功能而定。另外，程序调用函数时，若遇到 return 语句，则该函数剩余的代码将不会执行。

【例 4-5】使用 return 语句返回一个操作数。先定义函数 values( )，函数的作用是输入物品的单价、重量，再计算物品金额，最后输出物品的价格。

```php
<?php
    function values($price, $tax = 0.25) {     // 定义一个函数，函数中的一个参数有默认值
        $price = $price+($price*$tax);          // 计算物品金额
        return $price;                          // 返回金额
    }
    echo values(10);                            // 调用函数
?>
```

运行结果如下：

```
12.5
```

注意：return 语句只能返回一个参数，即一次只能返回一个值，不能一次返回多个值。如果返回多个值，就要在函数中定义一个数组，将返回值存储在数组中并返回。

## 4.1.4 变量函数

变量函数也称为可变函数，是函数的高级应用。如果一个变量名后有"( )"，PHP 将寻找与变量的值同名的函数，并且将尝试执行它。这样就可以将不同的函数名称赋给同一个变量，赋给变量哪个函数名，在程序中使用变量名并在后面加上"( )"时，就调用哪个函数执行。变量函数还可以用于实现回调函数、函数表等。

【例 4-6】定义 a( )、b( )、c( )三个函数，分别用于计算两个数的和、平方和、立方和，并将三个函数的函数名（不带"( )"）以字符串的形式赋给变量$result，然后使用变量名$result 后面加上"( )"并传入两个整型参数，此时就会寻找与变量$result 的值同名的函数执行。

```php
<?php
    // 声明函数 a，计算两个数的和，需要两个整型参数，返回计算后的值
    function a($a, $b) {
        return $a+$b;
    }
    // 声明函数 b，计算两个数的平方和，需要两个整型参数，返回计算后的值
    function b($a, $b) {
        return $a*$a+$b*$b;
    }
    // 声明函数 c，计算两个数的立方和，需要两个整型参数，返回计算后的值
    function c($a, $b) {
        return $a*$a*$a+$b*$b*$b;
    }
    $result="a";                 // 将函数名'a'赋值给变量$result，执行$result()时则调用函数 a()
    // $result = "b";            // 将函数名'b'赋值给变量$result，执行$result()时则调用函数 b()
```

```php
    // $result = "c";            // 将函数名'c'赋值给变量$result，执行$result()时则调用函数 c()
    echo"运算结果是: ".$result(1, 5);
?>
```

运行结果如下：

```
6
```

📢 **注意**：大多数函数都可以将函数名赋值给变量，形成变量函数。但变量函数不能用于语言结构，如 echo( )、print( )、unset( )、isset( )、empty( )、include( )、require( ) 及类似的语句。

值得一提的是，变量的值可以是用户自定义的函数名称，也可以是 PHP 内置的函数名称，但是变量的值必须是实际存在的函数的名称，如上例中的"a"。

在实际编程中，使用可变函数可以增加程序的灵活性，但是滥用可变函数会降低 PHP 代码的可读性，使程序逻辑难以理解，给代码的维护带来不便，所以在编程过程中要尽量少用可变函数。

## 4.1.5 对函数的引用

引用不仅可以用于普通变量、函数参数，还可以用于函数的返回值。注意，在调用函数时，引用函数返回值需要在函数名前添加"&"，用来说明返回的是一个引用。

【例 4-7】定义一个函数，在函数名前添加"&"；接着通过变量$str 引用该函数，最后输出变量$str，实际上就是$tmp 的值。

```php
<?php
    function &example($tmp = 0) {        // 定义一个函数，注意添加"&"
        return $tmp;                     // 返回参数$tmp
    }
    $str = &example("看到结果了");       // 声明一个函数的引用$str
    echo $str."<p>";                     // 输出$str
?>
```

运行结果如下：

```
看到结果了
```

📢 **注意**：与参数传递不同，这里必须在两个地方使用"&"，说明返回的是一个引用。

## 4.1.6 取消引用

当不再需要引用时，可以取消引用。使用 unset( )函数取消引用，只是断开了变量名和变量内容之间的绑定，而不是销毁变量内容。

【例 4-8】声明一个变量和变量的引用，输出引用后，取消引用，再次调用和引用原变量。

```php
<?php
    $num = 13;                           // 声明一个整型变量
    $math = &$num;                       // 声明一个对变量$num 的引用$math
    echo "\$math is:  ".$math."<br>";    // 输出引用$math
```

```
    unset($math);                              // 取消引用$math
    echo "\$num is: ".$num;                    // 输出原变量
?>
```

运行结果如下:

```
$math is: 13
$num is: 13
```

可以看出，取消引用后对原变量没有任何影响。

## 4.1.7　变量作用域

变量需要先定义后使用，但这并不意味着变量定义后就可以随便使用，只有在它的作用范围内才可以使用，这个作用范围称为变量的作用域。总体来说，变量根据定义的位置分为局部变量和全局变量。PHP根据变量的作用，分为3种变量作用域：局部变量、全局变量和静态变量。

### 1．局部变量

局部变量是在函数内部定义的变量，其作用域仅限于函数内部，离开该函数后再使用此变量是非法的。另外，由于函数定义中的普通形参只能在本函数内部使用，因此也是局部变量。

【例4-9】自定义一个名为example()的函数，然后分别在该函数内部及函数外部定义并输出变量a的值。

```php
<?php
    function example() {
        $a = "hello php!";                     // 在自定义函数example()中定义变量a
        echo "在函数内部定义的变量a的值为：".$a."<br>";
    }
    example();
    $a = "hello China!";                       // 在函数外部定义变量a
    echo "在函数外部定义的变量a的值为：".$a."<br>";
?>
```

运行结果如下:

```
在函数内部定义的变量a的值为：hello php!
在函数外部定义的变量a的值为：hello China!
```

### 2．全局变量

全局变量是指在函数外部定义的变量，其作用域从变量定义处开始，到本程序文件末尾结束。注意，函数中的局部变量会屏蔽全局变量，因此在函数中无法直接访问全局变量。全局变量的作用域是整个PHP文件，但是在用户自定义函数内部是不可用的。想在用户自定义函数内部使用全局变量，就要使用global关键词或超全变量$GLOBALS声明。

【例4-10】定义一个全局变量，并且在函数内部输出全局变量的值。

```php
<?php
    function example()
```

```
    {
        // 方式一：利用 global 关键字取得全局变量
        global $var;
        echo '全局变量$var: '.$var.'<br>';
        // 方式二：利用$GLOBALS['变量名']访问
        echo '全局变量$str: '.$GLOBALS['str'];
    }
    $var = 98;                          // 定义变量$var
    $str = 'Web';                       // 定义变量$str
    example();
?>
```

运行结果如下：

```
全局变量$var: 98
全局变量$str: Web
```

可以看出，若要在函数内使用全局变量，在使用前要么通过 global 关键字取得后再使用，要么使用"$GLOBALS['变量名']"的方式才可以访问。

### 3. 静态变量

静态变量是一种特殊形式，其特性是普通变量不具备的。

局部变量从存储方式上可分为动态存储类型和静态存储类型。函数中的局部变量默认都是动态存储类型，即在函数调用结束后自动释放存储空间。但有时希望在函数结束后，局部变量依然存储在内存中，这时就需要使用 static 关键字。

static 关键字修饰的变量称为静态变量，其存储方式为静态存储，即在第一次调用函数时该变量被初始化，下次调用函数时该变量的值并不会消失。

【例 4-11】 在函数内声明静态变量和局部变量，并且执行函数，比较执行结果。

```
<?php
    function example() {
        static $a = 10;                 // 定义静态变量
        $a += 1;
        echo "静态变量 a 的值为: ".$a."<br>";
    }
    function xy() {
        $b = 10;                        // 定义局部变量
        $b += 1;
        echo "局部变量 b 的值为: ".$b."<br>";
    }
    example();                          // 第一次执行该函数体
    example();                          // 第二次执行该函数体
    example();                          // 第三次执行该函数体
    xy();                               // 第一次执行该函数体
    xy();                               // 第二次执行该函数体
    xy();                               // 第三次执行该函数体
?>
```

运行结果如下：

```
静态变量 a 的值为: 11
```

静态变量 a 的值为：12

静态变量 a 的值为：13

局部变量 b 的值为：11

局部变量 b 的值为：11

局部变量 b 的值为：11

# 4.1.8　函数的高级调用

### 1．函数的嵌套调用

PHP 语言允许在函数定义中出现函数调用，从而形成函数的嵌套调用。嵌套调用是指在定义函数时，一个函数内不能再定义另一个函数，即不能嵌套定义，但可以嵌套调用函数，即在调用一个函数的过程中，又调用另一个函数。例如，对于图 4-1：

① 执行 main( )函数的开头部分。

② 遇函数调用语句，调用 a( )函数，流程转去 a( )函数。

③ 执行 a 函数的开头部分。

④ 遇函数调用语句，调用 b( )函数，流程转去 b( )函数。

⑤ 执行 b( )函数，如果再无其他嵌套的函数，就完成 b( )函数的全部操作。

⑥ 返回到 a( )函数中调用 b( )函数的位置。

⑦ 继续执行 a( )函数中尚未执行的部分，直到 a( )函数执行结束。

⑧ 返回 main( )函数中调用 a 函数的位置。

⑨ 继续执行 main( )函数的剩余部分直到结束。

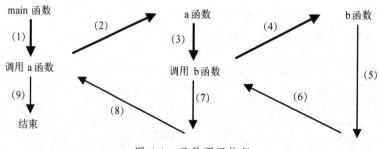

图 4-1　函数调用执行

【例 4-12】 输入 4 个整数，找出其中最大的数。用函数的嵌套调用来处理。

```php
<?php
    function max2($a, $b) {              // 定义 max2 函数
        if($a >= $b)
            return $a;                   // 若$a>=$b，将$a 作为函数返回值
        else
            return $b;                   // 若$a<$b，将$b 作为函数返回值
    }
    function max4($a, $b, $c, $d) {      // 定义 max4 函数
        $m = max2($a, $b);              // 调用 max2 函数，得到$a 和$b 中的较大值，放在$m 中
        $m = max2($m, $c);
        $m = max2($m, $d);
        return($m);
```

```
    }
    $a = 28;
    $b = 5;
    $c = 18;
    $d = 8;
    echo "4个数分别为: $a,$b,$c,$d";
    $max = max4($a, $b, $c, $d);          // 调用 max4 函数, 得到 4 个数中的最大值
    echo ", 它们中的最大数为: $max";       // 输出最大值
?>
```

运行结果如下:

```
4 个数分别为: 28,5,18,8, 它们中的最大数为: 28
```

## 2. 函数的递归调用

递归调用是函数嵌套调用中一种特殊的调用。在函数的嵌套调用中, 一个函数除了可以调用其他函数, 还可以调用自身, 这就是函数的递归调用。递归必须有结束条件, 否则会无限递归。

【例 4-13】 函数的递归调用: 计算一个数的阶乘。

```php
<?php
    function fact($n) {
        if ($n == 0)
            return 1;
        return $n* fact($n-1);
    }
    echo "4! = ".fact(4)
?>
```

运行结果如下:

```
4! = 24
```

定义 fact( )函数用于计算阶乘。当用$n=0 调用 fact( )函数时, 程序立即返回结果 1, 这种简单的情况称为结束条件。当用$n>0 调用 fact( )函数时, 程序就将这个原始问题分解成计算(n-1)!的子问题, 直到问题达到结束条件为止; 接着程序将结果返回给调用者, 调用者进行计算并将结果返回给它自己的调用者, 该过程持续进行, 直到结果返回原始调用者为止, 如图 4-2 所示。

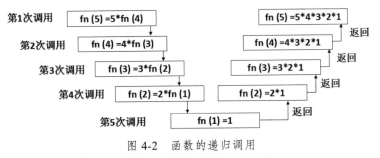

图 4-2 函数的递归调用

## 3. 回调函数

在调用函数时, 除了传递普通的变量作为参数, 还可以将另一个函数作为参数传递到调用的函数中, 这就是回调函数。若要自定义一个回调函数, 可以使用可变函数来实现,

即在函数定义时参数是一个普通变量，但在函数体中使用这个参数变量时加上"()"，就可以调用和这个参数值同名的函数。下面演示回调函数的实现。

【例 4-14】 通过可变参数实现回调函数。

```php
<?php
    function add($a, $b) {                    // 计算加法
        echo "$a + $b = ".($a + $b).'<br>';
    }
    function sub($a, $b) {                    // 计算减法
        echo "$a - $b = ".($a - $b).'<br>';
    }
    function mul($a, $b) {                    // 计算乘法
        echo "$a * $b = ".($a * $b).'<br>';
    }
    function div($a, $b) {                    // 计算除法
        echo "$a / $b = ".($a / $b).'<br>';
    }
    function calc($a, $b, $op){               // 回调函数
        if(!is_callable($op)) {
            echo '参数$op 必须是函数名组成的字符串<br>';
            return;
        }
        $op($a, $b);
    }
    calc(6, 10, 'add');
    calc(6, 10, 'sub');
    calc(6, 10, 'mul');
    calc(6, 10, 'div');
?>
```

运行结果如下：

```
6 + 10 = 16
6 - 10 = -4
6 * 10 = 60
6 / 10 = 0.6
```

上述代码中的 is_callable()函数可用于检查函数在当前环境中是否可调用，验证变量的内容能否作为函数调用。该函数可以检查包含有效函数名的变量，或者一个数组，包含了正确编码的对象及函数名。is_callable()的语法格式如下：

```
bool is_callable(callable $name [, bool $syntax_only = false [, string &$callable_name]])
```

参数说明如下。

$name：要检查的回调函数。

$syntax_only：如果将该参数设置为 true，那么函数仅验证 name 可能是函数或方法。它仅拒绝非字符，或者未包含能用于回调函数的有效结构。有效结构应该包含两个元素，第一个元素是一个对象或字符，第二个元素是一个字符。

$callable_name：接受"可调用的名称"。

返回值：如果 name 可调用，就返回 true，否则返回 false。

由例 4-14 可以看出回调函数的优势：对于同一个函数可以根据传入参数的不同而执行不同的函数。

除了使用可变函数实现回调函数，还可以使用 call_user_func_array( )函数或call_user_func( )函数实现回调函数。它们是 PHP 的内置函数。

call_user_func_array( )函数的语法格式如下：

```
mixed call_user_func_array(callback function, array param_arr)
```

其中，参数 function 表示需要调用的函数名，此处需要传递一个字符串；参数 param_arr 是一个数组类型的参数，表示调用函数的参数列表。

call_user_func( )函数可以有多个参数，第一个参数为被调用的回调函数，其他参数均为被调用函数的参数。

在 PHP 中，call_user_func( )函数与 call_user_func_array( )函数的使用区别如下：call_user_func( )函数利用回调函数处理字符串，call_user_func_array( )函数利用回调函数处理数组，前者的传参方式是字符串形式，后者的传参方式是数组形式。但是，二者皆可调用自定义函数、匿名函数、系统函数及类中的静态动态方法。

【例 4-15】call_user_func_array( )函数的用法。

```php
<?php
    function add($a, $b) {                    // 计算加法
        echo "$a + $b = ".($a + $b).'<br>';
    }
    function sub($a, $b) {                    // 计算减法
        echo "$a - $b = ".($a - $b).'<br>';
    }
    function mul($a, $b) {                    // 计算乘法
        echo "$a * $b = ".($a * $b).'<br>';
    }
    function div($a, $b) {                    // 计算除法
        echo "$a / $b = ".($a / $b).'<br>';
    }
    call_user_func_array('add', array(6, 10));
    call_user_func_array('sub', array(6, 10));
    call_user_func('mul', 6, 10);
    call_user_func('div' ,6, 10);
?>
```

运行结果如下：

```
6 + 10 = 16
6 - 10 = -4
6 * 10 = 60
6 / 10 = 0.6
```

### 4. 匿名函数

匿名函数就是没有函数名称的函数，也称为闭包函数，经常用作回调函数参数的值。对于临时定义的函数，使用匿名函数无须考虑函数命名冲突的问题。例如：

```php
<?php
    $sum = function($num1, $num2) {           // 定义匿名函数
```

```
            return $num1 + $num2;
        };
        echo $sum(3, 5);
    ?>
```

上述定义一个匿名函数，并赋值给变量$sum，然后通过"变量名()"的方式调用匿名函数。注意，此种匿名函数调用的方式看似与可变函数的使用方法类似，但实际上不是，若通过 var_dump()对匿名函数的变量进行打印输出，可以看到其数据类型为对象类型。

若要在匿名函数中使用外部的变量，需要通过 use 关键字实现。例如：

```
<?php
    $num = 10;
    $sum = function($num1, $num2)
    use($num) {                              // 定义匿名函数
        return $num1 + $num2 + $num;
    };
    echo $sum(3, 5);
?>
```

在上述代码中，若要在匿名函数中使用外部变量，该外部变量需先在函数声明前进行定义，然后在定义匿名函数时添加 use 关键字，其后"()"中的内容即要使用的外部变量列表，多个变量之间使用","分隔。除此之外，匿名函数还可以作为函数的参数传递，实现回调函数。

# 4.2　PHP 变量函数库

除了用户自行编写的函数库，PHP 也提供了很多内置的函数，PHP 变量函数库就是其中一个，如表 4-1 所示。

表 4-1　常用的变量函数说明

| 函 数 名 | 说 明 |
| --- | --- |
| empty | 检查一个变量是否为空，若为空，则返回 true，否则返回 false |
| gettype | 获取变量的类型 |
| intval | 获取变量的整数值 |
| is_array | 检查变量是否为数组类型 |
| is_int | 检查变量是否为整数 |
| is_numeric | 检查变量是否为数字或由数字组成的字符串 |
| isset | 检查变量是否被设置，即是否被赋值 |
| print_r | 打印变量 |
| settype | 设置变量的类型，可将变量设置为另一个类型 |
| unset | 释放给定的变量，即销毁这个变量 |

isset()函数用于检查变量是否被设置，若被设置，则返回 true，否则返回 false。其语法格式如下：

```
bool isset(mixed var[, mixed var2[, …]])
```

其中，var 为必选参数，是输入变量；var2 为可选参数，可有多个。

【例 4-16】 用 isset( )函数和 empty( )函数判断用户提交的用户名和密码是否为空。

```php
<?php
    // 通过 isset()函数对登录按钮进行判断
    if(isset($_POST['Submit']) && $_POST['Submit'] =="登录") {
        $user = $_POST['user'];                  // 通过$_POST 函数调用表单文本域的值
        $pass = $_POST['pass'];
        if(empty($user) || empty($pass)) {       // 通过 if 语句判断用户名或密码不能为空
            // 用户名或密码为空时，给出提示
            echo "<script>alert('用户名或密码不能为空');</script>";
        }
    }
?>
```

运行后，在弹出的对话框中提示：

用户名或密码不能为空

isset( )函数只能用于检查变量，因为传递任何其他参数都将造成解析错误。若想检查常量是否已设置，可使用 defined( )函数。

# 4.3 字符串与 PHP 字符串函数库

## 4.3.1 初识字符串

字符串是由零个或多个字符构成的一个集合。字符包含以下类型：① 数字类型，如 1、2、3 等；② 字母类型，如 a、b、c、d 等；③ 特殊字符，如#、$、%、^、&等；④ 转义字符，如\n（换行符）、\r（回车符）、\t（Tab 字符）等。其中，转义字符是比较特殊的一种字符，用来控制字符串格式化输出，在浏览器上不可见，只能看到字符串输出的结果。

## 4.3.2 去除字符串首尾空白字符和特殊字符

### 1. ltrim()函数

ltrim( )函数用于去除字符串左边的空白字符或指定字符串，其语法格式如下：

```
string ltrim(string str[, string charlist]);
```

其中，参数 str 是要操作的字符串对象；参数 charlist 可选，需要从指定的字符串中删除一些字符，若不设置，则所有可选字符都将被删除；参数 charlist 的可选值有\0（NULL，空值）、\t（tab，制表符）、\n（换行符）、\x0B（垂直制表符）、" "（空白字符）、\r（回车符）。除了以上默认的过滤字符列表，也可以在 charlist 参数中提供要过滤的特殊字符。

### 2. rtrim()函数

rtrim( )函数用于去除字符串右边的空白字符和特殊字符，其语法格式如下：

```
string rtrim(string str[, string charlist]);
```

其中，参数 str 指定要操作的字符串对象；参数 charlist 可选，需要从指定的字符串中删除一些字符，若不设置，则所有可选字符都将被删除，其可选值同上。

### 3．trim()函数

trim()函数用于去除字符串开始位置和结束位置的空白字符，并返回去掉空白字符后的字符串，其语法格式如下：

```
string trim(string str [, string charlist]);
```

其中，参数 str 是操作的字符串对象，参数 charlist 为可选参数，需要从指定的字符串中删除一些字符，如果不设置该参数，则所有可选字符都将被删除。参数 charlist 的可选值同上。

【例 4-17】 trim()函数的应用。

```php
<?php
  $str = " Hello World!  ";
   echo $str . "<br>";
   echo trim($str);
?>
```

运行结果如下：

```
Hello World!
Hello World!
```

通过网页源程序，可以看到"Hello World!  <br>Hello World!"。

## 4.3.3  截取字符串

substr()函数是 PHP 中的内置函数，用于截取字符串的一部分，即返回字符串的子串。substr()函数的语法格式如下：

```
substr(string_name, start_position, string_length_to_cut)
```

允许有三个参数，其中两个参数是必选的，一个参数是可选的。

参数说明如下。

string_name：必选，用于传递原始字符串或需要剪切、修改的字符串。

start_position：必选，若是非负数，则返回的字符串将从 string 的 start 位置开始，从 0 开始计算；若是负数，则返回的字符串将从 string 结尾向前数第 start 个字符开始。

string_length_to_cut：可选，整数类型，指的是需要从原始字符串中剪切的字符串部分的长度。若是正数，则指的是从 start_position 开始并从头开始提取的长度；若是负数，则指的是从 start_position 开始并从字符串的结尾提取长度。若未传递此参数，则 substr()函数将返回从 start_position 开始直到字符串结尾的字符串。

返回类型：若成功，则返回提取的字符串部分，否则返回 FALSE 或空字符串。

【例 4-18】 substr()函数的用法示例。在开发 Web 程序时，为了保持整个页面的合理布局，经常需要对一些公告标题、公告内容、文章的标题、文章的内容等超长输出的字符串内容进行截取，并通过"……"代替省略内容。

```
<html>
```

```
    <head>
        <meta charset="UTF-8">
        <title>截取字符串</title>
    </head>
    <body>
        <?php
            $str = "教育部召开党组会深入学习贯彻习近平总书记关于研究生教育工作的重要指示精神";
            if(strlen($str)>60){                  // 如果文本的字符串长度大于 60
                // 输出文本的前 60 个字符串，然后输出省略号
                echo substr($str,0,60)."……";
            }else{                                // 如果文本的字符串长度小于 60
                echo $str;                        // 直接输出文本
            }
        ?>
    </body>
</html>
```

运行结果如下：

教育部召开党组会深入学习贯彻习近平总书记……

✎ **说明**：

① 在应用 substr( )函数对字符串进行截取时，应该注意页面的编码格式，页面编码格式不能设置为 UTF-8。如果页面设置的是 UTF-8 的编码格式，那么应该使用 iconv_substr( )函数进行截取。

② strlen( )函数获取字符串的长度，汉字占两个字符，数字、英文、小数点、下画线和空格占一个字符。

strlen( )函数可以检测字符串长度。例如，在用户注册中，通过 strlen( )函数获取用户填写的用户名长度，然后判断用户名长度是否符合指定的标准。关键代码如下：

```
<?php
    if(strlen($_POST["pwd"])<6){              // 检测用户密码的长度是否小于 6 位，弹出警告信息
        echo "<script>alert('用户密码的长度不得少于 6 位!请重新输入'); history. back();</script>";
    }
    else{                                    // 用户密码的长度大于等于 6 位，则弹出该提示信息
        echo "用户信息输入合法！";
    }
?>
```

# 4.3.4  分割、合成字符串

分割字符串将指定字符串中的内容按照某规则进行分类存储，进而实现更多的功能。例如，在电子商务网站的购物车中，可以通过特殊标识符"@"将购买的多种商品组合成一个字符串存储在数据表中，在显示购物车中的商品时，通过"@"作为分割的标识符进行拆分，将商品字符串分割成多个数组元素，最后通过 for 循环语句输出数组元素，即输出购买的商品。

分割字符串使用 explode( )函数，按照指定的规则对一个字符串进行分割，返回值为数组，其语法格式如下：

```
array explode(string separator, string str[, int limit])
```

参数说明如下。

separator：必选，指定的分割符。如果 separator 为空字符串（""），那么 explode() 函数将返回 false；如果 separator 包含的值在 str 中找不到，那么 explode() 函数将返回包含 str 单个元素的数组。

str：必选，指定将要被分割的字符串。

limit：可选，如果设置了 limit 参数，那么返回的数组最多包含 limit 个元素，而最后的元素将包含 string 的剩余部分；如果 limit 参数是负数，那么返回除最后的 limit 个元素外的所有元素。

【例 4-19】在电子商务网站的购物车中，通过特殊标识符 "@" 将购买的多种商品组合成一个字符串存储在数据表中，在显示购物车中的商品时，以 "@" 作为分割的标识符进行拆分，将商品字符串分割成 N 个数组元素，最后通过 foreach 循环语句输出数组元素，即输出购买的商品，代码如下：

```php
<?php
    $str="电脑@手机@男士衬衫@女士挎包";          // 定义字符串常量
    $str_arr=explode("@",$str);              //应用标识@分割字符串
    foreach($str_arr as $key=>$value){       // 使用 foreach 语句遍历数组，输出键和值
        echo $value."<br>";                  // 输出商品
    }
?>
```

运行结果如下：

```
电脑
手机
男士衬衫
女士挎包
```

## 4.3.5　MD5 加密函数

MD 的全称是 Message-Digest algorithm（信息 - 摘要算法），MD5 的主要功能是消息的完整性保护，常用于数据加密等计算机安全领域。为方便开发人员使用 MD5，PHP 提供了 MD5() 函数，计算字符串的 MD5 哈希值，是一种编码方式，但是不能解码，其语法格式如下：

```
string md5(string str, bool raw_output)
```

其中，参数 str 为被加密的字符串，参数 raw_output 为布尔型。

例如，应用 MD5() 函数对字符串"12345"进行编码。

```php
<?php
    echo md5("12345");
?>
```

运行结果如下：

```
827ccb0eea8a706c4c34a16891f84e7b
```

# 4.4 PHP 日期时间函数库

## 4.4.1 系统时区设置

### 1. 时区划分

整个地球的时区总共划分为 24 个, 分别是中时区 ( 零时区 )、东 1~12 区, 西 1~12 区。每个时区都有自己的本地时间, 在同一个时间, 每个时区的本地时间会相差 1~23 个小时, 如中国是白天, 而美国是夜晚, 这就是时区的不同形成的时间差。例如, 英国伦敦的本地时间与中国北京的本地时间相差 8 个小时, 国际无线电通信领域使用统一的时间, 称为通用协调时间 ( Universal Time Coordinated, UTC ), 与格林尼治标准时间 ( Greenwich Mean Time, GMT ) 相同, 都与英国伦敦的本地时间相同。

### 2. 设置时区

PHP 5.0 对 date( )函数进行了重写, 所以目前的时间日期比系统时间少 8 个小时。PHP 默认的时间是格林尼治标准时间, 也就是零时区, 我们一般根据北京时间来确定全国的时间, 北京属于东八区, 所以要获取本地当前时间必须更改 PHP 语言的时区设置。

PHP 有两种更改时区的方法。

第一种: 修改 php.ini 文件中的设置, 选择[data]下的 ";date.timezone =" 选项, 将其修改为"date.timezone = Asia/Shanghai", 然后重新启动 Apache 服务器。

第二种: 在应用程序中, 需在使用时间日期函数前添加以下函数。

```
date_default_timezone_set(timezone);
```

其中, 参数 timezone 为 PHP 提供可识别的时区名称, 如果时区名称无法识别, 系统会采用 UTC 时区。PHP 提供了各时区的名称列表, 设置北京时间可以使用的时区包括 PRC ( 中华人民共和国 )、Asia/Chongqing ( 重庆 )、Asia/Shanghai ( 上海 ) 或 Asia/Urumqi ( 乌鲁木齐 ), 这几个时区名称是等效的。

设置完成后, date( )函数就可以正常使用了, 不会再有时间差的问题了。

【例 4-20】 时区设置应用。

```php
<?php
    header("Content-type:text/html;charset=utf-8");        // 设置编码
    echo "UTC 时间: ".date("Y-m-d H:i:s")."<br>";
    date_default_timezone_set("PRC");
    echo "北京时间: ".date("Y-m-d H:i:s")."<br>";
?>
```

运行结果如下:

```
UTC 时间: 2020-05-31 02:34:18
北京时间: 2020-05-31 08:34:18
```

## 4.4.2 格式化日期和时间

date( )函数对本地日期和时间进行格式化, 其语法格式如下:

```
date(string format, [int timestamp])
```

其中，参数 format 指定日期和时间输出的格式。例如，"Y-m-d H:i:s"，其中 Y 是 year 的第一个字母，m 是 month 的第一个字母，d 是 day 字母的第一个字母，H 是 hour 的第一个字母，i 是 minute 的第二个字母，s 是 second 的第一个字母，它们分别代表 Web 服务器当前的年、月、日、时、分、秒。

【例 4-21】 用 date( )函数设置不同的 format 值，输出不同格式的时间。

```php
<?php
    echo "单个变量: ".date("m月");                           // 输出单个日期
    echo "<p>";
    echo "组合变量: ".date("Y-m-d");                          // 输出组合参数
    echo "<p>";
    echo "详细的日期及时间: ".date("Y-m-d H:i:s");            // 输出详细的日期和时间参数
    echo "<p>";
    echo "中文格式日期及时间: ".date("Y年m月d日 H时i分s秒"); // 输出中文格式时间
?>
```

运行结果如下：

```
单个变量: 08 月
组合变量: 2017-08-10
详细的日期及时间: 2017-08-10 15:57:34
中文格式日期及时间: 2017 年 08 月 10 日 15 时 57 分 34 秒
```

✎ 说明：在运行本节的实例时，也许有的读者得到的时间与系统时间并不一致，这不是程序的问题。因为 PHP 默认设置的是标准的格林尼治时间，而不是北京时间。

## 4.4.3  获取日期和时间信息

getdate( )函数获取日期和时间指定部分的相关信息，其语法格式如下：

```
array getdate(int timestamp)
```

返回数组形式的日期、时间信息，若没有时间戳，则以当前时间为准。

getdate( )函数返回的关联数组中元素的说明，如表 4-2 所示。

表 4-2  getdate( )函数说明

| 键　名 | 说　明 | 返　回　值 |
|--------|--------|-----------|
| seconds | 秒 | 0～59 |
| minutes | 分钟 | 0～59 |
| hours | 小时 | 0～23 |
| mday | 月份中第几天 | 1～31 |
| wday | 星期中第几天 | 0（表示星期日）到 6（表示星期六） |
| mon | 月份 | 1～12 |
| year | 4 位数字表示的完整年份 | 返回的值，如 2010 或 2011 |
| yday | 一年中的第几天 | 0～365 |
| weekday | 星期几的完整文本表示 | Sunday～Saturday |
| month | 月份的完整文本表示 | January～December |
| 0 | 自从 UNIX 纪元开始至今的秒数 | 典型值为-2147483648～2147483647 |

# 4.5 正则表达式在 PHP 中的应用

正则表达式（Regular Expression，简称 regexp）是一种描述字符串结构的语法规则，是一个特定的格式化模式，用于验证各种字符串是否匹配（Match）这个特征，进而实现高级的文本查找、替换、截取内容等操作。目前，正则表达式已经成为基于文本编辑器和搜索工具的一个重要部分，在各种计算机软件中都有广泛应用。

使用正则表达式可以完成以下操作。

① 测试字符串的某个模式。例如，可以对一个输入字符串进行测试，查看在该字符串中是否存在一个 E-mail 地址模式或一个身份证模式，这被称为数据有效性验证。

② 替换文本。可以在文档中使用一个正则表达式来标记特定字符串，然后将其全部删除，或者替换为其他字符串。

③ 根据模式匹配从字符串中提取一个子字符串。这个子字符串可以在文本或输入字段中查找特定字符串，如 HTML 处理、日志文件分析和 HTTP 标头分析等。

正则表达式在发展过程中出现了两种常见的形式。

第一种是 POSIX 规范兼容的正则表达式，包括基本语法 BRE（Base Regular Expression）和扩展语法 ERE（Extended Regular Expression），用于确保操作系统之间的可移植性，但最终没有成为标准，只能作为一个参考。

第二种是当 Perl（功能丰富的编程语言）发展起来后，衍生出 PCRE（Perl Compatible Regular Expressions，Perl 兼容正则表达式）函数库，许多开发人员可以将 PCRE 整合到自己的语言中，PHP 也为 PCRE 函数的使用提供了相应的函数。

使用正则表达式解决问题离不开"匹配"，如匹配单个字符、匹配一组字符串、匹配（或搜索）某一个大的内容范围里是否有用户需要的信息或数据等。比如，有一张用户注册表单，在表单中用户需要输入电子邮件地址。当用户完成邮件地址输入时，程序需要检查用户输入的电子邮件地址是否符合正确的语法格式，即 xxx@xx.xx 的邮箱格式。利用字符串函数核查也是可以的，但是效率较低。正则表达式在字符串的匹配、查找、替换等方面具有很强的优势。

## 4.5.1 正则表达式使用的常用函数

在 PHP 的开发中，经常需要根据正则匹配模式完成对指定字符串的搜索和匹配，此时可使用 PHP 提供的 PCRE 函数库相关内置函数。

在 PHP 中，使用 preg_math( )函数和 preg_match_all( )函数进行正则匹配。其原型如下：

```
int preg_match|preg_match_all(string $pattern, string $subject[, array &$matches
                            [, int $flags = 0[, int $offset = 0]]])
```

函数功能是搜索 subject 与 pattern 给定的正则表达式的一个匹配。

参数含义如下。

pattern：要搜索的模式，字符串类型。

subject：输入字符串。

matches：如果提供了参数 matches，将被填充为搜索结果。matches[0]将包含完整模式匹配到的文本，matches[1]将包含第一个捕获子组匹配到的文本，以此类推。

flags：可以设置为标记值 PREG_OFFSET_CAPTURE。如果传递了这个标记，每个出现的匹配在返回时会附加字符串偏移量（相对于目标字符串的）。注意，这会改变填充到 matches 参数的数组，使其中的每个元素成为由第 0 个元素匹配到的字符串，第 1 个元素是该匹配字符串在目标字符串 subject 中的偏移量。

offset：可选，通常从目标字符串的开始位置开始搜索，用于指定从目标字符串的某个未知位置开始搜索（单位是字节）。

preg_match()函数的返回值如下。

❖ 返回 pattern 的匹配次数。它的值将是 0 次（不匹配）或 1 次，因为 preg_match()函数在第一次匹配后会停止搜索。

❖ 一直搜索 subject 直到结尾，若发生错误，则返回 false。

preg_match()函数是常用的一个函数，下面介绍此函数的几种常见用法。

（1）执行匹配

【例 4-22】 preg_match()函数和 preg_match_all()函数执行匹配示例。

```php
<?php
    $result = preg_match('/键盘/', '键盘敲烂，月薪过万，键盘的潜力无限');
    var_dump($result);
    $result = preg_match_all('/键盘/', '键盘敲烂，月薪过万，键盘的潜力无限');
    var_dump($result);
?>
```

运行结果如下：

```
int(1) int(2)
```

在上例中，"/键盘/"中的"/"是正则表达式的定界符。PHP 的 PCRE 正则函数都需要在正则表达式的前后加上定界符"/"，定界符可以自己设置，只要保持前后一致即可。

当 preg_match()函数匹配成功时，返回 1，匹配失败时，返回 0，发生错误，则返回 false。由于被搜索字符串中包含"键盘"，因此函数的返值为 1。

（2）获取匹配结果

preg_match()函数的第 3 个参数用于以数组形式保存匹配到的结果，在进行正则匹配时，只要匹配到符合的内容，就会停止继续匹配。

preg_match_all()函数的第 3 个参数可以保存所有匹配到的结果。

preg_match_all()函数还有第 4 个参数，用于设置匹配结果在第 3 个参数中保存的形式，默认值为 PREG_PATTERN_ORDER，表示在结果数组的第 1 个元素$matches[0]中保存所有匹配到的结果；若将值设置为 PREG_SET_ORDER，则表示结果数组的第 1 个元素保存第 1 次匹配到的所有结果，第 2 个元素保存第 2 次匹配到的所有结果，以此类推。

【例 4-23】 preg_match()函数和 preg_match_all()函数获取匹配结果示例。

```php
<?php
    preg_match('/键盘/', '键盘敲烂，月薪过万，键盘的潜力无限', $matchs);
    print_r($matchs);
    print('<br>');
    preg_match_all('/键盘/', '键盘敲烂，月薪过万，键盘的潜力无限', $matchs);
    print_r($matchs);
```

```
        print('<br>');
        preg_match_all('/键盘/', '键盘敲烂，月薪过万，键盘的潜力无限', $matchs, PREG_SET_ORDER);
        print_r($matchs);
    ?>
```

运行结果如下：

```
Array([0] => 键盘)
Array([0] => Array([0] => 键盘 [1] => 键盘))
Array([0] => Array([0] => 键盘) [1] => Array([0] => 键盘))
```

preg_match_all()函数的功能与preg_match()函数类似，区别在于，preg_match()函数在第一次匹配成功后就停止查找，而preg_match_all()函数会一直匹配到最后才停止，能够获取到所有相匹配的结果。

# 4.5.2　正则表达式的基本语法

要想根据具体需求完成正则表达式的编写，首先要了解元字符、文本字符及模式修饰符都有哪些，以及各自的具体用途。

## 1．正则表达式的组成

在 PCRE 函数中，一个完整的正则表达式由 4 部分内容组成，分别为定界符、元字符、文本字符和模式修饰符。其中，元字符是具有特殊含义的字符，如"^"""."或"*"等。文本字符就是普通的文本，如字母和数字等。模式修饰符用于指定正则表达式以何种方式进行匹配，如 i 表示忽略大小写，X 表示忽略空白字符等。

注意，在编写正则表达式时，元字符和文本字符标记在定界符内，模式修饰符一般标记在结尾定界符外。

正则表达式定义了许多元字符用于实现复杂匹配，若要匹配的内容是这些字符本身，就需要在前面加上转义字符"\"，如"\^"和"\\"等。

## 2．正则表达式的特殊字符

（1）定位符（^与$）

定位符用来描述字符串的边界，"$"表示行结尾，"^"表示行开始。例如，"^de"表示以 de 开头的字符串，"de$"表示以 de 结尾的字符串。

【例 4-24】　定位符的应用。

```
<?php
    $str1 = "不忘初心，牢记使命";
    $str2 = "不忘初心，方得始终";
    $reg1 = "/^不忘/";
    $reg2 = "/始终$/";
    if(preg_match($reg1, $str1))
        echo $str1."是以不忘开头的";
    echo "<BR>";
    if(preg_match($reg2, $str2))
        echo $str2."是以始终结尾的";
?>
```

运行结果如下：

不忘初心，牢记使命是以不忘开头的
不忘初心，方得始终是以始终结尾的

（2）范围字符

在正则表达式中，对于匹配某范围内的字符，可以用"[ ]"和"-"实现。在"[ ]"中还可以用反义字符"^"，表示匹配不在指定字符范围内的字符。如表 4-3 所示为使用 preg_match( )函数匹配"AbCd"的介绍。

表 4-3　范围字符的应用示例

| 示　例 | 说　明 | 匹配结果 |
| --- | --- | --- |
| [abc] | 匹配字符 a、b、c | b |
| [^abc] | 匹配除 a、b、c 以外的字符 | A、C、d |
| [B-Z] | 匹配字母 B～Z 范围内的字符 | C |
| [^a-z] | 匹配字母 a～z 范围外的字符 | A、C |
| [a-zA-Z0-9] | 匹配大写字母、小写字母和数字 0～9 范围内的字符 | A、b、C、d |

注意，"-"连字符在通常情况下只表示一个普通字符，只有在表示字符范围时才作为元字符来使用。"-"连字符表示的范围遵循字符编码的顺序，如"a-Z""z-a""a-9"都是不合法的范围。

【例 4-25】 验证字符串是否只包含数字与英文，并且字符串长度为 4～16 个字符。

```php
<?php
    $str = 'a1234';
    if (preg_match("/^[a-zA-Z0-9]{4,16}$/", $str)) {
        echo "验证成功。";
    }
    else {
        echo "验证失败。";
    }
?>
```

运行结果如下：

验证成功。

（3）选择字符

选择字符表示或，如 Aa | aA 表示 Aa 或 aA。只要待匹配字符串中包含选择符"|"，设置的内容就会被匹配出来。

"[ ]"与"|"的区别在于，"[ ]"只能匹配单个字符，而"|"可以匹配任意长度的字符串。在使用"[ ]"时往往配合"-"连字符使用，如[a-d]，代表 a 或 b 或 c 或 d。

【例 4-26】 选择字符的应用。

```php
<?php
    $str1 = "You are a lucky dog.";
    $str2 = "It's a real dog.";
    $reg = "/^You|It/";
    if(preg_match($reg, $str1)) {
        echo "$str1 是以 You 或 It 开头的";
```

```
    }
    echo "<BR>";
    if(preg_match($reg, $str2)) {
        echo "$str2 也是以 You 或 It 开头的";
    }
?>
```

运行结果如下：

```
You are a lucky dog. 是以 You 或 It 开头的
It's a real dog. 也是以 You 或 It 开头的
```

（4）排除字符

正则表达式提供了"^"表示排除不符合的字符，一般放在"[ ]"中。例如，[^1-5]表示该字符不是1～5之间的数字。

【例4-27】排除字符的应用。

```
<?php
    $str = "8";
    $reg = "/[^1-5]/";
    if(preg_match($reg, $str)) {
        echo "$str 满足 $reg";
    }
    else {
        echo "$str 不满足 $reg";
    }
?>
```

运行结果如下：

```
8 满足 /[^1-5]/
```

上述代码判断数字8是否满足不在1～5之间，由运行结果来看，8满足[^1-5]。

（5）限定符

限定符?、*、+、{n,m}主要用来限定每个字符串出现的次数，如表4-4所示。

表4-4  限定符

| 限 定 符 | 含　义 | 限 定 符 | 含　义 |
| --- | --- | --- | --- |
| ? | 零次或一次 | {n} | n 次 |
| * | 零次或多次 | {n,} | 至少 n 次 |
| + | 一次或多次 | {n,m} | n 到 m 次 |

例如，用正则表达式完成一个11位数字组成的手机号的验证，要求手机号以P开头，第2位数字是3、4、5、7、8、9中的一个，剩余的数字可以是0～9之间的任意数字，可以表示为'/^1[345789]\d{9}$/'。

（6）点字符

点字符"."用于匹配一个任意字符（不包含换行符）。

（7）表达式中的反斜杠（\）

在正则表达式中，"\"除了前面讲解的可用作转义字符，还具有其他功能，如指定预定义的字符集（如表4-5所示）、定义断言、显示不打印的字符（如表4-6所示）。

表 4-5  指定预定义的字符集

| 字　符 | 含　义 |
|---|---|
| \d | 任意一个十进制数字，相当于[0-9] |
| \D | 任意一个非十进制数字 |
| \s | 任意一个空白字符（空格、换行符、换页符、回车符、字表符） |
| \S | 任意一个非空白字符 |
| \w | 任意一个单词字符，相当于[a-zA-Z0-9_] |
| \W | 任意一个非单词字符 |
| \b | 单词分界符，如"\bgra"可以匹配"best grade"的结果为"gra" |
| \B | 非单词分界符，如"\Bade"可以匹配"best grade"的结果为"ade" |
| \xhh | 表示 hh（十六进制 2 位数字）对应的 ASCII 字符，如"\x61"表示"a" |

表 4-6  显示不可打印的字符

| 字　符 | 含　义 | 字　符 | 含　义 | 字　符 | 含　义 |
|---|---|---|---|---|---|
| \a | 报警 | \f | 换页 | \r | 回车 |
| \b | 退格 | \n | 换行 | \t | 字表符 |

可以看出，利用预定义的字符集可以容易地完成某些正则匹配。例如，大写字母、小写字母和数字可以用"\w"表示，若要匹配 0～9 之间的数字，可以用"\d"表示，有效地使用"\"的这些功能可以使正则表达式更加简洁，便于阅读。

（8）转义字符

转义字符主要用于将一些特殊字符转换为普通字符，如"."""?""\"等。

（9）括号字符

在正则表达式中，"()"的作用主要用于改变限定符（|、*、^）的作用范围或分组。例如，(my|your)baby，若没有"()"，则"|"匹配的要么是 my，要么是 yourbaby，有了"()"，"|"匹配的就是 mybaby 或 yourbaby。

【例 4-28】利用括号字符分组。不考虑复杂的不同月份天数不同的问题，匹配常见的"年-月-日"形式的日期格式。其中，年份为 1000～9999，月份为 1～12，天数为 1～31。

```php
<?php
    function dateVerify($date) {
        $pattern = '/^[1-9]\d{3}-([1-9]|1[0-2])-([1-9]|[1-2]\d|3[01])$/';
        return (bool)preg_match($pattern, $date);
    }
    var_dump(dateVerify('98-09-15'));
    var_dump(dateVerify('2019-5-6'));
    var_dump(dateVerify('2022-08-08'));
?>
```

运行结果如下：

```
bool(false)
bool(true)
bool(false)
```

（10）反向引用符

反向引用符依靠子表达式的"记忆"功能，匹配连续出现的字符串或字符。如(dqs)(pps)\1\2

表示匹配字符串 dqsppsdqspps。

（11）模式修饰符

模式修饰符的作用是设定模式，也就是正则表达式如何解释，如表 4-7 所示。

表 4-7　PHP 中的主要模式修饰符

| 修饰符 | 含　义 | 示　例 | 可匹配结果 |
|---|---|---|---|
| D | 模式中$元字符仅匹配目标字符串的结尾 | /it$/D | 忽略最后的换行 |
| U | 匹配最近的字符串 | /<.+>/U | 匹配最近一个字符串 |
| A | 强制仅从目标字符串的开头开始匹配 | /good/A | 相当于/^good/ |
| x | 将模式中的空白忽略 | /n e e d/x | need |
| m | 目标字符串视为多行 | /P.*/m | PHP\nPC |
| i | 模式中的字符将同时匹配大小写字母 | /con/i | Con、con、cOn 等 |

### 3．正则表达式的特殊字符应用

① 身份证号码由 18 位数字或 17 位数字后加一个 X 或 Y 组成，因此身份证号码的正则表达式如下：

```
/[0-9]{17}[0-9XY]/
```

② 邮政编码由 6 位数字组成，因此邮政编码的正则表达式如下：

```
/[0-91{6}/
```

③ E-mail 地址的正则表达式如下：

```
/[a-zA-Z0-9_\-] + @[a-zA-Z0-9-]+\. [a-zA-Z0-9_\. ]+ /
```

其中，子表达式/[a- zA- Z0- 9_\ -]匹配 E-mail 用户名，由字母、数字、下画线和"-"组成；子表达式[a- zA- Z0-9-]匹配主机的域名，由字母、数字和下画线组成；"\."匹配点（.）；子表达式[a- zA-Z0-9_\.]+匹配域名的剩余部分，由字母、数字和下画线组成。

④ URL 地址的正则表达式如下：

```
/^http(s?):\/\/(?:[A-za-z0-9-]+\.)+[A-za-z]{2,4}(:\d+)?(?:[\/\?#][\/=\?%\-&~'@[\]\':+!\.#\w]*)?/
```

⑤ 手机号码验证的正则表达式如下：

```
/1[345678]\d10/
```

# 4.5.3　PCRE 兼容正则表达式函数

PHP 提供了两套支持正则表达式的函数库，分别是 PCRE 函数库和 POSIX 函数库。由于 PCRE 函数库在执行效率上优于 POSIX 函数库，而且 POSIX 函数库中的函数已经过时，因此本节只针对 PCRE 函数库中常见的函数进行讲解。除了前面介绍过的 preg_match() 函数和 preg_match_all() 函数，还有一些在开发中较为常用的函数。

### 1．preg_grep()函数

数组中的元素正则匹配经常使用 preg_grep() 函数，返回匹配模式的数组条目，其语法格式如下：

```
array preg_grep(string $pattern, array $input[, int $flags = 0])
```

参数说明如下。

$pattern：要搜索的模式，字符串形式。

$input：输入的数组。

$flags：如果设置为 PREG_GREP_INVERT，就返回输入数组中与给定模式 pattern 不匹配的元素组成的数组。

在默认情况下，返回值符合正则规则的数组，同时保留原数组中的键值关系。

【例 4-29】 preg_grep( )函数匹配数组中的元素。

```php
<?php
    $array = array(6, 8, 2.5, 58, 6.8);
    // 返回所有包含浮点数的元素
    $fl_array = preg_grep("/^(\d+)?\.\d+$/", $array);
    print_r($fl_array);
?>
```

运行结果如下：

```
Array
(
    [2] => 2.5
    [4] => 6.8
)
```

## 2．preg_replace()函数

在程序开发中，如果通过正则表达式完成字符串的搜索和替换，就可以使用 preg_replace( )函数。与字符串处理函数 str_replace( )函数相比，preg_replace( )函数的功能更加强大。preg_replace( )函数的语法格式如下：

```
mixed preg_replace(mixed $pattern, mixed $replacement, mixed $subject[, int $limit = -1 [, int &$count]])
```

其功能是搜索 subject 中匹配 pattern 的部分，以 replacement 进行替换。

参数说明如下。

$pattern：要搜索的模式，可以是字符串或一个字符串数组。

$replacement：用于替换的字符串或字符串数组。

$subject：要搜索替换的目标字符串或字符串数组。

$limit：可选，每个模式用于每个 subject 字符串的最大可替换次数，默认为-1（无限制）。

$count：可选，为替换执行的次数。

若 subject 是一个数组，则 preg_replace( )返回一个数组，否则返回一个字符串。

若匹配被查找到，则替换后的 subject 被返回，在其他情况下返回没有改变的 subject。如果发生错误，就返回 NULL。

preg_replace( )函数在替换指定内容时的执行过程：搜索第 3 个参数中符合第 1 个参数正则规则的内容，然后使用第 2 个参数进行替换。其中，第 3 个参数的数据类型决定返回值的类型。

【例 4-30】 用 preg_replace( )函数替换指定的内容。

```php
<?php
    // 替换字符串中匹配的内容
    $str = "My Name is '中国'";
    $pattern = "/\'(.*)\'/";                            // 匹配规则
    $replace = "'China'";                               // 替换的内容
    echo preg_replace($pattern, $replace, $str);
    // 替换数组中匹配的内容
    $arr = ['Php', 'Python', 'Java'];
    $pattern = '/p/i';                                  // 匹配规则
    $replace = 'p';                                     // 替换的内容
    print_r(preg_replace($pattern, $replace, $arr));
    // 正则的匹配规则和替换内容都为数组类型
    $str = 'The quick brown fox jumps over the lazy dog.';
    $pattern = ['/quick/', '/brown/', '/fox/'];         // 匹配规则数组
    $replace = ['slow', 'black', 'bear'];               // 替换内容数组
    echo preg_replace($pattern, $replace, $str);
?>
```

运行结果如下：

```
My Name is 'China'
Array([0] => php [1] => python [2] => Java)
The slow black bear jumps over the lazy dog.
```

**注意：** 正则匹配规则和替换内容是数组时，替换的顺序仅与数组定义时编写的顺序有关，与数组的键名无关。

在使用 preg_replace() 函数实现正则匹配内容替换时，默认允许替换所有符合规则的内容，其值是-1，表示替换次数是无限次。另外，可以根据实际情况设置允许替换的次数。

### 3．preg_split()函数

对于字符串的分割，explode() 函数可以利用指定的字符分割字符串，但若在分割字符串时，指定的分割符有多个，显然不能够满足需求。因此，PHP 提供了 preg_split() 函数，通过正则表达式分割字符串，用于完成复杂字符串的分割操作。

preg_split() 函数的语法格式如下：

```
array preg_split(string $pattern, string $subject[, int $limit = -1[, int $flags = 0]])
```

其功能是通过一个正则表达式分割给定字符串。

参数说明如下。

$pattern：用于搜索的模式，字符串形式。

$subject：输入字符串。

$limit：可选，如果指定，将限制分割得到的子串最多只有 limit 个，返回的最后一个子串将包含所有剩余部分。limit 值为-1、0 或 null 时，都代表"不限制"，作为 PHP 的标准，可以使用 null 跳过对 flags 的设置。

$flags：可选，可以是任何如下标记的组合。

❖ PREG_SPLIT_NO_EMPTY，若被设置，则返回分割后的非空部分。

❖ PREG_SPLIT_DELIM_CAPTURE，若被设置，则用于分割的模式中的括号表达式

将被捕获并返回。

❖ PREG_SPLIT_OFFSET_CAPTURE，若被设置，每个出现的匹配返回将附加字符串偏移量。注意：这会改变返回数组中的每个元素，使其每个元素成为一个由第 0 个元素分割后的子串，第 1 个元素为该子串在 subject 中的偏移量组成的数组。

返回一个使用 pattern 边界分割 subject 后得到的子串组成的数组。

【例 4-31】 用 preg_split( )函数分割元素。

```php
<?php
    // 使用逗号或空格(包含" ", \r, \t, \n, \f)分割短语
    $keywords = preg_split("/[\s,]+/", "hypertext language, programming");
    print_r($keywords);
    // 将一个字符串分割为组成它的字符
    $str = 'jszx';
    $chars = preg_split('//', $str, -1, PREG_SPLIT_NO_EMPTY);
    print_r($chars);
    // 分割一个字符串并获取每部分的偏移量
    $str = 'hypertext language programming';
    $chars = preg_split('/ /', $str, -1, PREG_SPLIT_OFFSET_CAPTURE);
    print_r($chars);
?>
```

运行结果如下：

```
Array([0] => hypertext [1] => language [2] => programming) Array([0] => j [1] => s [2] => z
[3] => x) Array([0] => Array([0] => hypertext [1] => 0) [1] => Array([0] => language [1] =>
10) [2] => Array([0] => programming [1] => 19))
```

# 4.5.4　正则表达式的其他特性

当点字符与限定符连用时，可以实现匹配指定数量范围的任意字符。例如，"^pre.*end$"可以匹配以 pre 开始到 end 结束，中间包含零个或多个任意字符的字符串。正则表达式在实现指定数量范围的任意字符匹配时，支持贪婪匹配和惰性匹配。

贪婪匹配表示匹配尽可能多的字符，惰性匹配表示匹配尽可能少的字符。在默认情况下是贪婪匹配，若想要实现惰性匹配，需在上一个限定符的后面加上"?"。

## 1. 贪婪匹配与惰性匹配

（1）贪婪匹配

比如，正则表达式中 m.*n 将匹配最长以 m 开始，以 n 结尾的字符串。如果用它来搜索 manfakjkakn，它匹配到的字符串是 manfakjkakn 而非 man。可以这样想，当匹配到 m 的时候，它将从后往前匹配字符 n。

（2）惰性匹配

有时我们并不需要贪婪匹配，而是尽可能少得匹配，这就需要将其转换为惰性匹配。怎样将一个贪婪匹配转换为惰性匹配呢？只需在其后添加"?"即可。例如，m.*?n 将匹配 manfakjkakn，匹配到的字符串是 man。惰性匹配的字符描述如表 4-8 所示。

表 4-8　惰性匹配的字符描述

| 字　符 | 描　　述 |
|---|---|
| *? | 0 次或多次，但尽可能少地匹配 |
| +? | 1 次或多次，但尽可能少地匹配 |
| ?? | 0 次或 1 次，但尽可能少地匹配 |
| {n,}? | 至少 n 次，但尽可能少地匹配 |
| {n,m}? | n 到 m 次，但尽可能少地匹配 |

## 2．回溯与固态分组

（1）回溯

回溯就像在走岔路口，遇到岔路，就先在每个路口做一个标记。如果走了死路，就可以照原路返回，直到遇见之前做过的标记，标记着还未尝试过的道路。如果另一条路也走不了，可以继续返回，找到下一个标记。如此重复，直到找到出路，或者直到完成所有没有尝试过的路。例如：

```php
$str = 'aageacwgewcaw';
$pattern = '/a\w*c/i';
$str = preg_match($pattern, $str);
```

上述代码就是匹配$str 是否包含一个由"a+0 个或多个字母+c"不区分大小写的字符串。

（2）固态分组

固态分组的目的就是减少回溯次数，如果使用"(?>…)"匹配字符时产生了备选状态，一旦离开"()"，便会被立即抛弃。例如，"\w+:"在进行匹配时的流程是，优先匹配所有符合"\w"的字符，若字符串的末尾没有":"，即匹配没有找到":"，此时触发回溯机制，该机制会迫使前面的"\w+"释放字符，并且在释放的字符中重新尝试与":"进行比对。但是"\w"是不包含":"的，显然无论如何都不会匹配成功，可是依照回溯机制引擎继续往前找，就是对资源的浪费，所以就要避免回溯。避免回溯的方法就是将前面匹配到的内容固化，不令其存储备用状态，引擎就会因为没有备用状态可用而结束匹配过程，大大减少回溯的次数。

例如，下述代码不会进行回溯。

```php
$str = 'nihaoaheloo';
$pattern = '/(?>\w+):/';
$rs = preg_match($pattern, $str);
```

有时又需慎用固态分组，如下述代码要检查$str 中是否包含以 a 结尾的字符串，明显字符串中是包含"a"的，但是因为使用了固态分组，反而达不到想要的效果。

```php
$str = 'nihaoahelaa';
$pattern1 = '/(?>\w+)a/';
$pattern2 = '/\w+a/';
$rs = preg_match($pattern1, $str);          // 0
$rs = preg_match($pattern2, $str);          // 1
```

**注意：** PHP 的正则表达式在某些时候能帮助解决函数的很多困难匹配或替换。然而，PHP 正则表达式的效率问题是必须考虑的，在一些时候，能不用正则表达式还是尽量不去用，除非在某些场合必须用到，或者能够有效减少其回溯次数。

# 思考与练习

1．用最简短的代码编写一个获取 3 个数字中最大值的函数。

2．编写一个函数，尽可能高效地从一个标准 URL 中获取文件的扩展名。

3．函数的参数赋值方式有传值赋值和传地址赋值，请说明这两种赋值方式的区别，并讨论何时使用传值赋值，何时使用传地址赋值。

4．include( )函数与 require( )函数的区别是什么？

5．腾讯 QQ 号是从 10000 开始的整数，那么 QQ 号的正则表达式是什么？

6．使用正则表达式验证用户输入的数据是否满足如下要求：用户名不得超过 10 个字符（字母或数字）；密码必须为 4～14 个数字；手机号码必须为 11 个数字，且第 1 个数字为 1；邮箱必须为有效的邮箱地址。当单击"注册"按钮后，若用户未输入或输入错误，则会在相应控件的右边显示提示信息，否则会跳转显示输入信息。

7．下列说法中正确的是（　　　）。

A．PHP 函数的参数个数是固定不变的

B．可以将自定义函数名作为参数传递给另一个函数

C．call_user_func_array( )函数只能将数组作为参数传递给回调函数

D．call_user_func( )调用回调函数时不能用数组作为参数

8．关于 PHP 字符串处理函数，以下说法中正确的是（　　　）。

A．implode( )函数可以将字符串拆解为数组

B．str_replace( )函数可以替换指定位置的字符串

C．substr( )函数可以截取字符串

D．strlen( )函数不能取到字符串的长度

9．以下代码的运行结果为（　　　）。

```php
<?php
    $first = "This course is very easy!";
    $second = explode(" ", $first);
    $first = implode(",", $second);
    echo $first;
?>
```

A．This,course,is,very,easy,!　　　　B．This course is very easy !

C．This course is very easy !,　　　　D．提示错误

10．以下程序横线处应该使用的函数为（　　　）。

```php
<?php
    $email = 'langwan@cau.edu.cn';
    $str = ____($email, '@');
    $info = ____('.', $str);
    ____($info);
?>
```

输出结果如下：

```
Array([0] => @cau [1]=>edu [2]=>cn)
```

A．strchr, split, var_dump　　　　　B．strstr, explode, print_r

C. strstr,explode, echo
D. strchr, split, var,_dump

11. 下列定义函数的方式中，正确的是（　　　）。

A. public void Show(){ }
B. function Show($a=5, $b){ }

C. function Show(a,b){ }
D. functionShow(int $a){ }

12. PHP 中能输出当前时间格式"2022-5-6 13:10:56"的是（　　　）

A. echo date("Y-m-d H:i:s");
B. echo time( );

C. echo date( );
D. echo time("Y-m-d H:i:s");

13. 以下不属于函数的四要素的是（　　　）。

A. 返回类型　　　　B. 函数名　　　　C. 参数列表　　　　D. 访问修饰符

14. 以下关于构造函数的说法中，不正确的是（　　　）。

A. 研究一个类，首先要研究的函数是构造函数

B. 构造函数的写法与普通函数没有区别

C. 构造函数执行比较特殊

D. 如果父类中存在构造函数并且需要参数，子类在构造对象的时候也应该传入相应
的参数

15. PHP 的函数不支持的功能有（　　　）。

A. 可变的参数个数
B. 通过引用传递参数

C. 通过指针传递参数
D. 实现递归函数

16. 在自定义函数中，返回函数值的关键字是（　　　）。

A. returns　　　　B. close　　　　C. return　　　　D. back

17. 下列说法中不正确的是（　　　）。

A. function 是定义函数的关键字

B. 函数的定义必须出现在函数调用前

C. 函数可以没有返回值

D. 函数定义和调用可以出现在不同的 PHP 文件中

18. 可以作为 PHP 函数名的是（　　　）。

A. $_abc　　　　B. $123　　　　C. _abc　　　　D. 123

19. 函数按引用传递参数，需要在形参前加（　　　）符号。

A. $　　　　　　B. &　　　　　　C. !　　　　　　D. #

20. （　　　）作用域从变量定义处开始，到本程序文件末尾结束。

A. 局部　　　　B. 全局　　　　C. 静态　　　　D. 以上选项

21. （　　　）函数可以实现回调函数。

A. print( )
B. echo( )

C. call_user_func_array( )
D. var_dump( )

22. 下列选项中，（　　　）函数用于对指定的字符串进行搜索并匹配。

A. preg_matched( )
B. preg_matching( )

C. preg_mate( )
D. preg_match( )

# 第 5 章　PHP 数组应用

数组（Array）是一组批量的数据存储空间，在内存中是相邻的，每个存储空间存储了一个数组元素，元素之间使用"键"（key）来识别，通过数组名和"键"的组合实现数组中每个元素的访问。

本章详细讲解数组的基本概念及数组常用的处理函数，并对数组遍历的几种方法进行比较。

## 5.1　数组的基本概念

数组由多个元素组成，元素之间相互独立，并使用"键"来识别，每个元素相当于一个变量，用来存储数据。因此，数组可以视为一串内存空间连续的变量组合。

### 5.1.1　为什么引入数组

使用标量数据类型定义的变量只能存储单个"数据"，仅依靠标量数据类型远不能解决现实生活中的一些常见问题。例如，设置个人信息的页面，如图 5-1 所示。

图 5-1　个人信息页面

从图 5-1 可以看出，用户可选的"兴趣爱好"选项的个数有 35 项，在编程过程中不可能为 35 个"兴趣爱好"选项设置 35 个变量与之对应。"兴趣爱好"选项的个数可能继续增加，无法确定选项个数。

为此，引入数组数据类型可以更好地解决上述问题。

## 5.1.2 数组的概念

数组是一组数据的集合，将数据按照一定规则组织起来，形成一个可操作的整体。数组是对大量数据进行有效组织和管理的手段之一，通过数组函数可以对大量性质相同的数据进行存储、排序、插入、删除等操作，从而可以有效地提高程序开发效率及改善程序的编写方式。

数组的本质是存储、管理和操作一组变量。数组与变量的比较如图 5-2 所示。

图 5-2　数组与变量的比较

变量中存储的是单个数据，数组中存储的则是多个变量的集合。使用数组的目的是将多个相互关联的数据组织在一起形成一个整体，作为一个单元使用。

数组中的每个实体都包含两项：键（key）和值（value）。其中，键（也称数组的下标）可以是数字、字符串或数字和字符串的组合，用于标识数组中相应的值；值被称为数组中的元素，可以定义为任意数据类型，甚至是混合类型。最终通过键名来获取相应的值。例如，一个足球队通常会有几十名队员，认识他们的时候首先会把他们看作某队的成员，然后通过他们的号码来区分每名队员。这时，球队就是一个数组，号码就是数组的下标(键)。当指明他是几号队员时，就找到了这名队员（值）。

## 5.1.3 数组的类型

PHP 的数组可以按照键的数据类型分为两种：数字索引数组（indexed array）和关联数组（associative array）。数字索引数组使用数字作为键（图 5-2 展示的就是一个数字索引数组），关联数组使用字符串作为键，如图 5-3 所示。

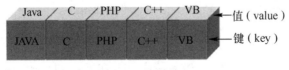

图 5-3　关联数组

### 1. 数字索引数组

数字索引数组的下标（键）由数字（整数）组成，默认从 0 开始，每个数字对应数组元素在数组中的位置，不需要特别指定，PHP 会自动为数字索引数组的键名赋一个整数值，然后从这个值开始自动增加，也可以指定从某个具体位置开始存储数据。

下面创建一个数字索引数组：

// 声明数字索引数组

```
$arr_coursename = array("Web 程序设计", "网站开发与设计", "数据库原理及应用基础");
```

### 2．关联数组

关联数组的下标（键）由数字和字符串混合的形式组成。如果一个数组中有一个键不是数字，那么这个数组就称为关联数组。

关联数组使用字符串键来访问存储在数组中的值。下面创建一个关联数组：

```
// 声明关联数组
$arr_string = array("PHP"=>"PHP 程序设计", "Java"=>"Java 程序设计", "C#"=>"C#程序设计");
```

✎ **说明**：关联数组的键可以是任何一个整数或字符串。如果键是一个字符串，就要给这个键或索引加上个定界修饰符，即 "'" 或 """。对于数字索引数组，为了避免不必要的麻烦，最好加上定界符。

除此之外，PHP 的数组可以根据维数划分为一维数组、二维数组、三维数组等。一维数组就是指数组的 "值" 是非数组类型的数据，见图 5-2 和图 5-3；二维数组是指数组元素的 "值" 是一个一维数组，也就是说，当一个数组的值又是一个数组时，就可以形成多维数组。

## 5.2    数组创建和删除

PHP 中创建数组的规则如下。

① 数组的名称由 "$" 开始，第一个字符是字母或下画线，其后是任意数量的字母、数字或下画线。

② 在同一个程序中，标量变量和数组变量都不能重名。例如，如果已经存在一个名称为 $string 的变量，又创建一个名称为 $string 的数组，那么前一个变量就会被覆盖。

③ 数组的名称区分大小写，如 $String 与 $string 是不同的。

声明数组的方法有两种，分别为用户声明和函数声明。下面介绍用户如何自己创建数组和使用什么函数可以直接创建数组。

### 5.2.1    创建数组

#### 1．用户创建数组

在定义数组时，有时不知道需要创建多大的数组或数组的大小可能发生变化，这时就可以使用直接为数组元素赋值的方式定义数组，其语法格式如下：

```
$arr['key'] = value;
$arr['0'] = value;
```

其中，key 可以是 int 类型或字符串型数据，value 可以是任意数据类型的值。

【**例 5-1**】应用标识符 "[]" 创建数组 array，然后用 print_r()函数输出数组元素。

```
<?php
    $array['0'] = "数据库原理及应用基础";            // 通过标识符[]定义数组元素值
```

```
    $array['1'] = "Web 程序设计";                    // 通过标识符[]定义数组元素值
    $array['2'] = "Office 高级应用";                 // 通过标识符[]定义数组元素值
    $array['3'] = "网站开发与设计";                  // 通过标识符[]定义数组元素值
    print_r($array);                               // 输出创建数组的结构
?>
```

运行结果如下：

```
Array([0] => 数据库原理及应用基础 [1] => Web 程序设计 [2] => Office 高级应用 [3] => 网站开发与设
计)
```

✎ **说明**：本例使用 print_r() 函数输出数组元素，因为该函数输出数组时会按照　定格式输出数组中的所有键名和元素。echo 语句只能输出数组中指定的某个元素。

◀♦ **注意**：

① 用户创建数组适合创建未知大小的数组，或者创建大小可能发生改变的数组。

② 通过 "[ ]" 直接为数组元素赋值，同一数组元素中的数组名称必须相同。

③ 如果数组元素中的 "键" 是一个浮点数，那么 "键" 将被强制转换为整数（如浮点数 8.0 将被强制转换为整数 8）；如果 "键" 是 true 或 false，那么 "键" 将被强制转换为整数 1 或 0。

④ 如果数组元素中的 "键" 是一个字符串，且该字符串完全符合整数格式，那么数组元素的 "键" 将被强制转换为整数（如"9"将被强制转换为整数 9）。

⑤ 由于数组元素中的 "键" 唯一标识一个元素，因此数组元素中的 "键" 不能相等。如果两个数组元素的 "键" 相等，那么 "键" 对应的 "值" 将被覆盖。

⑥ 不要在 array() 结构中使用诸如 "red=>"red"" 键值对的方式创建数组元素，也不要使用诸如 "$colors[red] = "red"" 的赋值语句的方式创建数组元素，否则程序的可读性及运行效率将大打折扣。

⑦ 在直接为数组元素赋值时，键是可以省略的，下标默认从 0 开始。

### 2．使用函数创建数组

PHP 中常用的创建数组的函数是 array()，其语法格式如下：

```
array array([mixed…])
```

其中，参数 mixed 的格式为 "key => value"，多个参数 mixed 用 "," 分隔，分别定义键和值。

用 array() 函数声明数组时，数组下标既可以是数值索引也可以是关联索引。下标与数组元素值之间用 "=>" 连接，不同数组元素之间用逗号分隔。从严格意义上来说，array() 是一种结构，而不是一个函数。

用 array() 函数定义数组时，可以在函数体中只给出数组元素值，而不必给出键。

✎ **说明**：

① 数组中的索引（key）可以是字符串或数字。如果省略了索引，会自动产生从 0 开始的整数索引。如果索引是整数，那么下一个产生的索引将是目前最大的整数索引+1。如果定义了两个完全相同的索引，那么后一个索引会覆盖前一个索引。

② 数组中的各数据元素的数据类型可以不同，也可以是数组类型。当 mixed 是数组类型时，就是二维数组。

**【例 5-2】** 用 array( )函数声明数组，并输出数组中的元素。

```php
<?php
    $arr_string = array('one'=>'php', 'two'=>'java');        // 以字符串作为数组索引，指定关键字
    print_r($arr_string);                                    // 通过 print_r()函数输出数组
    echo "<br>";
    echo $arr_string['one']."<br>";                          // 输出数组中的索引为 Java 的元素
    $arr_int = array('php', 'java');                         // 以数字作为数组索引，从 0 开始，没有指定关键字
    var_dump($arr_int);                                      // 输出整个数组
    echo "<br>";
    echo $arr_int['0']."<br>";                              // 输出数组中的第 1 个元素
    $arr_key = array(0 =>'数据库原理及应用基础', 1 =>'Web程序设计', 1 =>'Office 高级应用');
    // 指定相同的索引
    print_r($arr_key);                                      // 输出整个数组，发现只有两个元素
?>
```

运行结果如下：

```
Array([one] => php [two] => java)
php
array(2){[0] => string(3) "php" [1] => string(4) "java"}
php
Array([0] => 数据库原理及应用基础 [1] => Office 高级应用)
```

上述代码中的 var_dump( )函数可以输出数组中每个元素与值的数据类型。可以看出，var_dump( )函数与 print_r( )函数用法类似，但 var_dump( )函数的功能更强大。

除了上面讲解的方式，在定义数组时还可以定义没有任何元素的数组，以及既有索引表示方式又有关联表示方式的数组元素。例如：

```php
$temp = array () ;
$mixed =array(6, 'cau', 'id'=>'09022', 8=>'jszx', 'caujszx');
```

定义了一个空数组$temp 和混合数组$mixed。其中，$mixed 数组的元素"jszx"指定了数字键名为"8"，其后的"caujszx"元素会自动将前面最大的数字键名加 1 后，作为其键名，即 8+1 得到键名 9。

从 PHP 5.4 起，增加了短数组定义法"[]"，与 array( )语法的使用方式相同，只需将array( )替换为[]即可。例如：

```php
$weather = ['wind', 'cloud', 'rain'];       // 相当于 array('wind', 'cloud', 'rain')
$info = ['sno'=>'01', 'name' => 'Jack'];    // 相当于 array('sno'=>'01', 'name' => 'Jack')
```

### 3．创建二维数组

前面创建的数组都是只有一列数据内容的，因此称为一维数组。如果将两个一维数组组合成一个数组，这个数组就被称为二维数组。

在定义多维数组时，虽然 PHP 没有限制数组的维数，但是在实际应用中，为了便于代码阅读、调试和维护，推荐使用三维及以下的数组保存数据。

**【例 5-3】** 用 array( )函数创建一个二维数组，并输出数组的结构。

```php
<?php
    $str = array("计算机类图书"=>array("数据库原理及应用基础","大数据技术及应用","Office 高级应用"),
                "历史图书"=>array("1"=>"明朝那些事儿","2"=>"鱼羊野史","3"=>"从晚清到民国"),
```

```
        "文学图书"=>array ("地平线",3=>"编年史","摇滚记")
    );                                              // 声明二维数组
    print_r($str);                                  // 输出数组元素
?>
```

运行结果如下：

```
Array([计算机类图书] => Array([0]=>数据库原理及应用基础 [1]=>大数据技术及应用 [2]=>Office高级应用)
[历史图书] => Array([1]=>明朝那些事儿 [2]=>鱼羊野史 [3]=>从晚清到民国)
[文学图书] => Array([0]=>地平线 [3]=>编年史 [4]=>摇滚记))
```

## 5.2.2 数组删除

unset 语句可以删除整个数组，也可以删除数组中的某个元素。数组元素被删除后，数组中的数字键名不会自动填补空缺的数字。

【例 5-4】 unset 语句的用法。

```
<?php
    $color = array("red"=>"red", "green"=>"green", "white"=>"white", "blue"=>"blue");
    print_r($color);
    echo "<br>";
    if(isset($color["red"])) {
        echo "我喜欢红色"."<br>";
    }
    unset($color['red']);                   // 删除$color['red']元素
    if(!isset($color['red'])) {
        echo "因为红色没值了，我只能喜欢别的颜色了"."<br>";
        print_r($color);
    }
    unset($color);                          // 删除整个数组
    print_r($color);                        // 再访问$color数组，提示未定义
?>
```

运行结果如下：

```
Array([red] => red [green] => green [white] => white [blue] => blue)
我喜欢红色
因为红色没值了，我只能喜欢别的颜色了
Array([green] => green [white] => white [blue] => blue)
Notice: Undefined variable: color in C:\xampp\htdocs\firstweb\index.php on line 15
```

# 5.3 数组遍历和输出

## 5.3.1 访问数组元素

访问数组元素值的方法和访问变量值的方法相同：通过指定数组名并在"[]"中指定键的方式访问数组元素的值。这样不仅可以读取某个数组元素的值，还可以为数组添加数组元素及修改数组元素的值，并可以像访问变量的方式访问数组元素的值。

**【例 5-5】** 数组元素访问应用。

```php
<?php
    $colors = array("red"=>"red","green"=>"green","white"=>"white","blue"=> "blue");
    $colors["black"] = "black";              // 为数组添加数组元素："black"=>"black"
    $colors["red"] = "#FF0000";              // 修改键为"red"的元素值："red"=>"#FF0000"
    print_r($colors);
    echo "<br/>";
    if(isset($colors["green"])){             // 使用 isset()函数判断键为"green"的数组元素是否定义
        echo "我喜欢绿色。";
    }
    echo "<br/>";
    unset($colors["green"]);                 // 使用 unset()函数取消键为"green"的数组元素定义
    if(!isset($colors["green"])) {
        echo "我又不喜欢绿色了。";
    }
    echo "<br/>";
    echo gettype($colors["blue"]);           // 用 gettype()函数查看键为"blue"的数组元素的数据类型
    echo "<br/>";
    var_dump($colors["blue"]);               // 用 var_dump()函数得到键为"blue"的数组元素的数据类型
?>
```

运行结果如下：

```
Array([red]=>#FF0000[green]=>green [white]=>white [blue]=>blue [black]=>black)
我喜欢绿色。
我又不喜欢绿色了。
string
string(4)"blue"
```

上述代码中的 unset 语句可以删除整个数组，也可以删除数组的某个元素。

PHP 提供两种变量赋值方式：传值赋值和传地址赋值，对于数组同样适用。

**【例 5-6】** 数组传值赋值应用。

```php
<?php
    $colors1 = array("red"=>"red", "green"=>"green", "white"=>"white");
    $colors2 = $colors1;
    $colors2["blue"] = "blue";           // 为数组$colors2 添加元素："blue"=>"blue"
    $colors2["red"] = "#FF0000";         //修改数组$colors2"键"为"red"的元素值："red"=>"#FF0000"
    print_r($colors1);
    echo "<br/>";
    print_r($colors2);                   // 输出
?>
```

运行结果如下：

```
Array([red]=>red [green]=>green [white]=>white)
Array([red]=>#FF0000 [green]=>green [white]=>white [blue]=>blue)
```

**【例 5-7】** 数组传地址赋值应用。

```php
<?php
    $colors1 = array("red"=>"red","green"=>"green","white"=>"white");
    $colors2 = &$colors1;
    $colors2["blue"] = "blue";               // 为数组$colors1 和$colors2 添加数组元素："blue"=>"blue"
```

```
    $colors2["red"] = "#FF0000";              // 修改数组$colors1和$colors2的元素值: "red"=>"#FF0000"
    print_r($colors1);
    echo "<br/>";
    print_r($colors2);
?>
```

运行结果如下:

```
Array([red]=>#FF0000 [green]=>green [white]=>white [blue]=>blue)
Array([red]=>#FF0000 [green]=>green [white]=>white [blue]=>blue)
```

从运行结果可知，print_r()函数仅适合查看数组的结构和元素，若要查看数组元素的具体信息，如数组中有几个元素、元素的数据类型等，还需要使用 var_dump()函数。

# 5.3.2　数组遍历方式

遍历数组就是按照一定的顺序依次访问数组中的每个元素，直到访问完为止。PHP 可以通过流程语句和函数来遍历数组。

## 1．用 foreach 语句遍历数组

在 PHP 中，foreach 语句可以方便地遍历数组，其语法格式如下:

```
foreach($variable as [$key =>] $value) {
    循环体
}
```

其中，$variable 表示需要遍历的数组的名称；as 是一个固定的关键字，其后指定的是数组元素，键变量$key 是可选的，值变量$value 是必选的。当不需要遍历数组元素的键名时，可以在 as 关键字后直接设置一个变量表示当前元素的值。

每次循环时，foreach 语句会把键赋给$key，值赋给$value。下面演示使用 foreach 语句遍历数组。

【例 5-8】使用 foreach 语句遍历一维数组$str。

```
<?php
    // 创建数组
    $str = array('电子工业出版社'=>'www.phei.com.cn', '教育部'=>'www.moe.gov.cn',);
    echo "原数组: ";
    print_r($str);
    echo "<br>";
    echo "遍历后的值: ";
    foreach($str as $link) {                    // 遍历数组
        echo $link."  ";
    }
?>
```

运行结果如下:

```
原数组: array([电子工业出版社] => www.phei.com.cn [教育部] => www.moe.gov.cn)
遍历后的值: www.phei.com.cn  www.moe.gov.cn
```

上述代码是将数组的值遍历输出。下面将数组的键和元素值都遍历输出，只需将上例中的 foreach 循环语句改为如下:

```
foreach($str as $key=>$link) {
    echo "$key----$link"."<br>";                    // 对应输出数组中的键和元素值
}
```

运行结果如下：

原数组：Array([电子工业出版社] => www.phei.com.cn [教育部] => www.moe.gov.cn)

遍历后的值：电子工业出版社----www.phei.com.cn

教育部----www.moe.gov.cn

注意，$key 和$value 存储的键与值是通过传值的方式赋值的。如果使用引用传递，只需在值变量前加上"&"，键变量不能写成引用形式。

【例 5-9】 遍历二维数组应用。

```php
<?php
    // 定义数组，存储订货单中的商品信息
    $goods = array(array('name'=>'主板', 'price'=>'379', 'producing'=>'深圳', 'num'=>3),
                array('name'=>'显卡', 'price'=>'799', 'producing'=>'上海', 'num'=>2),
                array('name'=>'硬盘', 'price'=>'589', 'producing'=>'北京', 'num'=>5)
    );
    $total = 0;                                    // 商品价格总计
    // 拼接订货单中的信息
    $str = '<h2>商品订货单</h2>';
    $str .= '<table class="bordered">';
    $str .= '<tr><td>商品名称</td><td>单价(元)</td><td>产地</td><td>数量(个)</td><td>总价(元) </td></tr>';
    foreach($goods as $values) {                    // 循环数组
        $str .= '<tr>';
        foreach($values as $v) {
            $str .='<td>'.$v.'</td>';
        }
        // 计算并拼接每件商品的总价格
        $sum = $values['price']*$values['num'];
        $str .= '<td>'.$sum.'</td>';
        $str .= '</tr>';
        $total += $sum;                            // 计算订货单中所有商品的总价格
    }
    $str .= '<tr><td colspan="5">小计: <span>'.$total.'元</span></td></tr> </table>';
    echo $str;
?>
```

运行结果如下：

商品订货单

| 商品名称 | 单价（元） | 产地 | 数量（个） | 总价（元） |
|---|---|---|---|---|
| 主板 | 379 | 深圳 | 3 | 1137 |
| 显卡 | 799 | 上海 | 2 | 1598 |
| 硬盘 | 589 | 北京 | 5 | 2945 |
| 小计：5680 元 | | | | |

## 2．使用 for 循环遍历数组

如果遍历的数组是数字索引数组，并且数组的索引值为连续的整数，就可以使用 for 循环来遍历，但其前提是应用count( )函数获取到数组中元素的个数，然后将获取的元素个数作为 for 循环执行的条件，才能完成数组的遍历。

【例 5-10】 使用 for 循环遍历数组。

```php
<?php
    $array = array("0"=>"数据库原理及应用基础",          // 定义数组
                   "1"=>"Web 程序设计",
                   "2"=>"Office 高级应用",
                   "3"=>"网站开发与设计");
    for($i = 0; $i < count($array); $i++) {          // 使用 for 循环遍历数组
        echo $array[$i]."<br>";                       // 输出数组元素
    }
?>
```

运行结果如下：

```
数据库原理及应用基础
Web 程序设计
Office 高级应用
网站开发与设计
```

### 3．用数组函数 list() 和 each() 遍历数组

除了使用 foreach 语句可以遍历数组，list( )函数与 each( )函数结合也可以遍历数组。

（1）list( )函数

list( )函数将数组中的值赋给一些变量，仅用于数字索引的数组，且数字索引从 0 开始，其语法格式如下：

```
void list(mixed, …)
```

其中，参数 mixed 为被赋值的变量名称。

（2）each( )函数

each( )函数返回数组中的键名和对应的值，并向前移动数组指针，其语法格式如下：

```
array each(array array)
```

其中，参数 array 为输入的数组。

each( )函数接收一个数组，并将数组中的一个元素拆分为一个新数组，然后移向下一个元素。如果移动到超出数组的范围，执行 each( )函数，那么函数返回 false。

PHP 7.2 以上的版本废除了 each( )方法，项目中用到的地方会出现以下报错：

```
The each() function is deprecated. This message will be suppressed on further calls
```

可以通过 "foreach ($array as $key => $val)" 来实现遍历数组。

【例 5-11】 用 list( )函数和 each( )函数遍历数组$array。

```php
<?php
    $array=array("0"=>"数据库原理及应用基础",          // 定义数组
                 "1"=>"Web 程序设计",
                 "2"=>"Office 高级应用",
                 "3"=>"网站开发与设计");
    // 用 list()函数获取 each()函数中返回数组的值，分别赋给$name 和$value，然后使用 while 循环输出
    while(list($name, $value) = each($array)) {
        echo $name = $value."<br>";                    // 输出 list()函数获取到的键名和值
    }
```

· 127 ·

```
?>
```

运行结果如下：

```
数据库原理及应用基础
Web 程序设计
Office 高级应用
网站开发与设计
```

## 5.3.3 通过数组指针遍历数组

数组指针指向数组中的某个元素，默认指向数组中第一个元素，通过移动或改变指针的位置，可以访问数组中的任意元素。数组的内部指针是数组内部的组织机制，可以指向一个数组中的某个元素，默认指向数组中第一个元素。对于数组指针的控制，PHP 提供了可以利用的内建函数。

❖ current( )：获取目前指针位置的内容资料。

❖ key( )：读取目前指针所指向资料的索引值（键值）。

❖ next( )：将数组中的内部指针移动到下一个单元。

❖ prev( )：将数组的内部指针倒回 1 位。

❖ end( )：将数组的内部指针指向最后一个元素。

❖ reset( )：将目前指针无条件移至第一个索引位置。

这些函数的参数只有一个，就是要操作的数组本身。通过这些函数可以移动数组指针，从而访问数组中的元素。

【例 5-12】通过数组指针遍历数组演示。

```php
<?php
    $arr_book = array("PHP"=>"PHP 程序设计","Java"=>"Java 程序设计", "Python"=>"Python 程序设计");
    // 数组刚声明时，数组指针在数组中第一个元素位置
    // 第一个元素
    echo '第一个元素：'.key($arr_book).' => '.current($arr_book).'<br>';
    // 数组指针没动
    echo '第一个元素：'.key($arr_book).' => '.current($arr_book).'<br>';
    next($arr_book);
    next($arr_book);
    // 第三个元素
    echo '第三个元素：'.key($arr_book).' => '.current($arr_book).'<br>';
    end($arr_book);
    echo '最后一个元素：'.key($arr_book).' => '.current($arr_book).'<br>';
    prev($arr_book);
    echo '倒数第二个元素：'.key($arr_book).' => '.current($arr_book).'<br>';
    reset($arr_book);
    echo '又回到了第一个元素：'.key($arr_book).' => '.current($arr_book).'<br>';
?>
```

运行结果如下：

```
第一个元素：PHP => PHP 程序设计
第一个元素：PHP => PHP 程序设计
第三个元素：Python => Python 程序设计
```

### 5.3.4　数组元素输出

前面已经实践过数组的输出，就是 print_r( )函数、var_dump( )函数和 echo 语句。

print_r( )函数可以输出数组中的所有元素，也可以使用 var_dump( )函数输出数组中每个元素与值的数据类型。echo 语句则是单纯地输出数组中的某个元素，而且要有标识符[]和数组索引的配合，其格式是"echo $array[0]"。同样，print 语句也可以单纯地输出数组中的某个元素。

# 5.4　数组的处理函数

## 5.4.1　获取（移除）数组中的最后或开头一个元素

#### 1．array_pop()函数

在 PHP 中，通过 array_pop( )函数可以删除并返回数组中的最后一个元素（出栈），同时将数组的长度减 1，如果数组为空（或者不是数组）将返回 null，其语法格式如下：

```
mixed array_pop ( array &array)
```

其中，参数 array 为输入的数组。

与 array_pop( )函数对应的 array_push( )函数是将一个或多个元素压入数组的末尾（入栈）。

#### 2．array_shift()函数

在 PHP 中，通过 array_shift( )函数删除数组中第一个元素，并返回被删除元素的值。若键名是数字的，所有元素都会获得新的键名，从 0 开始，以 1 递增，其语法格式如下：

```
array_shift(array);
```

其中，参数 array 是必选的。array_shift( )函数返回从数组中获取开头元素的值，若数组为空，则返回 NULL。

与 array_shift( )函数对应的 array_unshift( )函数能够实现在数组开头插入一个或多个元素。

【例 5-13】一群猴子排成一圈，按 1，2，…，$n$ 依次编号。然后从第 1 只开始数，数到第 $m$ 只，把它踢出圈，其后的猴子再从 1 开始数，数到第 $m$ 只，再把它踢出去……如此不停进行，直到最后只剩下一只猴子为止，这只猴子就是我们要找的猴王。

借助函数实现用户输入的 $m$ 和 $n$，指定猴子的总数 $n$ 和踢出第 $m$ 只猴子。输出猴子的总数、猴王编号及要踢出圈的猴子。

```php
<?php
    function king($n, $m) {
```

```php
        $monkey = range(1, $n);                    // 创建一个包含指定范围的元素的数组
        $i = 0;
        while (count($monkey) > 1) {                // count()返回数组中元素的数目
            ++$i;
            $head = array_shift($monkey);           // 从前往后依次踢出猴子
            if($i % $m != 0) {                      // 判断是否踢出猴子，不踢，则把该猴子放回尾部
                array_push($monkey, $head);
            }
        }
        return ['total' => $n, 'kick' => $m, 'king' => $monkey[0]];
    }
    // 调用函数，取得数组结果
    $data = king(20,8);
?>
<table class="tb">
    <tr><th colspan="2">找猴王游戏</th></tr>
    <tr><td>猴子总数：</td><td><?=$data['total']?></td></tr>
    <tr><td>踢出第 m 只猴子：</td><td><?=$data['kick']?></td></tr>
    <tr><td>猴王编号：</td><td><?=$data['king']?></td></tr>
</table>
```

运行结果如下：

```
找猴王游戏
猴子总数：20
踢出第 m 只猴子：8
猴王编号：1
```

## 5.4.2　去除数组中的重复元素

array_unique()函数可以将数组中重复的元素去除，其语法格式如下：

```
array array_unique(array array)
```

其中，参数 array 为输入的数组。

📢 **注意：** 虽然 array_unique()函数只保留重复值的第一个键名，但是第一个键名并不是在未排序的数组中同一个值第一个出现的键名，只有当两个字符串的表达式完全相同时（(string) $elem1 === (string) $elem2），第一个单元才被保留。

【**例 5-14**】定义一个数组，然后用 array_push()函数向数组中添加元素并输出数组，最后用 array_unique()函数去除数组中的重复元素并输出数组。

```php
<?php
    $arr_int = array ("PHP", "Java", "VC");        // 定义数组
    array_push($arr_int, "PHP", "VC");             // 向数组中添加元素
    print_r($arr_int);                             // 输出添加后的数组
    $result = array_unique($arr_int);              // 删除添加后数组中重复的元素
    print_r($result);                              // 输出删除重复元素后的数组
?>
```

运行结果如下：

```
Array([0] => PHP [1] => Java [2] => VC [3] => PHP [4] => VC) Array([0] => PHP [1] => Java [2] => VC)
```

📢 **注意**：unset( )函数可删除数组中的某个元素。如将例 5-14 中$arr_int 数组的第 2 个元素删除：

```
unset($arr_int[1]);
```

## 5.4.3　获取数组中指定元素的键名

获取数组中指定元素的键名可以使用 array_search( )函数或 array_keys( )函数。

array_search( )函数可获取数组中指定元素的键名。如果获取成功，就返回元素的键名，否则返回 false，其语法格式如下：

```
mixed array_search(mixed needle, array haystack [, bool strict])
```

array_search( )函数的参数说明如表 5-1 所示。

表 5-1　array_search( )函数的参数说明

| 参　　数 | 说　　明 |
| --- | --- |
| needle | 指定在数组中搜索的值，如果 needle 是字符串，则以区分大小写的方式进行比较 |
| haystack | 指定被搜索的数组 |
| strict | 可选参数，如果值为 true，还将在 haystack 中检查 needle 的类型 |

✎ **说明**：array_search( )函数是区分字母大小写的。

【例 5-15】用 array_search( )函数获取数组中元素的键名。

```php
<?php
    $arr=array("苹果","桔子","香蕉","梨");              // 创建数组，数组中有 4 个元素
    // 用 array_search()函数获取$arr 数组中"香蕉"的键名，将获取的结果赋给$name 变量
    $name = array_search("香蕉", $arr);
    echo $name;                                       // 输出结果
?>
```

运行结果如下：

```
2
```

array_keys( )函数获取数组中重复元素的所有键名。如果查询的元素在数组中出现两次以上，那么 array_search( )函数返回第一个匹配的键名。如果返回所有匹配的键名，就需要使用 array_keys( )函数，其语法格式如下：

```
array array_keys(array input[, mixed search_value[, bool strict]])
```

array_keys( )函数返回 input 数组中的数字或字符串的键名。如果指定可选参数 search_value，那么只返回该值的键名，否则返回 input 数组中的所有键名。

【例 5-16】用 array_keys( )函数获取数组中重复元素的所有键名。

```php
<?php
    $arr=array("苹果", "桔子", "香蕉", "梨", "香蕉");
    // 用 array_keys()函数获取$arr 数组中"香蕉"的所有键值
    $name=array_keys($arr, "香蕉");
    // 因为 array_keys()函数返回的是数组类型的值，所以使用 print_r()函数输出
    print_r($name);
?>
```

运行结果如下：

```
Array([0] => 2 [1] => 4)
```

## 5.4.4　数组键与值的排序

PHP 有 4 个基本的数组排序函数，分别为 sort( )、rsort( )、ksort( )、krsort( )函数，分别对应的排序功能为数组值正序、值倒序、键正序、键倒序。这些函数使用起来都比较简单，因为它们是无返回值的地址模式函数，所以只需将排序的数组变量放到函数的指定参数中即可，其语法格式如下：

```
void asort(array &array[, int sort_flags])
void rsort(array &array[, int sort_flags])
int ksort(array &array[, int sort_flags])
int krsort(array &array[, int sort_flags])
```

其中，array 为必选参数，表示输入的数组；sort_flags 为可选参数，可改变排序的行为，排序类型标记如下：SORT_REGULAR（正常比较单元），SORT_NUMERIC（单元被作为数字来比较），SORT_STRING（单元被作为字符串来比较）。

除了对数组排序，还可以通过 shuffle( )函数将数组元素顺序打乱。

【例 5-17】 用 sort( )、rsort( )、ksort( )、krsort( )函数对数组进行值正序、值倒序、键正序、键倒序的排列。

```php
<?php
    $arr = array("C"=>10, "A"=>2, "B"=>20);
    sort($arr);                              // 值正序
    print_r($arr);
    $arr = array("C"=>10, "A"=>2, "B"=>20);
    rsort($arr);                             // 值倒序
    print_r($arr);
    $arr = array("C"=>10, "A"=>2, "B"=>20);
    ksort($arr);                             // 键正序
    $arr = array("C"=>10, "A"=>2, "B"=>20);
    krsort($arr);                            // 键倒序
    print_r($arr);
?>
```

运行效果如下：

```
Array([0] => 2 [1] => 10 [2] => 20) Array([0] => 20 [1] => 10 [2] => 2) Array([A] => 2 [B]
=> 20 [C] => 10) Array([C] => 10 [B] => 20 [A] => 2)
```

## 5.4.5　字符串与数组的转换

字符串函数 explode( )可以将字符串分隔成数组，而数组函数 implode( )可以将数组中的元素组合成一个新字符串。implode( )函数的语法格式如下：

```
string implode(string glue, array pieces)
```

其中，参数 glue 是字符串类型，指定分隔符；参数 pieces 是数组类型，指定要被合并的数组。

**【例 5-18】** 用 implode( )函数将数组中的内容以"*"分隔，组合成一个新的字符串。

```php
<?php
    $str = "PHP 程序设计*NET 程序设计*Python 程序设计*JSP 程序设计";    // 定义字符串常量
    $str_arr = explode("*", $str);                                // 应用标识*分隔字符串
    $array = implode("*", $str_arr);                              // 将数组合成字符串
    echo $array;                                                  // 输出字符串
?>
```

运行结果如下：

PHP 程序设计*NET 程序设计*Python 程序设计*JSP 程序设计

# 5.5 预定义数组

PHP 提供了一套预定义的数组，这些数组变量包含来自 Web 服务器、客户端、运行环境和用户输入的数据，与普通数组的操作方式没有区别。这些预定义数组不用去定义，它们在每个 PHP 脚本中默认存在。因为 PHP 的用户不用自定义它们，所以在自定义变量时应避免和这些预定义的数组同名。这些预定义的数组在全局范围内自动生效，即在函数中可以直接使用，且不用使用 global 关键字访问它们。

### 1. 服务器变量：$_SERVER

$_SERVER 是一个包含诸如头信息（header）、路径（path）和脚本位置（script location）的数组，是 PHP 的一个全局变量，可以在 PHP 程序的任何地方直接访问它。

在 PHP 中经常需要使用地址栏的信息，如域名、访问的 URL、URL 带的参数等，这些信息存储在 PHP 服务器的预定义变量$_SERVER 中。这个数组中的项目由 Web 服务器创建，不能保证每个服务器都提供全部项目，可能忽略一些服务器。

print_r($_SERVER)可以实现相关信息的显示。

### 2. 环境变量：$_ENV

$_ENV 是一个包含服务器端环境变量的数组，与$_SERVER 一样，也是一个全局变量，可以在 PHP 程序的任何地方直接访问它。

$_ENV 只是被动地接收服务器端的环境变量并把它们转换为数组元素，可以通过var_dump($_ENV)直接打印相关信息。

如果输出的结果为空，那么原因是 PHP 的配置文件 php.ini 的配置项为 variables_order = "GPCS"，需要在 GPCS 前加上"E"，变成 variables_order = "EGPCS"，这样输出的结果就不会为空了。

### 3. URL GET 变量：$_GET

在 PHP 中，预定义的$_GET 变量用于获取来自 method="GET"表单中的值。

**【例 5-19】** $_GET 的应用。

创建 form.php 文件，添加 form 表单，用来提交姓名信息。

```html
<form action="login.php" method="GET">
```

```
        姓名：<input type="text" name="txtusername">
        密码：<input type="text" name="txtpwd">
        <input type="submit" value="提交">
    </form>
```

运行后，单击"提交"按钮，用 GET 方法把数据发送到 login.php 文件。在 login.php 文件中，通过$_GET 变量获取表单的数据。$_GET 变量是一个数组，表单中的 name 属性是该数组中的键，通过键获取指定的数据值。

login.php 文件的代码如下：

```
<?php
    echo "姓名：".$_GET["txtusername"];
    echo "<BR>";
    echo "密码：".$_GET["txtpwd"]
?>
```

运行结果如下：

```
姓名：admin
密码：123
```

📢 注意：在 HTML 表单中使用 method="GET"提交数据时，数据会显示在 URL 中，所以发送密码或其他敏感信息时不要使用该方法，可以使用 POST 方法。

### 4．HTTP POST 变量：$_POST

预定义$_POST 变量用于获取来自 method="POST"表单的值，与$_GET 变量用法相似。

【例 5-20】 $_POST 的应用。

创建 form.php 文件，添加 form 表单，用来提交姓名信息。

```
<form action="login.php" method="POST">
    姓名：<input type="text" name="txtusername">
    密码：<input type="text" name="txtpwd">
    <input type="submit" value="提交">
</form>
```

运行后，单击"提交"按钮，用 POST 方法把数据发送到 login.php 文件。在 login.php 文件中，通过$_POST 变量获取表单的数据。$_POST 变量是一个数组，表单中的 name 属性是该数组中的键，通过键获取指定的数据值。

login.php 文件的代码如下：

```
<?php
    echo "姓名：".$_POST["txtusername"];
    echo "<BR>";
    echo "密码：".$_POST["txtpwd"]
?>
```

运行结果如下：

```
姓名：admin
密码：123
```

用 POST 方法提交的表单数据，对任何人都是不可见的，并且发送数据的大小也没有限制。

## 5. Request 变量：$_REQUEST

在 PHP 中，$_REQUEST 包含$_GET、$_POST 和$_COOKIE 三个变量，其用法与它们基本相同。

**【例 5-21】** $_REQUEST 的应用。

创建 form.php 文件，添加 form 表单，用来提交姓名信息。

```
<form action="login.php" method="POST">
    姓名: <input type="text" name="txtusername">
    密码: <input type="text" name="txtpwd">
    <input type="submit" value="提交">
</form>
```

单击"提交"按钮，用 POST 方法把数据发送到 login.php 文件。在 login.php 文件中，通过$_REQUEST 变量获取表单的数据。$_REQUEST 变量是一个数组，表单中的 name 属性是该数组中的键，通过键获取指定的数据值。

login.php 文件的代码如下：

```
<?php
    echo "姓名: ".$_REQUEST["txtusername"];
    echo "<BR>";
    echo "密码: ".$_REQUEST["txtpwd"]
?>
```

运行结果如下：

```
姓名: admin
密码: 123
```

## 6. HTTP 文件上传变量：$_FILES

$_FILES 全局变量是一个二维数组，存储与上传文件相关的信息，这些信息对通过 PHP 脚本上传到服务器的文件至关重要。

**【例 5-22】** $_FILES 的应用。

创建 index.php 文件，添加 form 表单，用于上传文件。

```
<form enctype="multipart/form-data" action="upfile.php" method="POST">
    <input name="upFile" type="file">
    <input type="submit" value="提交">
</form>
```

其中，enctype="multipart/form-data"属性类别表示不对字符编码，专门用于有效地传输文件，在使用包含文件上传控件的表单时必须使用它。

当用户上传文件到 upfile.php 后，该文件会得到一个$_FILES 数组。

```
<?php
    echo var_dump($_FILES['upFile'])
?>
```

运行结果如下：

```
array(5){["name"]=> string(17) "00-PPT 模板.pptx" ["type"]=> string(73)
```

```
"application/vnd.openxmlformats-officedocument.presentationml.presentation" ["tmp_name"]=>
string(24) "C:\xampp\tmp\phpAFB2.tmp" ["error"]=> int(0) ["size"]=> int(2742230)}
```

可以看出，显示了上传文件的名称、类型、文件大小、上传至服务器端存储的临时文件，以及上传后显示的返回值。其中，$\_FILES['upFile']['error']会有以下返回值，分别代表不同的情况。

```
UPLOAD_ERR_OK: 0                        // 正常，上传成功
// 上传文件大小超过服务器允许上传的最大值，php.ini 设置 upload_max_filesize 选项限制的值
UPLOAD_ERR_INI_SIZE: 1
UPLOAD_ERR_FORM_SIZE: 2                  // 上传文件大小超过 HTML 表单中隐藏域 MAX_FILE_SIZE 选项指定的值
UPLOAD_ERR_NO_TMP_DIR: 6                 // 没有找到临时文件夹
UPLOAD_ERR_CANT_WRITE: 7                 // 文件写入失败
UPLOAD_ERR_EXTENSION: 8                  // PHP 文件上传扩展没有打开
UPLOAD_ERR_PARTIAL: 3                    // 只有部分文件被上传
```

### 7. HTTP Cookies 变量：$\_COOKIE

$\_COOKIE 是 HTTP Cookies 方式传递给当前脚本变量的数组。有时需要获得前一个页面中发过来的 cookie，使用 $\_COOKIE 来实现。

【例 5-23】$\_COOKIE 的应用。

创建 index.php 文件，用 setcookie( )方法创建名为 name 的 cookie，其值为 admin，有效期为 30 秒，然后使用表单提交到脚本文件。

```php
<?php
    setcookie("username", "admin", time()+30)
?>
<form action="login.php" method="POST">
    <input type="submit" value="提交">
</form>
```

在 login.php 中通过 "echo $\_COOKIE["username"]"，显示结果如下：

```
admin
```

### 8. Session 变量：$\_SESSION

$\_SESSION 是当前脚本可用 Session 变量的数组，可以创建 Session 变量，只要添加一个元素即可，也可以在 PHP 脚本中用来接收 Session。

【例 5-24】$\_SESSION 的应用。

创建 index.php 文件，在该文件中使用 $\_SESSION 创建名为 name 的 Session，其值为 admin，然后使用表单提交到脚本文件。

```php
<?php
    session_start();
    $_SESSION["name"] = "root";
?>
<form action="login.php" method="POST">
    <input type="submit" value="提交">
</form>
```

在 login.php 文件中，使用 $\_SESSION 获取发送的 Session 的值并输出。

```php
<?php
```

```php
    session_start();
    echo $_SESSION["name"];
?>
```

运行结果如下:

```
root
```

## 9. Global 变量: $GLOBALS

$GLOBALS 用来引用全局作用域中可用的全部变量，是一个包含全部变量的全局组合数组，变量的名称就是数组的键。

【例 5-25】$GLOBALS 的应用。

```php
<?php
    function globaltest() {
        $num = 6;
        echo '定义的全局变量 num 的值为: '.$GLOBALS['num']."<br>";
        echo '局部变量 num 的值为: '.$num;
    }
    $num = 8;
    globaltest();
?>
```

运行结果如下:

```
定义的全局变量 num 的值为: 8
局部变量 num 的值为: 6
```

# 思考与练习

1．sort( )函数、asort( )函数和 ksort( )函数三者有什么差别？分别在什么情况下使用这三个函数？

2．有一个数组$b = array(9,6,7,5,3,8)，请在不使用排序函数的情况下将其重新排序，按从小到大的顺序输出。

3．关于赋值语句"$a[] = 5"，下列说法中正确的是（    ）。

A．当前元素值被修改为 5    B．创建一个有 5 个元素的数组

C．将数组最后一个元素的值修改为 5    D．在数组末尾添加一个数组元素，其值为 5

4．下列说法中正确的是（    ）。

A．数组的下标必须为数字，且从 0 开始

B．数组的下标可以是字符串

C．数组中的元素类型必须一致

D．数组的下标必须是连续的

5．要得到字符串中字符的个数，可使用（    ）函数。

A．strlen( )    B．count( )    C．len( )    D．str_count( )

6．执行如下代码后，输出结果为（    ）。

```php
<?php
```

```
    $x = array(array(1, 2), array("ab", "cd"));
    echo count($x, 1);
?>
```

A. 6 B. 2 C. 4 D. 3

7. 以下代码输出的结果为（　　）。

```
<?php
    $attr = array("0"=>"aa", "1"=>"bb", "2"=>"cc");
    echo $attr[1];
?>
```

A. 显示出错信息 B. aa C. 输出为空 D. bb

8. 下面没有将 john 添加到 users 数组中的是（　　）。

A. $users[] = "john"; B. array_add($users, "john");

C. array_push($users, "john"); D. $users ["aa"]= "john" ;

9. 以下说法中正确的是（　　）。

A. $attr 代表数组，数组长度可以通过$attr.length 获取到

B. unset( )方法不能删除数组里面的某个元素

C. PHP 的数组可以存储任意类型的数据

D. PHP 只有索引数组

10. （　　）函数可以求得数组的个数。

A. count( ) B. conut( )

C. $_COUNT["名称"] D. $_CONUT["名称"]

11. 以下代码的运行结果为（　　）。

```
$A = array("Monday", "Tuesday", 3=>"Wednesday");
echo $A[3];
```

A. Monday B. Tuesday

C. Wednesday D. 没有显示

12. 新建一个数组的函数是（　　）。

A. array( ) B. next( )

C. count( ) D. reset( )

13. （　　）可以将数组指针指向数组中的第一个元素。

A. current( ) B. key( )

C. reset( ) D. end( )

14. （　　）可以移除数组中重复的值。

A. array_unique( ) B. count( )

C. is_array( ) D. array_search( )

15. （　　）可以实现统计数组中的元素个数。

A. array_search( ) B. is_array( )

C. count( ) D. array_unique( )

16. （　　）可以对数组中的元素值进行排序。

A. array_unique( ) B. array_search( )

C. count( ) D. sort( )

# 第 6 章　Web 互动与会话控制技术

使用 PHP 和 HTML 可以制作出内容丰富的动态网页。网站可以通过 HTML 完成数据的处理，通过 PHP 与数据库交互。

会话控制的思想就是允许服务器端跟踪一个客户端做出的连续请求，用户可以很容易地做到用户登录的支持，而不是在每浏览一个网页时都去重复执行登录的动作。

Cookie 和 Session 是目前最常用的两种会话技术。Cookie 是一种在客户端存储数据并以此来跟踪和识别用户的机制；Session 是让数据在页面中持续有效的方法，是存储在服务器端的会话技术。

本章介绍 Web 服务器交互原理、前端数据互动、Cookie 与 Session 的基础知识及应用等。

## 6.1　Web 服务器交互原理

Web 服务器交互一般可分成 4 个步骤：连接过程、请求过程、应答过程和关闭连接。

连接过程就是在 Web 服务器和 Web 浏览器之间建立起来的一种连接。查看连接过程是否实现，用户可以找到并打开 Socket 虚拟文件，这个文件的建立意味着连接过程已经成功建立。

请求过程就是 Web 浏览器运用 Socket 文件向服务器提出请求。

应答过程就是运用 HTTP 把在请求过程中提出来的请求传输到 Web 服务器，进而实施任务处理，然后运用 HTTP 把任务处理的结果传输到 Web 浏览器，同时在 Web 浏览器上展示请求的界面。

关闭连接就是当应答过程完成以后，Web 服务器和 Web 浏览器之间断开连接的过程。

这 4 个步骤环环相扣、紧密相连，逻辑性比较强，可以支持多个进程、多个线程及多个进程与多个线程相混合的技术。

## 6.2　页面间的参数传递方式

HTTP 是无状态的协议，Web 浏览器打开 Web 服务器上的一个网页，与之前打开这个服务器上的另一个网页之间没有任何联系，会出现很多问题。比如，某浏览器用户打开某网站的登录页面并成功登录后，再去访问该网站的其他页面时，HTTP 无法识别该用户已登录。在同一个网站内，通过 HTTP 无状态协议，如何跟踪某浏览器用户并实时记录该浏览器用户发送的连续请求呢？答案是浏览器用户打开某网站的登录页面并成功登录后，如果该登录页面向该网站的其他页面传递一个"已经成功登录"的参数消息，问题就会迎刃而解。这正是会话控制的思想，如果实现了同一个网站不同动态页面之间的参数传递，就可以跟踪同一个浏览器用户的连续请求。换句话说，会话控制允许 Web 服务器跟踪同一个浏览器用户的连续请求，实现同一个网站多个动态页面之间的参数传递。

实现网页间参数的传递有以下方法。

① 利用 form 表单的隐藏域 hidden，在表单数据提交时传递参数，需要与 form 表单一起使用。

② 利用超链接，通过 URL 查询字符串传递参数。URL 传递参数采用的是 GET 方法，其传递的参数值可以通过$_GET[]获取。

③ 用 header()函数或 JavaScript 重定向功能，通过 URL 查询字符串传递参数。

④ 用 Cookie 将浏览器用户的个人资料存储在浏览器端的主机中，其他 PHP 程序通过读取浏览器端主机中的 Cookie 信息实现页面间的参数传递。

⑤ 用 Session 将浏览器用户的个人资料存储在 Web 服务器中，其他 PHP 程序通过读取服务器端主机中的 Session 信息实现页面间的参数传递。

# 6.3 浏览器端数据提交方式

HTTP 是 Web 应用系统使用的十分重要的协议，是基于"请求/响应"模式的。对 PHP 程序而言，浏览器向 Web 服务器的某 PHP 程序发送一个"HTTP 请求"，该 PHP 程序收到该"请求"后，接收"请求"数据，再对这些"请求"数据进行处理，最后由 Web 服务器将处理结果作为"响应"返回给浏览器。

最常用的 HTTP 请求方法有 GET 请求和 POST 请求，即浏览器向 Web 服务器提交数据的方式主要有两种：GET 提交方式和 POST 提交方式。当浏览器向 Web 服务器发送"GET 请求"时，浏览器以 GET 提交方式向 Web 服务器"提交"数据；当浏览器向 Web 服务器发送"POST 请求"时，浏览器以 POST 提交方式向 Web 服务器"提交"数据。

## 6.3.1 GET 提交方式

GET 提交方式的本质是将数据通过 URL 地址的形式传递到下一个页面，提交的表单不会明显地改变页面状态。GET 提交方式是最简单的提交方法，主要用于静态 HTML 文档、图像或数据库查询结果的简单检索。GET 提交方式是将"请求"数据以查询字符串（Query String）的格式附在 URL 后"提交"数据。例如：

```
http://localhost/test/register.php?userName=victor&password=1234&confirmPassword=1234
```

其中，"?"表示查询字符串的开始，"?"后的字符串参数"userName= victor&password =

1234&confirmPassword=1234"为查询字符串。可以看出，查询字符串包含多个参数，每个参数以"参数名=参数值"的格式定义，参数之间使用"&"相连，最后将查询字符串用"?"附在 URL 后。

另外，form 表单也提供了 GET 提交方式。

除此以外，用超链接<a></a>标签也可以实现浏览器端 GET 提交方式。

【例 6-1】 使用 GET 提交方式提交数据。

```html
<html>
    <head>
        <meta charset="UTF-8">
        <title></title>
    </head>
    <body>
        请输入账号和密码: <br><br>
        <form action="do_get.php" method="get">
            用户名: <input type="text" name="username"><br><br>
            密码: <input type="password" name="pwd"><br><br>
            <input type="submit" value="提交">    
            <input type="reset" value="重置">
        </form>
        <?php
        //put your code here
        ?>
    </body>
</html>
do_get.php:
<?php
    echo "用户名: {$_GET['username']}, 密码: {$_GET['pwd']}"
?>
```

运行结果如下:

```
用户名: root, 密码: 123
```

单击"提交"按钮时，发送到服务器的 URL 如下:

```
http://localhost/test/index.php?username=root&pwd=123&submit1=提交#
```

# 6.3.2 POST 提交方式

与 GET 提交方式相比，POST 提交方式具有很多优势。由于 POST 提交方式通过头信息传递数据，所以它在长度上是不受限制的，同时它不会把传递的数据暴露在浏览器的地址栏中。在通常情况下，POST 提交方式被用来提交一些相对敏感或数据量较大的信息。

POST 提交方式一般通过 form 表单实现，由于在默认情况下 form 表单的数据提交方式为 GET 提交方式，必须在 form 表单的<form>标签中加入属性 method="post"，将数据提交方式修改为 POST 提交方式。

【例 6-2】 使用 POST 提交方式提交数据。

```html
<html>
```

```
<head>
    <meta charset="UTF-8">
    <title></title>
</head>
<body>
    请输入账号和密码：<br><br>
    <form action="do_post.php" method="post">
        用户名：<input type="text" name="username"><br><br>
        密码：<input type="password" name="pwd"><br><br>
        <input type="submit" value="提交">    
        <input type="reset" value="重置">
    </form>
    <?php
    //put your code here
    ?>
</body>
</html>
```

需要单独创建 do_post.php 文件，处理 POST 提交方式提交的数据代码如下：

```
<?php
    echo "你输入的用户名为{$_POST['username']}，密码为{$_POST['pwd']}";
?>
```

运行结果如下：

你输入的用户名为：root，密码为 123

## 6.3.3　两种提交方式的比较

POST 提交方式比 GET 提交方式安全。这是由于使用 GET 提交方式提交的数据将出现在 URL 查询字符串中，并且这些带有查询字符串的 URL 可以被浏览器缓存到历史记录中。因此，诸如用户注册、登录等，不建议使用 GET 提交方式。

使用 POST 提交方式可以提交更多的数据。理论上讲，使用 POST 提交方式提交的数据没有大小限制；使用 GET 提交方式提交的数据由于出现在 URL 查询字符串中，而 URL 的长度是受限制的（如 IE 浏览器对 URL 长度的限制是 2083 字节）。例如，新闻发布系统中提交篇幅较长的新闻信息时，不建议使用 GET 提交方式；带有文件上传功能的 form 表单则必须使用 POST 提交方式。

不同的提交方式对应的服务器端数据采集方式不同。

## 6.3.4　PHP 获取表单信息

在 Web 开发过程中，通过表单提交是数据传输过程中很重要的一部分，作为以 PHP 为后台开发语言的项目，成功接收表单提交的数据是相当重要的一环。PHP 脚本通常使用 $_POST[]、$_GET[] 获取表单信息。

在 PHP 中，POST 请求被封装到 $_POST[] 全局变量数组中，GET 请求被封装到 $_GET[] 全局变量数组中，因此 $_POST[]、$_GET[] 分别对应两种提交表单的方法。当表单以 POST

提交方式提交时，PHP 脚本需要通过 $_POST ["txtname"] 或 $_POST['txtname'] 的方式来获取数据；当表单以 GET 提交方式提交时，PHP 脚本需要通过 $_GET ["txtname"] 或 $_GET['txtname'] 的方式来获取数据。在大多数情况下，表单以 POST 提交方式提交。

（1）获取文本框的值

通过 name 属性获取相应的 value 属性值。

（2）获取文件域的值

文件域用于实现文件或图片的上传。文件域有一个特有的属性：accept，用于指定上传的文件类型，如果需要限制上传文件的类型，就可以通过设置该属性完成。

【例 6-3】 获取文件域的相关信息。

```php
<form action="" method="post">
    <input type="file" name="cfile" size="20">
    <input type="submit" name="submit" value="上传">
</form>
<?php
    if(!empty($_POST["cfile"])) {
        echo "获取上传的文件名：".$_POST["cfile"];
    }
?>
```

（3）获取复选框的值

复选框一般有多个选项同时存在，为了传递值，name 可以是一个数组形式。

【例 6-4】 获取复选框的信息。

```php
<form action="" method="post">
    你喜欢的编程技术：
    <input type="checkbox" name="lovelanguage[]" value="PHP">PHP
    <input type="checkbox" name="lovelanguage[]" value="Python">Python
    <input type="checkbox" name="lovelanguage[]" value="Java">Java
    <input type="checkbox" name="lovelanguage[]" value="HTML5">HTML5
    <input type="submit" value="提交">
</form>
<?php
    if(!empty($_POST['lovelanguage'])) {
        echo "你选择的结果是：";
        // var_dump($_POST['lovelanguage']);
        for($i = 0; $i < count($_POST['lovelanguage']); $i++) {
            echo $_POST['lovelanguage'][$i]."<br>";
        }
    }
?>
```

$_POST 中的 lovelanguage 元素是一个索引数组，数组中的元素是用户选中复选框对应的 value 属性值。需要注意的是，当用户未选中任何复选框时，$_POST 数组中将不存在 lovelanguage 元素。

在需要处理的表单内容非常多的情况下，表单中 name 属性的命名可以采用多维数组的形式，其使用方式与 PHP 中的数组非常相似。例如，开发在线考试系统时，表单中有填空题、单选题、多选题、判断题等多种题型，这时可以将每种题型放到一个数组中进行提交，PHP 收到后分别遍历每种题型的数组即可。

另外，通过 URL 地址传递的参数也可以是数组形式的，其参数名的写法与表单 name 属性相同。

（4）获取下拉列表的值

首先需要定义下拉列表的 name 属性值，然后应用$_POST[]全局变量获取该属性值。

**【例 6-5】** 获取下拉列表的信息（1）。

```
<form action="" method="post">
    你喜欢的编程技术：
    <select name="mylanguage" size="1">
        <option value="" selected="selected">--请选择--</option>
        <option value="PHP">PHP</option>
        <option value="Python">Python</option>
        <option value="Java">Java</option>
        <option value="HTML5">HTML5</option>
    </select>
    <input type="submit" value="提交">
</form>
<?php
    if(!empty($_POST['mylanguage'])){
        echo "你选择的结果是：".$_POST['mylanguage'];
    }
?>
```

**【例 6-6】** 获取下拉列表的信息（2）：把选中值反显到选项框中。

```
<form action="" method="post">
    你喜欢的编程技术：
    <select name="mylanguage" size="1">
        <option value="" selected="selected">--请选择--</option>
        <option value="PHP"
            <?php
                if(@$_POST[mylanguage] == "PHP") {
                    echo 'selected="selected"';
                }
            ?>
        >PHP</option>
        <option value="Python"
            <?php
                if(@$_POST[mylanguage] == "Python") {
                    echo 'selected="selected"';
                }
            ?>
        >Python</option>
        <option value="Java"
            <?php
                if(@$_POST[mylanguage] == "Java") {
                    echo 'selected="selected"';
                }
            ?>
        >Java</option>
```

```
<option value="HTML5"
    <?php
        if(@$_POST[mylanguage] == "HTML5") {
            echo 'selected="selected"';
        }
    ?>
    >HTML5</option>
    </select>
    <input type="submit" value="提交">
</form>
<?php
    if(!empty($_POST['mylanguage'])) {
        echo "你选择的结果是: ".$_POST['mylanguage'];
    }
?>
```

（5）获取单选按钮（radio）的值

单选按钮一般是成组出现的，具有相同的 name 值和不同的 value 值，在一组单选按钮中同一时间只能选中一个。

【例 6-7】 获取单选按钮的信息（1）。

```
<form action="" method="post">
    选择性别:
    <input type="radio" name="sex" value="1">男
    <input type="radio" name="sex" value="2">女
    <input type="submit" value="提交">
</form>
<?php
    if(!empty($_POST['sex'])) {
        echo $_POST['sex'];
        if($_POST['sex'] == 1) {
            echo "您的选择是:男";
        }
        else{
            echo "你选择的是: 女";
        }
    }
?>
```

【例 6-8】 获取单选按钮的信息（2）：把选中值反显到单选按钮中。

```
<body>
    <form action="" method="post">
        选择性别:
        <input type="radio" name="sex" value="1"
            <?php
                if(@$_POST['sex'] == 1) {
                    echo 'checked="checked"';}
            ?>
            >男
        <input type="radio" name="sex" value="2"
            <?php
```

· 145 ·

```php
            if(@$_POST['sex'] == 2) {
                echo 'checked="checked"';
            }
        ?>
        >女
        <input type="submit" value="提交">
    </form>
</body>
<?php
    if(!empty($_POST['sex'])) {
        // echo $_POST['sex'];
        if($_POST['sex'] == 1) {
            echo "您的选择是:男";
        }
        else {
            echo "你选择的是：女";
        }
    }
?>
```

# 6.3.5　URL 操作

### 1．获取 URL 传递的参数

URL 传递参数采用的是 GET 提交方式，其传递的参数值可以通过$_GET[]获取。比如，在 http://localhost/test/login.php?username=test&password=123456 中，"?"后的内容为参数信息。参数是由参数名和参数值组成的，中间使用"="进行连接。多个参数之间使用"&"分隔。其中，username 和 password 是参数名，对应表单中的 name 属性；test 和123456 是参数值，对应用户填写的内容。

注意，在实际开发中通常都不会使用 GET 方式提交表单，因为使用 GET 方式提交的数据在 URL 中是可见的，并且传输的数据大小有限制。GET 方式更多是用于获取信息时传递一些参数。

PHP 处理用户提交信息的过程与函数的使用类似，若将脚本 login.php 看作一个函数，则 URL 参数相当于传递给函数的参数，脚本执行后返回给浏览器的结果相当于函数的返回值。用户可通过传递不同的 URL 参数获得不同的访问结果，这就是 URL 参数的交互。

【例 6-9】　通过$_GET[]获取 URL 传递的参数。

index.php 文件代码如下：

```php
<body>
    <a href="do_get.php?info=php">GET 方法传递数据</a>
    <?php
        …
    ?>
</body>
```

do_get.php 文件代码如下：

```html
<body>
```

```php
<?php
    if (isset($_GET['info'])) {
        echo $_GET['info'];                    // 输出结果: php
    }
?>
</body>
```

### 2．URL 的编码与解码

使用 urlencode( )函数可以把字符串中除"-""_"符号与字母以外的字符转换为十六进制数的形式，空格转换为"+"符号。

使用 urldecode( )函数可以还原使用 urlencode( )函数编码的字符串。

【例 6-10】 urldecode( )函数和 urlencode( )函数的用法。

```php
<body>
    <?php
        echo "显示 URL 传递来的变量: ";
        $var = '带有-空格_和 word 及特殊符号<>的变量';
        echo '<a href=do_get.php?info='.urlencode($var).'">传递参数</a>';
    ?>
</body>
<?php
    $var = $_GET['info'];
    echo $enstr = urlencode($var);
    echo $enstr."<br>";
    echo $destr = urldecode($enstr);
?>
```

# 6.4　在 PHP 脚本中使用 JavaScript 编程

JavaScript 是一种基于对象和事件驱动的脚本语言，具有较好的安全性能，可以把 Java 语言的优势应用到网页程序设计中。使用 JavaScript 编程可以在一个 Web 页面中链接多个对象，与 Web 客户端交互作用，从而开发客户端的应用程序等。在 PHP 脚本中使用 JavaScript 编程可以扩展 PHP 的功能，使应用程序更加灵活方便。本节将介绍在本书后面实例中用到的一些基本的 JavaScript 技术。

## 6.4.1　JavaScript 脚本的使用

在 PHP 脚本中使用 JavaScript 脚本时，JavaScript 代码需要在<script Language = "JavaScript">和</script>中使用。

【例 6-11】 一个简单的在 PHP 脚本中使用 JavaScript 脚本的实例。

```html
<html>
    <head><title>简单的 JavaScript 代码</title></head>
    <body>
        <script Language ="JavaScript">
```

```
            // 下面是 JavaScript 代码
            document.write("这是一个在 PHP 脚本中使用 JavaScript 的脚本实例!");
            document.close();
        </script>
    </body>
</html>
```

运行结果如下：

这是一个在 PHP 脚本中使用 JavaScript 脚本的实例！

📢 **注意：** document 是 JavaScript 的文档对象，document.write( )函数用于在文档中输出字符串，document.close( )函数用于关闭输出操作。

📢 **注意：** 在 JavaScript 中，使用//表示程序中的注释，服务器在解释程序时，将不考虑一行程序中字符"//"后的代码。

## 6.4.2  数据类型和变量

JavaScript 包含 4 种基本的数据类型，如表 6-1 所示。

表 6-1  JavaScript 的数据类型

| 类　型 | 具体描述 |
| --- | --- |
| 数值类型 | 包括整数和实数 |
| 字符串类型 | 由单引号或双引号括起来的字符 |
| 布尔类型 | 包含 true 和 false |
| 空值 | 即 null。若引用一个没有定义的变量，则返回空值 |

在 JavaScript 中，可以使用 var 关键字声明变量，声明变量时不要求指明变量的数据类型，如 "var  x"，也可以在定义变量时为其赋值，如 "var  x = 2"，或者不定义变量，通过使用变量来确定其类型，如

```
x = 1;
str = "This is a dog";
exit=false;
```

## 6.4.3  弹出警告对话框

在 Web 应用程序中，经常需要弹出一个警告对话框，提示用户注意事项。HTML 并不提供此功能。PHP 是服务器端的脚本语言，也不能在客户端弹出对话框，可以使用 JavaScript 的 alert( )函数实现此功能。

**【例 6-12】** 演示 alert( )的使用：在网页中添加一个"单击试一下"超链接，单击此超链接，弹出一个消息对话框。

```
<html>
    <head><title>演示 window.alert()的使用</title></head>
    <body>
        <script language = JavaScript>
            function Clickme() {
```

```
                alert("欢迎使用 JavaScript");
            }
        </script>
        <p><a href=# onclick="Clickme()">单击试一下</a></p>
    </body>
</html>
```

这段程序定义了一个 JavaScript 函数 Clickme( )，其功能是调用 alert( )函数，弹出一个显示"欢迎使用 JavaScript"的消息对话框。在网页的 HTML 代码中使用<a href=# onclick = "Clickme()" >单击试一下</a>的方法调用 Clickme( )函数。

onclick 是 JavaScript 中的单击事件，当用户单击指定对象时，触发此事件，可以执行 onclick 后面定义的操作。

## 6.4.4　弹出确认对话框

与 alert( )方法类似，confirm( )函数可以显示一个请求确认对话框。确认对话框包含一个"确定"按钮和一个"取消"按钮。在程序中，单击"确定"按钮时，confirm( )函数返回 true；单击"取消"按钮时，confirm( )函数返回 false。程序可以根据用户的选择决定执行的操作。

【例 6-13】在网页中添加一个"删除数据"超链接，单击此超链接，弹出一个确认对话框。单击"确定"按钮，则弹出一个显示"成功删除数据"的消息对话框；单击"取消"按钮，则弹出一个显示"没有删除数据"的消息对话框。

```
<html>
    <head><title>演示 window.confirm()的使用</title></head>
    <body>
        <script language = JavaScript>
            function Checkme() {
                if (confirm("是否确定删除数据?") == true)
                    alert("成功删除数据");
                else
                    alert("没有删除数据");
            }
        </script>
        <p><a href=# onclick="Checkme()">删除数据</a></p>
    </body>
</html>
```

运行结果：单击"删除数据"超链接，弹出一个显示"是否确定删除数据？"的对话框。

## 6.4.5　document 对象

document 是常用的 JavaScript 对象，用于管理网页文档。前面已经介绍了用 document.write( )在文档中输出字符串的方法，本节再简单介绍 document 对象的常用属性、常用方法、子对象和集合。

document 对象的常用属性如表 6-2 所示。

表 6-2　document 对象的常用属性

| 属　性 | 具体描述 |
|---|---|
| title | 设置文档标题，等价于 HTML 的 title 标签 |
| bgColor | 设置页面背景色 |
| fgColor | 设置前景色（文本颜色） |
| linkColor | 未单击过的链接颜色 |
| alinkColor | 激活链接（焦点在此链接上）颜色 |
| vlinkColor | 已单击过的链接颜色 |
| URL | 设置 URL 属性从而在同一窗口中打开另一网页 |
| fileCreatedDate | 文件建立日期，只读属性 |
| fileModifiedDate | 文件修改日期，只读属性 |
| fileSize | 文件大小，只读属性 |
| cookie | 设置和读出 cookie |
| charset | 设置字符集，其简体中文为 gb2312 |

document 对象的常用方法如表 6-3 所示。

表 6-3　document 对象的常用方法

| 常用方法 | 具体描述 |
|---|---|
| write() | 动态向页面写入内容 |
| createElement(Tag) | 创建一个 HTML 标签对象 |
| getElementByld(ID) | 获得指定 ID 值的对象 |
| getElementsByName(Nane) | 获得指定 Name 值的对象 |

document 对象的常用子对象和集合如表 6-4 所示。

表 6-4　document 对象的常用子对象和集合

| 子对象和集合 | 具体描述 |
|---|---|
| 主体子对象 body | 指定文档主体的开始和结束，等价于\<body\>…\</body\> |
| 位置子对象 location | 指定窗口所显示文档的完整（绝对）URL |
| 选区子对象 selection | 表示当前网页中的选中内容 |
| images 集合 | 表示页面中的图像 |
| forms 集合 | 表示页面中的表单 |

【例 6-14】 演示 document 对象使用的实例。

```html
<html>
   <head>
      <title>演示 document 对象使用</title>
   </head>
   <body>
      <img src="1.jpg" width="170" height="100" border="0" alt=""><br/>
      <script language="JavaScript">
        <!--
           document.write("文件地址: "+document.location+"<br/>")
           document.write("文件标题: "+document.title+"<br/>");
           document.write("图片路径: "+document.images[0].src+"<br/>");
```

```
            document.write("文本颜色: "+document.fgColor+"<br/>");
            document.write("背景颜色: "+document.bgColor+"<br/>");
        //-->
        </script>
    </body>
</html>
```

运行结果如下：

```
文件地址: http://localhost/test/index.php
文件标题: New Document
图片路径: http://localhost/test/1.jpg
文本颜色: #000000
背景颜色: #ffffff
```

## 6.4.6 弹出新窗口

window.open()函数的功能是打开一个新窗口，可以设置在窗口中显示的网页内容、标题、窗口的属性等，其语法格式如下：

```
window.open(url, name, features, replace)
```

window.open()函数的参数描述如表 6-5 所示。

表 6-5　window.open()函数的参数描述

| 参　数 | 描　述 |
|---|---|
| url | 可选字符串，声明了要在新窗口中显示的文档的 url。若省略或者它的值是空字符串，则新窗口不会显示任何文档 |
| name | 可选字符串，由逗号分隔的特征列表，包括数字、字母和下画线，声明新窗口的名称。这个名称可以用作标记<a>和<form>的属性 target 的值。如果该参数指定了一个已经存在的窗口，那么 open()方法就不再创建一个新窗口，而只是返回对指定窗口的引用，features 被忽略 |
| features | 可选字符串，声明新窗口要显示的标准浏览器的特征。若省略该参数，则新窗口将具有所有标准特征 |
| replace | 可选布尔值，规定了装载到窗口的 URL 是在窗口的浏览历史中创建一个新条目还是替换浏览历史中的当前条目，支持如下值：true，URL 替换浏览历史中的当前条目；false，URL 在浏览历史中创建新的条目 |

**注意：** 不要混淆 window.open()与 document.open()函数，两者功能完全不同。为了使代码表示清楚，请使用 window.open()函数，不要使用 document.open()函数。

**【例 6-15】** 使用 window.open()函数打开一个新窗口。

```
<html>
    <head>
        <script type="text/javascript">
            function open_win() {
                window.open("http://www.phei.com.cn")
            }
        </script>
    </head>
    <body>
        <input type=button value="Open Window" onclick="open_win()" />
    </body>
</html>
```

· 151 ·

运行后，显示一个打开窗口的按钮，单击后弹出"电子工业出版社"首页。

# 6.5 Cookie 技术

Cookie 是在 HTTP 下通过服务器或脚本维护客户工作站上信息的一种方式。Cookie 的使用很普遍，许多提供个性化服务的网站都是利用 Cookie 来辨认使用者的，以方便送出为使用者"量身定做"的内容，如 Web 接口的免费 E-mail 网站就需要用到 Cookie。有效地使用 Cookie 可以轻松完成很多复杂任务。

## 6.5.1 了解 Cookie

在 Cookie 出现前，浏览 Web 网站是一种没有历史可言的"旅程"。虽然浏览器会跟踪所访问的页面，允许使用"后退"按钮返回到之前访问过的页面，并且使用不同的颜色标记已经访问过的链接，但是服务器并不会记录访问过什么内容。如果站点不使用 Cookie，或者用户在 Web 浏览器中禁用了 Cookie，那么服务器也不会记录任何内容。

Cookie 是服务器在用户计算机上存储用户信息的一种方式，以便服务器能够在访问过程或多次访问中记住用户。Cookie 就像一个名称标签，用户计算机告知服务器用户名称，并且给予一个名称标签，然后服务器能够通过名称标签获知用户是谁。

当用户通过浏览器访问 Web 服务器时，服务器会给客户发送一些信息，这些信息都保存在 Cookie 中。当该浏览器再次访问服务器时，会在请求头中同时将 Cookie 发送给服务器，这样服务器就可以对浏览器做出正确的响应。Cookie 可以跟踪用户与服务器之间的会话状态，通常用于保存浏览历史、保存购物车商品和保存用户登录状态等场景。

服务器端向客户端发送 Cookie 时，会在 HTTP 响应头中增加 SetCookie 响应头字段，SetCookie 响应头字段中设置的 Cookie 遵循一定的语法格式。例如：

```
SetCookie:user=root; path=/;
```

其中，user 表示 Cookie 的名称，root 表示 Cookie 的值，path 表示 Cookie 的属性。注意，Cookie 必须以键值对的形式存在，其属性可以有多个，但这些属性之间必须用";"和空格分隔。

### 1. 什么是 Cookie

Cookie 是一种在远程浏览器端存储数据并以此来跟踪和识别用户的机制。简单地说，Cookie 是 Web 服务器暂时存储在用户硬盘上的一个文本文件，随后会被 Web 浏览器读取。当用户再次访问 Web 网站时，网站通过读取 Cookie 文件记录这位访客的特定信息（如上次访问的位置、花费的时间、用户名和密码等），从而迅速做出响应，如在页面中不需要输入用户的 ID 和密码即可直接登录网站等。文本文件的命令格式如下：

```
用户名@网站地址[数字].txt
```

如果用户的系统盘为 C 盘，操作系统为 Windows 2000/XP/2003 等，当使用 IE 浏览器访问 Web 网站时，Web 服务器会自动以上述命令格式生成相应的 Cookie 文本文件，并存储在用户硬盘的指定位置。

注意：在 Cookies 文件夹下，每个 Cookie 文件都是一个简单又普通的文本文件，而不是程序。Cookie 中的内容大多都经过了加密处理，因此表面看来只是一些字母和数字的组合，而只有服务器的 CGI 处理程序才知道它们真正的含义。

### 2．Cookie 的功能

Web 服务器可以应用 Cookie 包含信息的任意性来筛选，并经常性地维护这些信息，以判断在 HTTP 传输中的状态。Cookie 常用于以下 3 方面。

① 记录访客的某些信息，如可以利用 Cookie 记录用户访问网页的次数，或者记录访客曾经输入过的信息。另外，某些网站可以使用 Cookie 自动记录访客上次登录的用户名。

② 在页面之间传递变量。浏览器并不会存储当前页面上的任何变量信息，当页面被关闭时，页面上的任何变量信息将随之消失。如果用户声明一个变量 id=8，并把这个变量传递到另一个页面，可以把变量 id 以 Cookie 形式存储，然后在下一页通过读取该 Cookie 来获取变量的值。

③ 将查看的 Internet 页面存储在 Cookies 临时文件夹中，以提高以后浏览的速度。

注意：一般不用 Cookie 存储数据集或其他大量数据。并非所有浏览器都支持 Cookie，并且数据信息是以明文文本的形式存储在客户端计算机中的，因此最好不要存储敏感的、未加密的数据，否则会影响网络的安全性。

## 6.5.2　创建 Cookie

在 PHP 中，通过 setcookie( )函数创建 Cookie。在创建 Cookie 前必须了解的是，Cookie 是 HTTP 头标的组成部分，头标必须在页面其他内容前发送，必须先输出，即使在 setcookie( )函数前输出 HTML 标记或 echo 语句甚至一个空行都会导致程序出错，其语法格式如下：

```
bool setcookie(string name[, string value[, int expire[, string path[, string domain[, bool secure]]]]])
```

setcookie( )函数的参数说明如表 6-6 所示。

表 6-6　setcookie( )函数的参数说明

| 参　数 | 说　明 | 举　例 |
|---|---|---|
| name | Cookie 的变量名 | 通过$_COOKIE["cookiename"]调用变量名为 cookiename 的 Cookie |
| value | Cookie 变量的值，存储在客户端，不能用来存储敏感数据 | 通过$_COOKIE["values"]获取名为 values 的值 |
| expire | Cookie 的失效时间，expire 是标准的 UNIX 时间标记，可用 time()函数或 mktime()函数获取，单位为秒 | 若不设置 Cookie 的失效时间，则 Cookie 永远有效，除非手动将其删除 |
| path | Cookie 在服务器的有效路径 | 若设置为"/"，则在整个 domain 中有效；若设置为"/11"，则在 domain 下的"/11"目录及其子目录内有效。默认是当前目录 |
| domain | Cookie 有效的域名 | 若使 Cookie 在 phei.com.cn 域名下的所有子域都有效，应将其设置为 phei.com.cn |
| secure | Cookie 是否仅通过安全的 HTTPS，值为 0 或 1 | 若为 1，则 Cookie 只能在 HTTPS 连接上有效；若为默认值 0，则 Cookie 在 HTTP 和 HTTPS 连接上均有效 |

**【例 6-16】** 使用 setcookie( )函数创建 Cookie 的实例。

```php
<?php
    setcookie("TMCookie", 'www.phei.com.cn');
    // 设置 Cookie 有效时间为 60 秒
    setcookie("TMCookie", 'www.phei.com u.cn', time()+60);
    // 设置 Cookie 有效时间为 60 秒，有效目录为"/tm/"，有效域名为"phei.com.cn"及其所有子域名
    setcookie("TMCookie", $value, time()+3600, "/tm/",". phei.com.cn", 1);
?>
```

运行后，页面显示"done"。通过浏览器的开发者工具查看标头，会显示如下信息：

```
Connection: Keep-Alive
Content-Length: 5
Content-Type: text/html; charset=UTF-8
Date: Fri, 10 Jun 2022 08:17:59 GMT
Keep-Alive: timeout=5, max=100
Server: Apache/2.4.51 (Win64) OpenSSL/1.1.1l PHP/8.0.12
Set-Cookie: ymCookie1=www.cau.edu.cn
Set-Cookie: ymCookie2=www.cau.edu.cn; expires=Fri, 10-Jun-2022 08:18:59 GMT; Max-Age=60
Set-Cookie: ymCookie=cau; expires=Fri, 10-Jun-2022 09:17:59 GMT; Max-Age=3600; path=tm/;
domain=.phei.com.cn; secure
X-Powered-By: PHP/8.0.12
```

运行本例，在 Cookie 文件夹下会自动生成一个 Cookie 文件：administrator@1[1].txt，Cookie 的有效期为 60 秒。在 Cookie 失效后，Cookie 文件自动删除。

## 6.5.3　读取 Cookie

与表单数据存储在数组$\_POST[]或 S\_GET[]中类似，setcookie( )函数生成的 Cookie 数据存储在超级全局数组$\_COOKIE[]中，PHP 脚本可以通过$\_COOKIE[]来获取 Cookie 数据，具体语法格式如下：

```
$value=$_COOKIE["name"]
```

其中，$value 表示一个变量，存储从 Cookie 中获取的数据；name 是一个字符串，表示 Cookie 信息的 name 值。下面演示$\_COOKIE[]的用法。

**【例 6-17】** 用 print\_r( )函数读取 Cookie 变量。

```php
<?php
    if(!isset($_COOKIE["visittime"])) {             // 判断 Cookie 文件是否存在，若不存在
        setcookie("visittime", date("y-m-d H:i:s"));  // 设置一个 Cookie 变量
        echo "欢迎您第一次访问网站！";               // 输出字符串
    }
    else {                                          // 若 Cookie 文件存在
        // 设置带 Cookie 失效时间的变量
        setcookie("visittime",date("y-m-d H:i:s"),time()+60);
        // 输出上次访问网站的时间
        echo "您上次访问网站的时间为：".$_COOKIE["visittime"];
        echo "<br>";                                // 输出回车符
    }
    echo "您本次访问网站的时间为：".date("y-m-d H:i:s");  // 输出当前的访问时间
```

```
?>
```

上述代码首先使用 isset( )函数检测 Cookie 文件是否存在，若不存在，则使用 setcookie( )函数创建一个 Cookie，并输出相应的字符串；若存在，则使用 setcookie( )函数设置 Cookie 文件失效的时间，并输出用户上次访问网站的时间；最后在页面中输出访问本次网站的当前时间。首次运行本实例，由于没有检测到 Cookie 文件，其运行结果如下：

```
欢迎您第一次访问网站！您本次访问网站的时间为：2022-06-29 15:14:12
```

如果用户在 Cookie 设置到期时间（本例为 60 秒）前刷新或再次访问该实例，运行结果如下：

```
您上次访问网站的时间为：2022-06-29 15:14:12
您本次访问网站的时间为：2022-06-29 15:18:55
```

🔊 **注意：** 若未设置 Cookie 的到期时间，则在关闭浏览器时自动删除 Cookie 数据；若设置了 Cookie 的到期时间，浏览器将会记住 Cookie 数据，即使用户重新启动计算机，只要时间没到期，再访问网站时也会获得上次运行的数据信息。

## 6.5.4　删除 Cookie

当 Cookie 被创建后，如果没有设置它的失效时间，其 Cookie 文件会在关闭浏览器时自动删除。那么，如何在关闭浏览器之前删除 Cookie 文件呢？有两种方法：一种是使用 setcookie( )函数删除 Cookie，另一种是使用浏览器手动删除 Cookie。

### 1．使用 setcookie()函数删除 Cookie

删除 Cookie 和创建 Cookie 的方式基本类似，删除 Cookie 也使用 setcookie( )函数。删除 Cookie 只需要将 setcookie( )函数中的第二个参数设置为空值，将第三个参数即 Cookie 的过期时间设置为小于系统的当前时间即可。

例如，将 Cookie 的过期时间设置为当前时间减 1 秒。

```
setcookie("name", "", time()-1);
```

在上述代码中，time( )函数返回以秒表示的当前时间戳，把过期时间减 1 秒就会得到过去的时间，从而删除 Cookie。

✏️ **说明：** 把过期时间设置为 0，可以直接删除 Cookie。

### 2．使用浏览器手动删除 Cookie

在使用 Cookie 时，Cookie 自动生成一个文本文件存储在浏览器的 Cookies 临时文件夹中。使用浏览器删除 Cookie 文件是非常便捷的方法：选择浏览器的"工具"/"Internet 选项"命令，打开"Internet 选项"对话框，在"常规"选项卡中单击"删除 Cookies"按钮，弹出"删除 Cookies"对话框，单击"确定"按钮，即可成功删除全部 Cookie 文件。

## 6.5.5　Cookie 的生命周期

如果 Cookie 不设置过期时间，就表示它的生命周期为浏览器的会话时间，只要关闭浏览器，Cookie 就会自动消失。这种 Cookie 被称为会话 Cookie，一般不存储在硬盘上，而是存储在内存中。

如果设置了过期时间，那么浏览器会把 Cookie 存储到硬盘中，再次打开浏览器时依然有效，直到它的有效期超时。

虽然 Cookie 可以长期存储在客户端浏览器中，但不是一成不变的。因为浏览器允许最多存储 300 个 Cookie 文件，而且每个 Cookie 文件支持的最大容量为 4 KB；每个域名最多支持 20 个 Cookie，如果达到限制时，浏览器就会自动地随机删除 Cookie。

【例 6-18】 使用 Cookie 实现显示用户的访问次数。

```php
<?php
    // put your code here
    header("Content-type:text/html;charset=UTF-8");
    // 第一次访问，Cookie 不存在，创建 Cookie
    if(!isset($_COOKIE['visit'])) {
        $visitcount = 1;
        setcookie('visit', $visitcount, time()+3600*24*365);
    }
    else {                          // 后续访问，每次访问次数加 1，修改 Cookie 信息中的值
        $visitcount = $_COOKIE['visit']+1;
        setcookie('visit', $visitcount, time()+3600*24*365);
    }
    if($visitcount > 1){
        echo "这是你第$visitcount 次访问。";
    }
    else{
        echo "欢迎你首次访问。";
    }
?>
```

Cookie 在实际的使用过程中存在一些不足。

❖ 因为在浏览器中可以看到 Cookie 的值，所以安全性低。

❖ 因为 Cookie 只能存储字符串和数字，所以可控性差。

❖ 因为数据放在请求头中传输，所以增加了请求时的数据负载。

❖ 因为数据存储在浏览器中，但浏览器存储空间是有限制的，所以一般是 4 KB。

# 6.6  Session 技术

Session 也是一种跟踪和识别用户的解决方案，但从某些应用场景来看，Session 比 Cookie 功能更强大。Session 与 Cookie 的区别在于，Cookie 将数据存储在客户端（浏览器），而 Session 将数据存储在服务器端，因此 Session 比 Cookie 拥有更多的优势。

Session 是一种服务器端的技术，它的生命周期从用户访问站点开始。Web 服务器在运行时可以为每个用户的浏览器创建一个供其独享的 Session 文件。当开启一个 Session 时，PHP 会创建一个随机的 Session_id。每个用户的 Session 都会有一个自己的 Session_id，服务器根据 Session_id 将 Session 信息与用户关联。

Session 会话文件中存储的数据是在 PHP 脚本中以变量的形式创建的，创建的会话变量在生命周期（20 分钟）中可以被跨页的请求引用。另外，Session 是存储在服务器端的会话，相对更安全，并且不像 Cookie 那样有存储长度的限制。

## 6.6.1 了解 Session

### 1．什么是 Session

Session 被译为中文为"会话"，本义是指有始有终的一系列动作/消息，如打电话时从拿起电话拨号到挂断电话这中间的一系列过程可以称为一个 Session。

在计算机专业术语中，Session 是指一个终端用户与交互系统进行通信的时间间隔，通常是指从注册进入系统到注销退出系统所经过的时间。因此，Session 实际上是一个特定的时间概念。

### 2．Session 工作原理

当启动一个 Session 会话时，会有一个随机且唯一的 Session_id，也就是由 Session 的文件名生成的，这时 Session_id 存储在服务器的内存中。当我们关闭页面时，此 id 会自动注销，重新登录此页面，会再次生成一个随机且唯一的 id。

### 3．Session 的功能

Session 在 Web 技术中占有非常重要的分量。由于网页是一种无状态的连接程序，因此无法得知用户的浏览状态，必须通过 Session 记录用户的有关信息，以供用户再次以此身份对 Web 服务器提出要求时进行确认。例如，在电子商务网站中，通过 Session 记录用户登录的信息，以及用户购买的商品，如果没有 Session，那么用户会每进入一个页面都要登录一遍用户名和密码。

另外，Session 会话适合存储用户信息量比较少的情况。如果用户需要存储的信息量相对较少，并且内容不需要长期存储，就使用 Session 把信息存储到服务器端比较适合。

◁》 注意：Session 将信息存储在服务器上并通过 Session_id 来传递客户端的信息，Cookie 将信息以文本文件的形式存储在客户端并由浏览器进行管理和维护，所以使用 Session 比 Cookie 更安全。

## 6.6.2 创建 Session

创建一个 Session 需要通过几个步骤实现：启动 Session→注册 Session→使用 Session→删除 Session。

### 1．启动 Session

启动 PHP Session 的方式有两种：一种是使用 session_start( )函数，另一种是使用 session_register( )函数为 Session 登录一个变量来隐含地启动 Session。

◁》 注意：session_start( )函数在页面开始位置调用，然后 Session 变量被登录到数据$_SESSION。

在 PHP 中有两种方法可以创建 Session。

（1）通过 session_start( )函数创建一个 Session

在 PHP 中使用 session_start( )函数启动，其语法格式如下：

```
bool  session_start(void) ;
```

✎ **说明**：在使用 session_start( )函数前，浏览器不能有任何输出，否则会产生错误。

其中，bool 是 session_start( )函数的返回值类型。如果 Session 启动成功，该函数返回值为 true，否则返回 false。

【例 6-19】 使用 session_start( )启动 Session。

```php
<?php
    session_start();                                    // 启动 Session
    echo "当前 Session 的 ID: ".session_id();
?>
```

（2）通过 session_register( )函数创建 Session

使用 session_register( )函数为 Session 登录一个变量来隐含地启动 Session，但要求设置 php.ini 文件的选项，将 register_globals 指令设置为 on，然后重新启动 Apache 服务器。

📢 **注意**：使用 session_register( )函数时不需要调用 session_start( )函数，PHP 会在注册变量后隐含地调用 session_start( )函数。

### 2．注册 Session

Session 变量被启动后，全部存储在数组$_SESSION 中。通过数组$_SESSION 创建一个 Session 变量很容易，直接给该数组添加一个元素即可。

由于 Session 中的数据都存储在超全局数组$_SESSION[]中，因此从 Session 中读取数据就要操作超全局数组$_SESSION[]。

通过$_SESSION[]读取 Session 中数据的方式如下：

```
$value = $_SESSION["key"]
```

其中，$value 表示一个变量，用来存储从$_SESSION[]中获取的数据；key 是$_SESSION[]数组中元素对应的字符串下标。

【例 6-20】 向 Session 中添加数据，并从 Session 中读取添加的数据。

```php
<?php
    session_start();                                    // 启动 Session
    $_SESSION['username'] = 'root';
    $_SESSION['pwd'] = '123456';
    // 读取 Session 的数据
    $value_1 = $_SESSION['username'];
    $value_2 = $_SESSION['pwd'];
    echo "用户名: $value_1 ,密码: $value_2";
?>
```

### 3．使用 Session

首先判断 Session 变量是否存在 Session_id，如果不存在，就创建一个，并且使其能够通过全局数组$_SESSION 进行访问；如果已经存在，将这个已注册的 Session 变量载入，以供用户使用。例如，判断存储用户名的 Session 变量是否为空，若不为空，则将该

Session 变量赋给$myvalue。

```php
<?php
    if(!empty($_SESSION['session_name']))          // 判断用于存储用户名的 Session 会话变量是否为空
        $myvalue = $_SESSION['session_name'];      // 将会话变量赋给一个变量$myvalue
?>
```

### 4．删除 Session

删除 Session 的方法主要有 3 种：删除单个 Session，删除多个 Session，结束当前的 Session。

（1）删除单个 Session

删除 Session 变量同数组的操作一样，直接注销$_SESSION 数组的某个元素即可。例如，注销$_SESSION['user']变量，可以使用 unset( )函数。

```php
unset($_SESSION['user']);
```

**注意：** 使用 unset( )函数时，$_SESSION 数组中的元素不能省略，即不可以一次注销整个数组，否则会禁止整个 Session 的功能，如 unset($_SESSION)函数会将全局变量$_SESSION 销毁，而且无法恢复，用户也不能再注册$_SESSION 变量。如果删除多个或全部 Session 变量，可采用下面的两种方法。

（2）删除多个 Session

如果一次注销所有 Session 变量，就可以将一个空的数组赋值给$_SESSION。

```php
$_SESSION = array();
```

（3）结束当前的 Session

如果整个 Session 已经结束，应先注销所有 Session 变量，再使用 session_destroy( )函数清除当前的 Session，并清空 Session 中的所有资源，彻底销毁 Session。

```php
session_destroy();
```

【例 6-21】 删除 Session 中的数据。

```php
<?php
    session_start();                        // 启动 Session
    $_SESSION['username'] = 'root';
    $_SESSION['pwd'] = '123456';
    unset($_SESSION['username']);           // 指定删除 Session 中的某个数据
    $_SESSION = array();                    // 清空 Session 的值
    session_destroy();                      // 销毁 Session
    echo "SessionID:". session_id();
?>
```

## 6.6.3 使用 Session 设置时间

在大多数论坛中都会在登录时对登录时间进行选择，如存储一个星期、存储一个月等，这时可以通过Cookie设置登录的失效时间。现在可能很多人会说，Cookie不是不如Session安全吗？我们是否可以使用 Session 设置登录的失效时间？答案是肯定的。我们对 Session 的失效时间设置分为两种情况。

## 1．客户端没有禁止 Cookie

【例6-22】使用 session_set_cookie_params( )函数设置 Session 的失效时间，此函数是 Session 结合 Cookie 设置的失效时间，如让 Session 在 1 分钟后失效。

```php
<?php
    $time = 1 * 60;                                    // 设置 Session 失效时间
    session_set_cookie_params($time);                  // 使用函数
    session_start();                                   // 初始化 Session
    $_SESSION[username] = 'cau';
?>
```

📢 注意：session_set_cookie_params( )函数必须在 session_start( )函数前调用。

✎ 说明：不推荐使用此函数，在一些浏览器上会出现问题，所以一般手动设置失效时间。

【例6-23】用 setcookie( )函数对 Session 设置失效时间，如让 Session 在 60 秒后失效。

```php
<?php
    session_start();
    $time = 1 * 60;                                    // 给出 Session 失效时间
    // 使用 setcookie()函数手动设置 Session 失效时间
    setcookie(session_name(), session_id(), time()+$time,"/");
    $_SESSION['user'] = "cau";
?>
```

✎ 说明：session_name 是 Session 的名称；session_id 是判断客户端用户的标识，是随机产生且唯一的名称，所以 Session 是安全的，当然并不是绝对安全的。Session 的失效时间与 Cookie 的失效时间设置方法一样，最后一个参数为可选参数，是放置 Cookie 的路径。

## 2．客户端禁用 Cookie

当客户端禁用 Cookie 时，Session 页面间的传递会失效，我们可以将客户端禁止 Cookie 想象成一家大型连锁超市，如果在其中一家超市内办理了会员卡，但是超市之间并没有联网，那么我们的会员卡就只能在办理的那家超市使用。解决客户端禁用 Cookie 的问题有以下几种方法。

① 在登录前告知用户必须打开 Cookie。

② 设置 php.ini 文件中的 session.use_trans_sid = 1，或者在编译时打开了 enable-trans-sid 选项，让 PHP 自动跨页面传递 session_id。

③ 通过使用 GET 方式隐藏表单传递 session_id。

④ 使用文件或数据库存储 session_id，在页面间传递时手动调用。

我们不对第②种方法进行详细讲解，因为根据需要建设网站我们并不能修改服务器中的 php.ini 文件。第③种方法不可以使用 Cookie 设置存储时间，但是登录情况没有变化。第④种方法也是非常重要的一种，在开发企业级网站时，如果遇到 Session 文件将服务器速度带慢，就可以使用。在 Session 高级应用中会对其进行详细讲解。

【例6-24】使用 GET 方式传输关键字。

```html
<form id="form1" name="form1" method="get" action="common.php? <?=session_name(); ?>=<?=
session_id(); ?>">
```

接收页面头部详细代码：

```php
<?php
    $sess_name = session_name();                  // 取得 Session 名称
    $sess_id = $_GET[$sess_name];                 // 取得 session_id 的 GET 方式
    session_id($sess_id);                         // 关键步骤
    session_start();
    $_SESSION['admin'] = 'moe';
?>
```

说明：Session 原理为请求该页面产生一个 session_id，如果这时禁止了 Cookie，就无法传递 session_id，在请求下一个页面时会重新产生一个 session_id，就造成了 Session 在页面间的传递失效。

# 6.7 Session 高级应用

## 6.7.1 Session 临时文件

在服务器中，如果将所有用户的 Session 都存储到临时目录中，会降低服务器的安全性和效率，导致打开服务器所在的站点非常慢。

【例 6-25】 用 PHP 函数 session_save_path( )存储 session 临时文件，缓解因临时文件的存储导致服务器效率降低和站点打开缓慢的问题，实例如下。

```php
<?php
    $path = './tmp/';                             // 设置 Session 存储路径
    session_save_path($path);
    session_start();                              // 初始化 Session
    $_SESSION[username] = true;
?>
```

注意：session_save_path( )函数应该在 session_start( )函数前调用。

## 6.7.2 Session 缓存

Session 缓存是将网页中的内容临时存储到客户端浏览器的 Temporary Internet Files 文件夹下，并且可以设置缓存的时间。当网页第一次被浏览后，页面的部分内容在规定的时间内就被临时存储在客户端的临时文件夹中，这样我们在下次访问这个页面时，就可以直接读取缓存中的内容，从而提高网站的浏览效率。

Session 缓存完成使用的是 session_cache_limiter( )函数，其语法格式如下：

```
string session_cache_limiter([string cache_limiter])
```

其中，参数 cache_limiter 为 public 或 private。同时，Session 缓存并不是指在服务器端缓存而是在客户端缓存，在服务器中没有显示。

设置缓存时间使用的是 session_cache_expiry( )函数，其语法格式如下：

```
int session_cache_expire([int new_cache_expire])
```

其中，参数 cache_expire 是 Session 缓存的时间，单位是分钟。

🔊 **注意：** 这两个 Session 缓存函数必须在 session_start( )调用前使用，否则会出错。

【例 6-26】 通过实例了解 Session 缓存页面过程。

```php
<?php
    session_cache_limiter('private');
    $cache_limit = session_cache_limiter();         // 开启客户端缓存
    session_cache_expire(30);
    $cache_expire = session_cache_expire();         // 设置客户端缓存时间
    session_start();
?>
```

运行后没有任何显示。

## 6.7.3 Session 综合应用案例

### 1．需求分析

用户登录是大部分 Web 应用必备的功能，一般由以下步骤组成：当用户进入站点首页时，若未登录，则页面会提示用户完成登录并提供跳转到登录页面的超链接；当用户登录时，若用户名和密码都正确，则登录成功，否则登录失败并自动跳转到登录页面。登录成功后，还可以单击"退出"超链接退出登录。

在通常情况下，用户登录是通过 Session 实现的，同时登录状态的保持离不开 Session 功能的支持。

### 2．编码实现

明确业务需求后，然后按照需求进行编码，通过用户访问网站首页 index.php、用户登录页面 login.html、用户登录脚本 login.php、用户退出脚本 logout.php 实现用户登录功能，具体如下。

① 编写用户访问网站首页 index.php，具体实现代码如下：

```php
<?php
    session_start();                                    // 启动 Session
    if(isset($_COOKIE['username'])){                    // 判断 Cookie 是否已经记录用户信息
        $_SESSION['username'] = $_COOKIE['username'];
        $_SESSION['status'] = 1;
    }
    if(isset($_SESSION['status'])) {                    // 若为真，则表示已经登录
        echo $_SESSION['username'].",您好，欢迎来到会员中心!<br>";
        echo "<a href='logout.php'>退出</a>";
    }
    else {                                              // 若没有登录，则给出提示语句
        echo "您还没有登录，请先<a href='login.html'>登录</a>";
    }
?>
```

② 编写用户登录页面 login.html，具体实现代码如下：

```
<form action="login.php" method="post">
    用户登录<br>
    用户名：<input type="text" name="username"><br>
    密码：<input type="password" name="pwd"><br>
    <input type="checkbox" name="remember" value="ok">7天内自动登录<br>
    <input type="submit" name="btnlogin">
</form>
```

③ 编写用户登录脚本 login.php，具体实现代码如下：

```php
<?php
    session_start();
    // 获取数据
    if(isset($_POST['btnlogin'])) {
        $username = trim($_POST['username']);
        $pwd = trim($_POST['pwd']);
        if(($username == '') || ($pwd == '')) {          // 用户名或密码不能为空
            header("refresh:3;url=login.html");
            echo "你输入的用户名或密码不能为空，3秒后跳转到登录页面";
            exit;
        }
        elseif(($username != 'root') && ($pwd != '123456')) {  // 用户名或密码输入错误
            header("refresh:3;url=login.html");
            echo "你输入的用户名或密码错误，3秒后跳转到登录页面";
            exit;
        }
        elseif(($username == 'root') && ($pwd == '123456')) {  // 登录成功,将用户信息存入 Session
            $_SESSION['username'] = $username;
            $_SESSION['status'] = 1;
            if($_POST['remember'] == 'ok'){                // 若勾选7天内自动登录，则将其存入 Cookie
                setcookie("username",$username,time()+7*24*3600);
                setcookie("pwd",md5($username.md5($pwd)),time()+7*24*3600);
            }
            else {                                          // 若没有勾选，则删除 Cookie
                setcookie("username",'',time()-1);
                setcookie("pwd",'',time()-1);
            }
            header("location:index.php");                   // 跳转到首页
        }
    }
?>
```

④ 编写用户退出脚本 logout.php，具体实现代码如下：

```php
<?php
    session_start();
    $username = $_SESSION['username'];
    // 清空 Session
    $_SESSION = array();
    session_destroy();
    // 清除 Cookie
    setcookie("username", '', time()-1);
```

```
    setcookie("pwd", '', time()-1);
    echo $username.", 欢迎下次光临！";
    echo "重新<a href=login.html>登录</a>";
?>
```

# 6.8 PHP 页面跳转

## 6.8.1 header()函数

header()函数是 PHP 中进行页面跳转的一种十分简单的方法。header()函数的主要功能是将 HTTP 标头（header）输出到浏览器，其语法格式如下：

```
void header(string string [,bool replace [,int http_response_code]])
```

其中，可选参数 replace 指明是替换前一条类似标头还是添加一条相同类型的标头，默认为替换；可选参数 http_response_code 强制将 HTTP 相应代码设置为指定值。

header()函数中 Location 类型的标头是一种特殊的 header 调用，常用来实现页面跳转。

◀◍ 注意：① Location 与 ":" 之间不能有空格，否则不会跳转；② 在用 header 前不能有任何输出；③ header 后的 PHP 代码还会被执行。

【例 6-27】将浏览器重定向到"电子工业出版社"首页。

```
<?php
    header("Location:http://www.phei.com.cn");      // 重定向浏览器
    exit;                                            // 确保重定向后，后续代码不会被执行
?>
```

代码运行后，实现跳转到中国农业大学首页。

## 6.8.2 meta 标签

meta 标签是 HTML 中负责提供文档元信息的标签，在 PHP 程序中使用该标签也可以实现页面跳转。若定义 http-equiv 为 refresh，则打开该页面时将根据 content 规定的值在一定时间内跳转到相应的页面。

若设置"content="秒数;url=网址"",则定义了经过多长时间后页面跳转到指定的网址。例如，使用 meta 标签实现页面自动跳转到"电子工业出版社"首页。

```
<meta http-equiv = "refresh" content = "1;url=http://www.phei.com.cn" >
```

【例 6-28】实现在该页面中停留 1 秒后自动跳转到 www.phei.com.cn。

```
<?php
    $url="http://www.phei.com.cn";
?>
<html>
    <head>
```

```
    <meta http-equiv="refresh" content="1; url=<?php echo$url;?>">
</head>
<body>
    页面只停留 1 秒……
</body>
</html>
```

代码运行后 1 秒，跳转到"电子工业出版社"首页。

# 6.8.3　JavaScript 脚本

在 JavaScript 脚本中实现页面跳转，如

```
<?php
    $url = "http://www.phei.com.cn";
    echo "<script language='javascript' type='text/javascript'>";
    echo "window.location.href='$url'";
    echo "</script>";
?>
```

代码运行后，跳转到"电子工业出版社"首页。

也可以将代码放在按钮控件的 onclick 事件后，如

```
<input type="submit" name=" btnlogin " id="btnlogin" value="登录" onclick="JavaScript 语句">
```

# 6.8.4　在 HTML 标记中实现跳转

在 HTML 标记中，使用提交表单、文件超链接的方式都能够实现页面的跳转。

## 1．提交表单

将<form>标记的 action 属性设置为要跳转的页面，提交表单后，就跳转到该页面。例如：

```
<form name="form1" method="post" action="login.php">
    <input name="txtsno" type="text" id=" txtsno " size="6">
    <input type="submit" name=" btnlogin " id="btnlogin" value="登录">
</form>
```

## 2．文件超链接

文件超链接的语法格式如下：

```
<a href="文件名">
```

例如：

```
<a href="http://www.phei.com.cn/" target="_blank">跳转</a>
```

# 思考与练习

1．提交表单数据有哪几种方法，PHP 如何获取表单提交的数据？

2．如何完成对 Session 过期时间的设置？

3．禁用 Cookie 后 Seesion 还能用吗？

4．Cookie 的运行原理是什么？Session 的运行原理是什么？Session 与 Cookie 的区别有哪些？

5．设计一个 PHP 程序。实现在浏览器中输出 URL 方式时，可以输出 URL 中包含的多个参数值，输出时每个参数值占一行。

6．Cookie 在什么地方存储数据？Session 在什么地方存储数据？哪个更安全？

7．下列说法中不正确的是（　　　）。

A．使用 GET 方法向服务器提交的数据存储在$_GET 中

B．使用 POST 方法向服务器提交的数据存储在$_POST 中

C．使用 Cookie 方法向服务器提交的数据存储在$_COOKIE 中

D．$_REQUEST 包含了$_GET、$_POST 和$_COOKIE 中的数据

8．在浏览器地址栏中输入带参数的 URL 的数据提交方法是（　　　）。

A．GET　　　　　　B．POST　　　　　C．Cookie　　　　　D．Session

9．下列说法中正确的是（　　　）。

A．GET 方式是指在浏览器地址栏中输入数据

B．POST 方式是指通过 HTML 表单提交数据

C．在表单中可同时使用 GET 方式和 POST 方式提交数据

D．上述说法均不正确

10．Cookie 的值存储在（　　　）。

A．内存中　　　　　B．程序中　　　　　C．客户端　　　　　D．服务器端

11．下列说法中正确的是（　　　）。

A．Cookie 在客户端创建并存储在客户端 Cookie 文件中

B．Session 在服务器端创建并存储在服务器端 Session 文件中

C．Cookie 若未设置过期时间，则可永久有效

D．Session 和 Cookie 作用类似，可以替换使用

12．在用浏览器查看网页时出现 404 错误可能的原因是（　　　）。

A．页面源代码错误　　　　　　　　　B．文件不存在

C．与数据库连接错误　　　　　　　　D．权限不足

13．Session 会话的值存储在（　　　）。

A．硬盘上　　　　　B．网页中　　　　　C．客户端　　　　　D．服务器端

14．在 PHP 中包含所有客户端发出的 Cookie 数据的变量数组是（　　　）。

A．$_COOKIE　　　　　　　　　　　B．$_COOKIES

C．$_GETCOOKIE　　　　　　　　　D．$_GETCOOKIES

15．在 HTML 中嵌入 JavaScript，应该使用的标记是（　　　）。

A．<script language="JavaScript">　　B．<head> </head>

C．<body> </body>　　　　　　　　　D．<!--....//..>

16．读取 GET 方式传递的表单元素值的方法是（　　　）。

A．$_GET["名称"]　　　　　　　　　B．$get["名称"]

C．$GEG["名称"]　　　　　　　　　　D．$_get["名称"]

17. 下列选项中，（　　）函数用于启动 Session。

A．$_SESSION[]　　　　　　　　　B．$_COOKIE[]

C．session_start( )　　　　　　　　D．ob_start( )

18. 下列选项中，（　　）方式不能用于删除 Session 中的数据。

A．unset( )　　　　　　　　　　　B．$_SESSION=array( )

C．session_destroy( )　　　　　　　D．session_delete( )

19. 下列选项中，（　　）函数用于结束当前会话。

A．session_decode( )　　　　　　　B．session_close( )

C．session_start( )　　　　　　　　D．session_destroy( )

20. 下列选项中，（　　）属于 session_start( )函数的返回值类型。

A．bool　　　　　　B．object　　　　　　C．string　　　　　　D．array

21. 实现如下界面，并跳转后显示输入信息。

立即注册后，显示如下测试的数据信息。

用户名：admin
邮箱：caulihui@cau.edu.cn
密码：123
确认密码：202cb962ac59075b964b07152d234b70
性别：女
手机号：134****8366
你擅长的编程技术：Java

# 第 7 章 MySQL 数据库

作为程序中数据的主要载体，数据库在 Web 应用系统中扮演着重要的角色。PHP 可以与大多数数据库连接，但 MySQL 数据库是开源界公认的、与 PHP 结合得最好的数据库，具有安全、跨平台、体积小、高效等特点，可谓 PHP 的"黄金搭档"。

本章将对 MySQL 数据库的基础知识进行系统讲解，为第 8 章中实现 PHP 操作 MySQL 数据库打下坚实的基础。

## 7.1 MySQL 概述

MySQL 由瑞典 MySQLAB 公司开发。2008 年 1 月，MySQL 被美国的 SUN 公司收购。2009 年 4 月，SUN 公司又被 Oracle（甲骨文）公司收购。MySQL 进入 Oracle 产品体系后，获得了更多的研发投入，也注入了新的活力。目前，随着淘宝、百度、新浪微博等将部分业务数据迁移到 MySQL 数据库中，MySQL 以开源、免费、体积小、便于安装、功能强大等特点，成为全球最受欢迎的数据库管理系统之一。

在前面章节安装的 XAMPP 中已经集成了 MySQL 数据库，可以直接使用。此处不再讲述 MySQL 的安装过程。

### 1. MySQL 的特点

① MySQL 是一个关系数据库管理系统，把数据存储在表格中，使用标准的结构化查询语言——SQL 访问数据库。

② MySQL 是完全免费的，在网上可以随意下载，并且可以查看到它的源文件，进行必要的修改。

③ MySQL 服务器的功能齐全，运行的速度很快，十分可靠，有很好的安全性。

④ MySQL 服务器在客户/服务器模式或嵌入系统中使用，是客户/服务器结构的系统，能够支持多线程，支持多个不同的客户程序和管理工具。

### 2. SQL 和 MySQL

SQL（Structured Query Language，结构化查询语言）与其说是一门语言，不如说是一种标准：数据库系统的工业标准。大多数 RDBMS 开发商的 SQL 都基于这个标准，虽然在有些地方并不是完全相同的，但这并不妨碍他们对 SQL 的学习和使用。

下面给出 SQL 标准的关键字及其功能，如表 7-1 所示。

表 7-1  SQL 标准的关键字及其功能

| 类　型 | SQL 关键字 | 功　能 |
|---|---|---|
| 数据查询语言 | SELECT | 从一个或多个表中查询数据 |
| 数据定义语言 | CREATE/ALTER/DROP TABLE<br>CREATE/ALTER/DROP INDEX | 创建/修改/删除表<br>创建/修改/删除索引 |
| 数据操纵语言 | INSERT<br>DELETE<br>UPDATE | 向表中插入新数据<br>删除表中的数据<br>更新表中现有的数据 |
| 数据控制语言 | GRANT<br>REVOKE | 为用户赋予特权<br>收回用户的特权 |

# 7.2　操作 MySQL 数据库

针对 MySQL 数据库的操作可以分为 3 种：创建、选择和删除。

## 1．创建数据库

在 MySQL 中，应用 CREATE DATABASE 语句创建数据库，其语法格式如下：

```
CREATE DATABASE db_name;
```

其中，db_name 是要创建的数据库名称，该名称必须是合法的。

数据库的命名有如下规则。

① 不能与其他数据库重名。

② 名称可以由任意字母、数字、"_"或"$"组成，可以使用上述任意字符开头，但不能使用单独的数字，否则会造成与数值混淆。

③ 名称最长可由 64 个字符组成（还包括表、列和索引的命名），而数据库的别名最多长达 256 个字符。

④ 不能使用 MySQL 关键字作为数据库、表名。

【例 7-1】创建 bookinfo 数据库。

```
CREATE DATABASE  bookinfo;
```

## 2．选择数据库

USE 语句用于选择一个数据库，使其成为当前默认的数据库，其语法格式如下：

```
USE  db_name;
```

【例 7-2】选择名称为 bookinfo 的数据库。

```
USE  bookinfo;
```

## 3．删除数据库

删除数据库使用的是 DROP DATABASE 语句，其语法格式如下：

```
DROP DATABASE  db_name;
```

【例 7-3】通过 DROP DATABASE 语句删除名称为 bookinfo 的数据库。

```
DROP DATABASE bookinfo;
```

📢 **注意：** 删除数据库的操作，应该谨慎使用，一旦执行这项操作，数据库的所有结构和数据都会被删除，没有恢复的可能，除非数据库有备份。

# 7.3　操作 MySQL 数据表

MySQL 数据表的基本操作包括创建、查看、修改、重命名和删除。

## 7.3.1　创建数据表

创建数据表使用 CREATE TABLE 语句，其语法格式如下：

```
CREATE [TEMPORARY] TABLE [IF NOT EXISTS] 数据表名
[(create_definition, …)][table_options] [select_statement]
```

CREATE TABLE 语句的参数说明如表 7-2 所示。

表 7-2　CREATE TABLE 语句的参数说明

| 参　数 | 说　明 |
|---|---|
| TEMPORARY | 可选参数，表示创建一个临时表 |
| IF NOT EXISTS | 避免表存在时 MySQL 报告的错误 |
| create_definition | 表的列属性部分。MySQL 要求在创建表时，表至少包含一列 |
| table_options | 表的一些特性参数 |
| select_statement | SELECT 语句描述部分，可以快速创建表 |

下面介绍列属性 create_definition 部分，每列定义的具体格式如下：

```
col_name  type [NOT NULL | NULL] [DEFAULT default_value] [AUTO_INCREMENT]
          [PRIMARY KEY] [reference_definition]
```

属性 create_definition 的参数说明如表 7-3 所示。

表 7-3　属性 create_definition 的参数说明

| 参　数 | 说　明 |
|---|---|
| col_name | 字段名 |
| type | 字段类型 |
| NOT NULL \| NULL | 该列是否允许是空值，默认允许为空值，所以当不允许为空值时，必须使用 NOT NULL |
| DEFAULT default_value | 表示默认值 |
| AUTO_INCREMENT | 是否自动编号，每个表只有一个 AUTO_INCREMENT 列，并且必须被索引 |
| PRIMARY KEY | 　是否为主键。一个表只有一个 PRIMARY KEY。若表中没有 PRIMARY KEY，而某些应用程序需要 PRIMARY KEY，则第一个没有任何 NULL 列的 UNIQUE 键作为 PRIMARY KEY |
| reference_definition | 为字段添加注释 |

例如，创建一个简单的数据表，使用 CREATE TABLE 语句在 MySQL 数据库 bookinfo 中创建一个名为 tb_book 的数据表，该表共 8 个字段，则 SQL 语句如下：

```
CREATE TABLE 'tb_book' (
```

```
'id' int(11) NOT NULL AUTO_INCREMENT,
'isbn' varchar(50) CHARACTER SET utf8 COLLATE utf8_general_ci NULL DEFAULT NULL,
'bookname' varchar(50) CHARACTER SET utf8 COLLATE utf8_general_ci NULL DEFAULT NULL,
'author' varchar(50) CHARACTER SET utf8 COLLATE utf8_general_ci NULL DEFAULT NULL,
'press' varchar(50) CHARACTER SET utf8 COLLATE utf8_general_ci NULL DEFAULT NULL,
'price' float NULL DEFAULT NULL,
'typeno' varchar(20) CHARACTER SET utf8 COLLATE utf8_general_ci NULL DEFAULT NULL,
'remarks' varchar(200) CHARACTER SET utf8 COLLATE utf8_general_ci NULL DEFAULT NULL,
PRIMARY KEY ('id') USING BTREE
) ENGINE = InnoDB AUTO_INCREMENT = 1 CHARACTER SET = utf8 COLLATE = utf8_general_ci ROW_FORMAT = Compact;
```

◀» **注意**：在输入 SQL 语句时，可以一行全部输出，也可以每个字段都换行输出，这里建议换行输出，这样看上去美观、易懂，在语句出现错误时更容易查找。

## 7.3.2 查看数据表

创建成功的数据表可用 SHOW COLUMNS 语句或 DESCRIBE 语句查看数据表的结构。

### 1．SHOW COLUMNS 语句

SHOW COLUMNS 语句查看一个指定的数据表，其语法结构如下：

```
SHOW [FULL] COLUMNS  FROM 数据表名 [FROM 数据库名];
```

或

```
SHOW [FULL] COLUMNS  FROM 数据表名.数据库名;
```

【例 7-4】使用语句查看数据表 tb_book 表的结构。

```
SHOW COLUMNS tb_book;
```

### 2．DESCRIBE 语句

DESCRIBE 语句的语法结构如下：

```
DESCRIBE 数据表名;
```

其中，DESCRIBE 可以简写成 DESC。在查看表的结构时，也可以只列出某一列的信息，其语法结构如下：

```
DESCRIBE 数据表名 列名;
```

【例 7-5】用 DESCRIBE 语句的简写形式查看数据表中的某一列信息。

```
DESCRIBE tb_book;
```

## 7.3.3 修改数据表

修改数据表的结构使用 ALTER TABLE 语句。修改数据表的结构包括增加或删除字段、修改字段名称或字段类型、设置取消主键外键、设置取消索引及修改表的注释等，其语法结构如下：

```
ALTER[IGNORE] TABLE 数据表名 alter_spec[, alter_spec] …
```

其中，alter_spec 子句定义要修改的内容，其语法结构如下：

```
alter_specification:
    ADD [COLUMN] create_definition [FIRST | AFTER column_name ]      // 添加新字段
    | ADD INDEX [index_name] (index_col_name,…)                      // 添加索引名称
    | ADD PRIMARY KEY (index_col_name,…)                             // 添加主键名称
    | ADD UNIQUE [index_name] (index_col_name,…)                     // 添加唯一索引
    | ALTER [COLUMN] col_name {SET DEFAULT literal | DROP DEFAULT}   // 修改字段名称
    | CHANGE [COLUMN] old_col_name create_definition                 // 修改字段类型
    | MODIFY [COLUMN] create_definition                              // 修改子句定义字段
    | DROP [COLUMN] col_name                                         // 删除字段名称
    | DROP PRIMARY KEY                                               // 删除主键名称
    | DROP INDEX index_name                                          // 删除索引名称
    | RENAME [AS] new_tbl_name                                       // 更改表名
    | table_options
```

ALTER TABLE 语句允许指定多个动作，动作之间使用 "," 分隔，每个动作表示对表的一个修改。

📢 **注意**：在使用 ALTER TABLE 语句修改数据表时，若指定 IGNORE 参数，当出现重复的行时，则只执行一行，其他重复的行被删除。

【例 7-6】添加一个新的字段 publication（出版日期），类型为 DATE，NOT NULL。

```
ALTER TABLE tb_book ADD publicationDATE NOT NULL;
```

## 7.3.4　重命名数据表

重命名数据表使用 RENAME TABLE 语句，其语法结构如下：

```
RENAME TABLE 旧数据表名 TO 新数据表名
```

📢 **注意**：RENAME TABLE 语句可以同时对多个数据表进行重命名，多个表之间以 "," 分隔。

【例 7-7】对数据表 tb_book 进行重命名，重命名后的数据表为 book。

```
RENAME TABLE tb_book TO book;
```

## 7.3.5　删除数据表

删除数据表使用 DROP TABLE 语句，其语法结构如下：

```
DROP TABLE 数据表名;
```

【例 7-8】删除数据表 tb_book。

```
DROP TABLE tb_book;
```

在删除数据表的过程中，删除一个不存在的表将产生错误，若在删除语句中加入 IF EXISTS 关键字，则不会出错，其语法结构如下：

```
DROP TABLE IF EXISTS 数据表名;
```

📢 **注意**：删除数据表的操作应该谨慎使用。一旦删除数据表，那么表中的数据将全部清除，没有备份则无法恢复。

📢 **注意**：在执行 CREATE TABLE、ALTER TABLE 和 DROP TABLE 中的任何操作时，

必须选择数据库，否则无法对数据表进行操作。

# 7.4　操作 MySQL 数据

数据库中包含数据表，而数据表中包含数据。MySQL 与 PHP 结合应用时，真正被操作的是数据表中的数据，因此如何更好地操作和使用这些数据才是使用 MySQL 数据库的根本。

## 7.4.1　向数据表中添加数据

建立一个数据库，并在数据库中创建一个数据表，应先向数据表中添加数据。这项操作可以通过 INSERT 语句来完成。

下面通过向 bookinfo 数据库的 tb_book 表中添加一条记录介绍 INSERT 语句的 3 种语法。

① 列出新添加数据的所有值，其语法结构如下：

```
INSERT INTO table_name VALUES (value1,value2, …)
```

② 给出要赋值的列，再给出值，其语法结构如下：

```
INSERT INTO table_name(column_name, column_name2, …) VALUES(value1, value1, …)
```

③ 以 col_name = value 的形式给出列和值，其语法结构如下：

```
INSERT INTO table_name SET column_name1 = value1, column_name2 = value2, …
```

◀» 注意：采用第①种语法格式的优点是输入的 SQL 语句短小，查找错误方便，缺点是，如果字段很多，就不容易看到数据是属于哪一列的，不易匹配。

【例 7-9】 向 tb_book 表插入一组数据。

```
INSERT INTO tb_book(isbn, bookname, author, press, price, typeno, remarks)
 VALUES('9787121560548','Web 程序设计', '李辉', '电子工业出版社', 49, '1', '热销书');
```

## 7.4.2　更新数据表中的数据

更新数据使用 UPDATE 语句，其语法结构如下：

```
UPDATE table_name
SET column_name = new_value1, column_name2 = new_value2, …
WHERE condition
```

其中，table_name 是更新的表名称；SET 子句指出要修改的列和它们给定的值；WHERE 子句是可选的，若应用，则指定记录中哪行应该被更新，否则所有记录行都将被更新。

【例 7-10】 将图书信息表 tb_book 中 ISBN 为 9787121560548 图书备注信息（remarks）"热销书"修改为"畅销书"。

```
UPDATE tb_book SET remarks='畅销书'  WHERE isbn='9787302560548';
```

◀» 注意：更新时一定保证 WHERE 子句的正确性，一旦 WHERE 子句出错，会破坏所有改变的数据。

## 7.4.3 删除数据表中的数据

删除数据使用 DELETE 语句，其语法结构如下：

```
DELETE FROM table_name WHERE condition
```

该语句在执行过程中，删除 table_name 表中的记录，若没有指定 WHERE 条件，则删除所有记录；若指定 WHERE 条件，则按照指定的条件进行删除。

【例 7-11】 删除数据表 tb_book 中 ISBN 号为 9787121560548 的图书信息。

```
DELETE FROM tb_book WHERE isbn='9787302560548';
```

📢 注意：

① 在实际的应用中，在执行删除操作时，执行删除的条件一般应该为数据的 id，而不是某个具体字段值，这样可以避免出现一些不必要的错误。

② 使用 DELETE 语句删除整个表的效率并不高，还可以使用 TRUNCATE 语句，以很快地删除表中的所有内容。

## 7.4.4 查询数据表中的数据

创建数据库的目的不仅是存储数据，更重要的是使用其中的数据。要从数据表中查询数据，使用的是 SELECT 查询语句。SELECT 语句的语法结构如下：

```
SELECT selection_list              // 要查询的内容，选择哪些列
  FROM table_list                  // 从什么表中查询，从何处选择行
  WHERE primary_constraint         // 查询时需要满足的条件，行必须满足的条件
  GROUP BY grouping_columns        // 如何对结果进行分组
  ORDER BY sorting_cloumns         // 如何对结果进行排序
  HAVING secondary_constraint      // 查询时满足的第二条件
  LIMIT count                      // 限定输出的查询结果
```

下面对 SELECT 查询语句的参数进行详细的讲解。

### 1．selection_list

设置查询内容。如果要查询表中的所有列，可以将其设置为"*"；若查询表中的某一列或多列，则直接输入列名，并以","作为分隔符。

【例 7-12】 查询 tb_book 数据表中的所有列和查询 name 和 author 列。

```
SELECT *  FROM tb_book;                      // 查询数据表中的所有数据
SELECT bookname, author FROM tb_book;        // 查询数据表中 bookname 和 author 列的数据
```

### 2．table_list

指定查询的数据表，既可以从一个数据表中查询，又可以从多个数据表中查询，多个数据表之间用","进行分隔，并且通过 WHERE 子句使用连接运算确定表之间的联系。

【例 7-13】 从 tb_book 和 tb_type 数据表中查询图书类别为"计算机编程"的书名、作者和类别。

```
SELECT bookname, author, type  FROM tb_book, tb_bookinfo
    WHERE tb_book.typeno = tb_type.typeno AND type= '计算机编程';
```

在上述 SQL 语句中，因为两个数据表都有 id 字段，为了告诉服务器要显示的是哪个数据表中的字段信息，要加上前缀，其语法格式如下：

表名.字段名

tb_book.typeno = tb_type.typeno 将数据表 tb_book 和 tb_type 连接起来，被称为等值连接；如果不使用 tb_book.typeno = tb_type.typeno，那么产生的结果将是两个表的笛卡儿积，被称为全连接。

### 3．WHERE 条件语句

在使用查询语句时，如果从很多记录中查询需要的记录，就需要一个查询的条件。只有设定了查询的条件，查询才有实际的意义。设定查询条件应用的是 WHERE 子句。

WHERE 子句的功能非常强大，可以实现很多复杂的条件查询。在使用 WHERE 子句时需要使用一些比较运算符，常用的比较运算符如表 7-4 所示，其中的 id 是记录的编号，name 是表中的用户名。

表 7-4　WHERE 子句常用的比较运算符

| 运算符 | 名　称 | 示　例 | 运算符 | 名　称 | 示　例 |
|---|---|---|---|---|---|
| = | 等于 | id=5 | IS NOT NULL | 判断不为空 | id IS NOT NULL |
| > | 大于 | id>5 | BETWEEN | 两个值的范围内 | id BETWEEN1 AND 15 |
| < | 小于 | id<5 | IN | 左侧的值在右侧列表中 | id IN (3,4,5) |
| => | 大于或等于 | id=>5 | NOT IN | 左侧的值不在右侧列表中 | name NOT IN (shi,li) |
| <= | 小于或等于 | id<=5 | LIKE | 模式匹配 | name LIKE ('shi%') |
| !=或<> | 不等于 | id!=5 | NOT LIKE | 模式匹配 | name NOT LIKE ('shi%') |
| IS NULL | 判断为空 | id IS NULL | REGEXP | 常规表达式 | name 正则表达式 |

【例 7-14】用 WHERE 子句查询 tb_book 表，条件是 author（作者）为'李辉'的所有图书。

```
SELECT *  FROM tb_book  WHERE author = '李辉';
```

### 4．GROUP BY 对结果分组

GROUP BY 子句可以将数据划分到不同的组中，实现对记录进行分组查询。在查询时，所查询的列必须包含在分组的列中，目的是使查询到的数据没有矛盾。在与 AVG()函数或 SUM()函数一起使用时，GROUP BY 子句能发挥最大作用。

【例 7-15】查询 tb_book 表，按照 press 进行分组，计算每个出版社图书的平均价格。

```
SELECT press, avg(price)  FROM tb_book  GROUP BY press;
```

### 5．DISTINCT 在结果中去除重复行

使用 DISTINCT 关键字可以去除结果中重复的行。

【例 7-16】查询 tb_book 表，在结果中去除类型字段 author 中的重复数据。

```
SELECT DISTINCT author  FROM tb_book;
```

### 6．ORDER BY 对结果排序

ORDER BY 子句可以对查询的结果进行升序和降序排列，在默认情况下，按升序输出

结果。如果按降序排列，可以使用 DESC 实现。

在对包含 NULL 值的列进行排序时，如果是按升序排列的，NULL 值将出现在最前，如果是按降序排列的，NULL 值将出现在最后。

【例 7-17】 查询 tb_book 表中的所有信息，按照 id 进行降序排列且只显示 3 条记录。

```
SELECT * FROM tb_book ORDER BY id DESC LIMIT 3;
```

### 7. LIKE 模糊查询

LIKE 属于较常用的比较运算符，通过它可以实现模糊查询。它有两种通配符："%"和下画线"_"。"%"可以匹配一个或多个字符，而"_"只匹配一个字符。

【例 7-18】 查找所有第二个字母是"h"的图书。

```
SELECT * FROM tb_book WHERE name LIKE('_h%');
```

### 8. concat 联合多列

concat 函数可以联合多个字段，构成一个总的字符串。

【例 7-19】 把 tb_book 表中的书名（book name）和价格（price）合并到一起，构成一个新的字符串。

```
SELECT isbn, concat(bookname, ":", price) AS info FROM tb_book;
```

其中，合并后的字段名为 concat 函数形成的表达式 concat(bookname,":",price)，看上去十分复杂，通过 AS 关键字给合并字段取一个别名，这样就清晰了。

### 9. LIMIT 限定结果行数

LIMIT 子句可以对查询结果的记录条数进行限定，控制输出的行数。

【例 7-20】 查询 tb_book 表，按照图书价格降序排列，显示 3 条记录。

```
SELECT * FROM tb_book ORDER BY price DESC LIMIT 3;
```

LIMIT 关键字还可以从查询结果的中间部分取值。首先定义两个参数，参数一是开始读取的第一条记录的编号（在查询结果中，第一个结果的记录编号是 0，而不是 1），参数二是要查询记录的个数。

【例 7-21】 查询 tb_book 表，从编号 1 开始（即从第 2 条记录）查询 4 条记录。

```
SELECT * FROM tb_book WHERE ID LIMIT 1,4;
```

### 10. 使用函数和表达式

在 MySQL 中，可以使用表达式计算各列的值作为输出结果。表达式还可以包含一些函数。

【例 7-22】 计算 tb_book 表中各类图书的总价格。

```
SELECT sum(price) AS total, type FROM tb_book GROUP BY type;
```

在对 MySQL 数据库进行操作时，有时需要对数据库中的记录进行统计，例如，求平均值、最小值、最大值等，可以使用 MySQL 中的统计函数，常用的统计函数如表 7-5 所示。

除了使用函数，还可以使用算术运算符、字符串运算符，以及逻辑运算符来构成表达式。

【例 7-23】 计算图书打八折后的价格。

```
SELECT *, (price * 0.8) AS '80%' FROM tb_book;
```

表 7-5　常用的统计函数

| 名　　称 | 说　　明 |
|---|---|
| avg(字段名) | 获取指定列的平均值 |
| count(字段名) | 若指定了一个字段，则会统计出该字段中的非空记录。若在前面增加 DISTINCT 关键字，则会统计不同值的记录，相同的值当作一条记录。若使用 count(*)，则统计包含空值的所有记录数 |
| min(字段名) | 获取指定字段的最小值 |
| max(字段名) | 获取指定字段的最大值 |
| std(字段名) | 指定字段的标准背离值 |
| stdtev(字段名) | 与 std 相同 |
| sum(字段名) | 指定字段所有记录的总和 |

# 7.5　MySQL 数据类型

在 MySQL 数据库中，每条数据都有其数据类型。MySQL 支持的数据类型主要分成 3 类：数字类型、字符串类型、日期和时间类型。

## 7.5.1　数字类型

MySQL 支持所有 ANSI/ISO SQL 92 数字类型，包括准确数字的数据类型（NUMERIC、DECIMAL、INTEGER 和 SMALLINT）和近似数字的数据类型（FLOAT、REAL 和 DOUBLE PRECISION）。其中，关键字 INT 是 INTEGER 的同义词，关键字 DEC 是 DECIMAL 的同义词。数字类型总体可以分成整型和浮点型。

📢 注意：在创建表时，使用数字类型应遵循以下原则。

① 选择最小的可用类型，若该字段的值永远不超过 127，则可以使用 TINYINT。

② 对于完全都是数字的，可以选择整数类型。

③ 浮点类型用于可能具有小数部分的数据，如货物单价、网上购物交付金额等。

## 7.5.2　字符串类型

字符串类型可以分为 3 类：普通的文本字符串类型、可变类型和特殊类型。它们的取值范围不同，应用的地方也不同。

① 普通的文本字符串类型，即 CHAR 和 VARCHAR 类型，CHAR 列的长度被固定为创建表所声明的长度，取值范围为 1～255；VARCHAR 列的值是可变长度的字符串，取值范围与 CHAR 一样。

② 可变类型，即 TEXT 和 BLOB。它们的大小可以改变，TEXT 类型适合存储长文本，BLOB 类型适合存储二进制数据，支持任何类型的数据，如文本、音频和图像等。

③ 特殊类型，即 SET 和 ENUM。

📢 注意：在创建表时，使用字符串类型时应遵循以下原则。

① 从速度方面考虑，要选择固定的列，可以使用 CHAR 类型。

② 从节省空间方面考虑，要选择动态的列，可以使用 VARCHAR 类型。

③ 要将列中的内容限制在一种选择，可以使用 ENUM 类型。

④ 允许在一个列中有多于一个的条目，可以使用 SET 类型。

⑤ 要搜索的内容不区分大小写，可以使用 TEXT 类型。

⑥ 要搜索的内容区分大小写，可以使用 BLOB 类型。

## 7.5.3 日期和时间类型

日期和时间类型包括 DATETIME、DATE、TIMESTAMP、TIME 和 YEAR，其中的每一种类型都有其取值范围，如果赋予它一个不合法的值，将会被 0 代替。

# 7.6 phpMyAdmin 图形化管理工具

phpMyAdmin 是众多 MySQL 图形化管理工具中应用最广泛的一种，是一款使用 PHP 开发的 B/S 模式的 MySQL 客户端软件，基于 Web 的跨平台的管理程序，支持简体中文。phpMyAdmin 为 Web 开发人员提供了类似 Access、SQL Server 的图形化数据库操作界面，完全可以对 MySQL 进行操作，如创建数据库、数据表、生成 MySQL 数据库脚本文件等。

## 7.6.1 管理数据库

在浏览器地址栏中输入 http://localhost/phpMyAdmin/，进入 phpMyAdmin 图形化管理主界面，接下来就可以进行 MySQL 数据库的操作。下面分别介绍如何创建、修改和删除数据库。

### 1．创建数据库

打开 phpMyAdmin 管理主界面，在文本框中输入数据库的名称"db_study"，然后在其下拉列表框中选择要使用的编码，一般选择"gb2312_chinese_ci"简体中文编码格式，单击"创建"按钮，创建数据库，如图 7-1 所示。

成功创建数据库后，将显示图 7-2 所示的界面。

📢 注意：在右侧界面中可以对该数据库进行相关操作，如结构、SQL、导出、搜索、查询、删除等，单击相应的超链接，进入相应的操作界面。在创建数据库后还没有创建数据表的情况下，只能够执行结构、SQL、导入、操作、权限和删除这 6 项操作，其他操作不能执行，当指向其超链接时，会弹出不可用标记。

### 2．修改数据库

可以对当前数据库进行修改，单击界面中数据库的超链接，进入修改操作页面，如图 7-3 所示。

图 7-1　phpMyAdmin 管理主界面

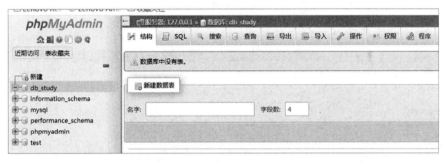

图 7-2　成功创建数据库

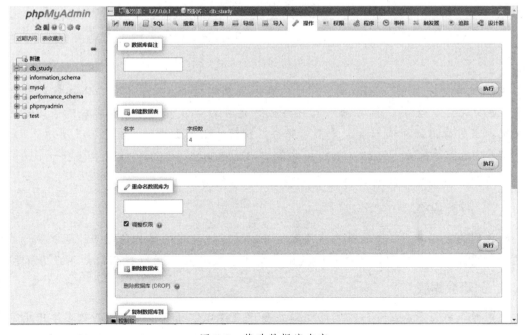

图 7-3　修改数据库名字

① 可以对当前数据库执行新建数据表的操作，只要在"新建数据表"的提示信息下的两个文本框中分别输入要创建的数据表的名字和字段数，然后单击"执行"按钮，即可进入创建数据表结构页面。

② 也可以对当前的数据库重命名，在"重命名数据库为"的文本框中输入新的数据库名字，单击"执行"按钮，即可成功修改数据库名字，见图7-3。

**3．删除数据库**

要删除某数据库，首先在左侧的下拉菜单中选择该数据库，然后单击右侧界面中的"删除"按钮，即可成功删除指定的数据库。

# 7.6.2　管理数据表

管理数据表以选择指定的数据库为前提，然后在该数据库中创建并管理数据表。

**1．创建数据表**

创建数据库 db_study 后，在右侧的操作页面中输入数据表的名字和字段数，然后单击"执行"按钮，即可创建数据表，如图7-4所示。

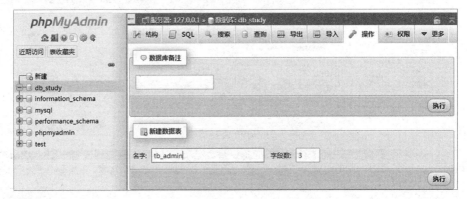

图 7-4　创建数据表

成功创建数据表 tb_admin 后，将显示数据表结构页面。在表单中录入各字段的详细信息，包括名字、类型、长度/值、排序规则、是否为空、索引等，以完成对表结构的详细设置。当所有信息都输入后，单击"保存"按钮，创建数据表，如图7-5所示。

📢 **注意**：单击"保存"按钮，可以对数据表结构横版显示以进行表结构编辑。

成功创建数据表结构后，将显示图7-6所示的页面。

**2．修改数据表**

创建新的数据表后，进入数据表页面，可以通过改变表的结构修改表，可以执行添加新的列、删除列、索引列、修改列的数据类型或字段的长度/值等操作，如图7-7所示。

**3．删除数据表**

要删除某数据表，首先在左侧的下拉菜单中选择该数据库，在指定的数据库中选择要删除的数据表，然后单击右侧页面中的"删除"按钮，即可成功删除指定的数据表。

图 7-5　创建数据表

图 7-6　成功创建数据表

图 7-7　修改数据表

## 7.6.3　管理数据记录

单击 phpMyAdmin 主页面中的超链接，打开 SQL 语句编辑区。在编辑区输入完整的 SQL 语句，实现数据的查询、添加、修改和删除操作。

### 1．使用 SQL 语句插入数据

在 SQL 语句编辑区应用 INSERT 语句向数据表 tb_admin 中插入数据后，单击"执行"按钮，向数据表中插入一条数据，如图 7-8 所示。

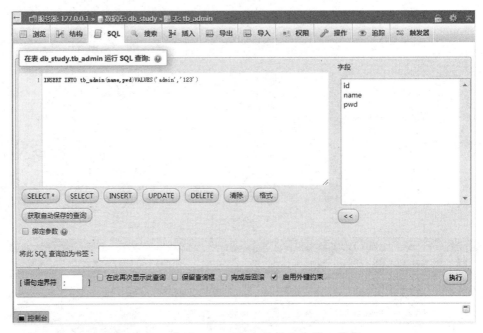

图 7-8　使用 SQL 语句向数据表中插入数据

如果提交的 SQL 语句有错误，系统会给出一个警告，提示用户修改；如果提交的 SQL 语句正确，就会弹出图 7-9 所示的提示信息。

图 7-9　成功添加数据信息

🔊 **注意：** 为了编写方便，可以利用其右侧的属性列表来选择要操作的列，选中要添加的列，双击其选项或单击 "<<" 按钮，添加列名称。

### 2．使用 SQL 语句修改数据

在 SQL 语句编辑区应用 UPDATE 语句修改数据信息，将 id 为 1 的管理员的名称改为 "administrator"，密码改为 "111"，添加的 SQL 语句如图 7-10 所示。单击 "执行" 按钮，数据修改成功。比较修改前后的数据，如图 7-11 所示。

### 3．使用 SQL 语句查询数据

在 SQL 语句编辑区应用 SELECT 语句检索指定条件的数据信息，全部显示 id 小于 4 的管理员，添加的 SQL 语句如图 7-12 所示。单击 "执行" 按钮，如图 7-13 所示。

除了对整个表的简单查询，还可以执行复杂的条件查询（使用 WHERE 子句提取 LIKE、ORDER BY、GROUP BY 等条件查询语句）和多表查询。读者可通过上机实践，灵活运用 SQL 语句功能。

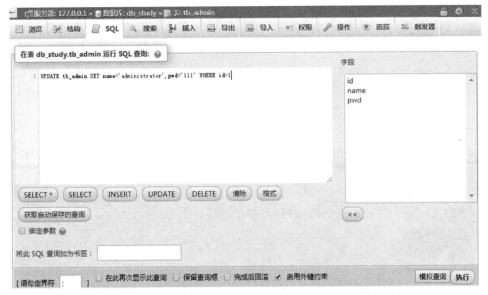

图 7-10 添加修改数据信息的 SQL 语句

| id<br>管理员ID号 | name<br>管理员姓名 | pwd<br>管理员密码 | 修改id=1<br>的数据 | id<br>管理员ID号 | name<br>管理员姓名 | pwd<br>管理员密码 |
|---|---|---|---|---|---|---|
| 1 | admin | 123 | → | 1 | administrator | 111 |

图 7-11 比较修改前后的数据

图 7-12 添加查询数据信息的 SQL 语句

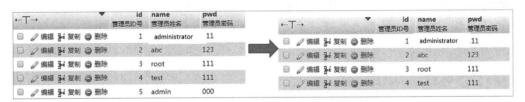

图 7-13 查询指定条件的数据信息的实现过程

## 4．使用 SQL 语句删除数据

在 SQL 语句编辑区，应用 DELETE 语句检索指定条件的数据或全部数据信息，删除

名称为 "administraotr" 的管理员信息，添加的 SQL 语句如图 7-14 所示。

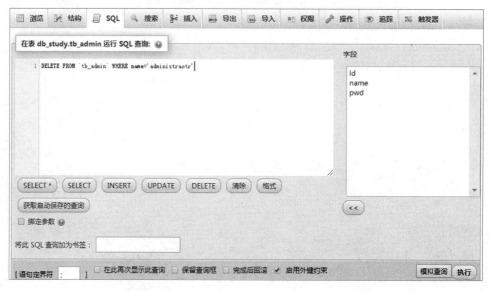

图 7-14　添加删除指定数据信息的 SQL 语句

如果 DELETE 语句后面没有 WHERE 条件值，那么将删除指定数据表中的全部数据。

单击 "执行" 按钮，弹出确认删除操作对话框，单击 "确定" 按钮，执行数据表中指定条件的删除操作，该语句的实现过程如图 7-15 所示。

| | id | name | pwd |
| | 管理员ID号 | 管理员姓名 | 管理员密码 |
| 编辑 复制 删除 | 2 | abc | 123 |
| 编辑 复制 删除 | 3 | root | 111 |
| 编辑 复制 删除 | 4 | test | 111 |
| 编辑 复制 删除 | 5 | admin | 000 |

图 7-15　删除指定条件的数据信息的实现过程

### 5．通过数据表插入数据

选择某数据表后，单击 "插入" 超链接，进入 "插入" 页面，如图 7-16 所示。在页面中输入各字段值，单击 "执行" 按钮即可插入记录。在默认情况下，一次可以插入两条记录。

### 6．浏览数据

选择某数据表后，单击 "浏览" 超链接，进入 "浏览" 页面，如图 7-17 所示。单击每行记录中的 "编辑" 按钮，可以对该记录进行编辑；单击每行记录中的 "删除" 按钮，可以删除该条记录。

### 7．搜索数据

选择某数据表后，单击 "搜索" 超链接，进入 "搜索" 页面，如图 7-18 所示。在这个页面中，可以在选择字段的列表框中选择一个或多个列，如果要选择多个列，先按下 Ctrl 键并单击要选择的字段名，将按照选择的字段名输出查询结果。

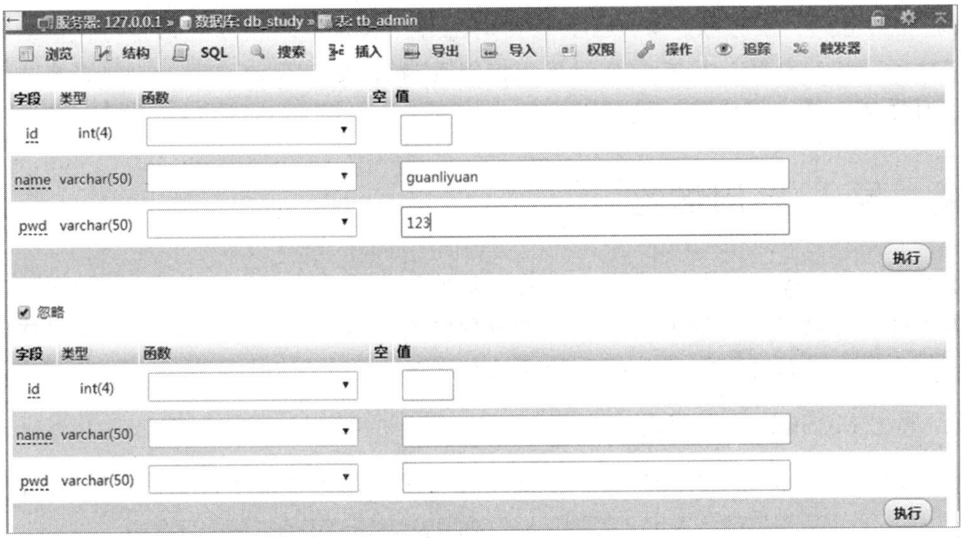

图 7-16　插入数据

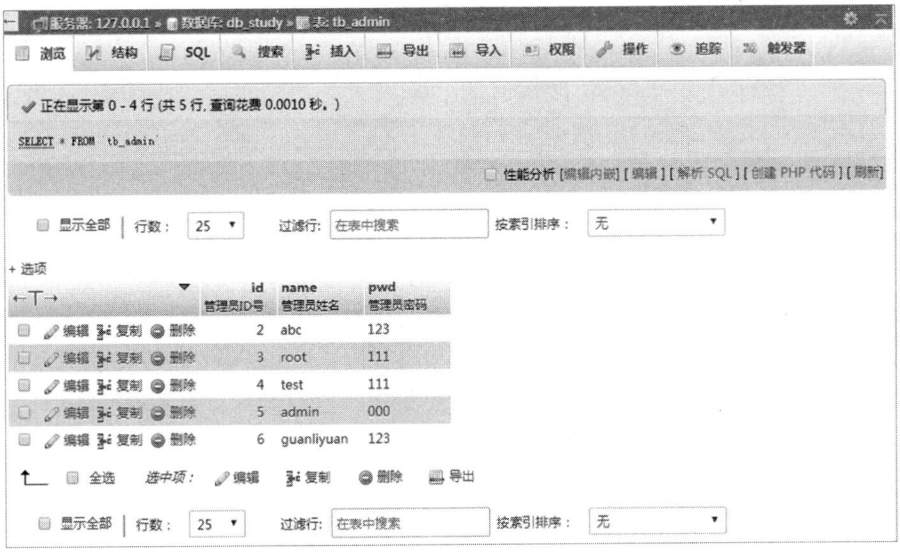

图 7-17　浏览数据

图 7-18　搜索查询数据

在该页面中可以按条件查询记录。查询的方式有两种：第一种方式是选择构建

WHERE 语句查询，直接在"WHERE 语句的主体"文本框中输入查询语句，然后单击其后的"执行"按钮；第二种方式是使用"按例查询"，选择查询的条件，并在文本框中输入要查询的值，单击"执行"按钮。

## 7.6.4 导入/导出数据

导入和导出 MySQL 脚本数据文件是互逆的两个操作。导入是执行扩展名为".sql"的脚本文件，将数据导入数据库；导出是将数据表结构、表记录存储为".sql"的脚本文件。导入和导出操作可以实现数据库的备份和还原。

### 1．导出 MySQL 数据库脚本

单击 phpMyAdmin 主页面中的"导出"超链接，打开导出编辑区，如图 7-19 所示。

图 7-19　生成 MySQL 脚本文件设置页面

首先选择导出文件的格式，默认选择"SQL"选项，单击"执行"按钮，弹出如图 7-20 所示的"新建下载任务"对话框，单击"下载"按钮，将脚本文件以".sql"的格式存储在指定位置。

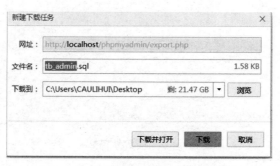

图 7-20　存储 MySQL 脚本的对话框

## 2．导入 MySQL 数据库脚本

单击"导入"超链接，进入执行 MySQL 数据库脚本页面，单击"选择文件"按钮，查找脚本文件（如 db_study.sql）的所在位置，如图 7-21 所示，单击"执行"按钮，即可执行 MySQL 数据库脚本文件。

图 7-21　执行 MySQL 数据库脚本文件

**◀》注意**：在执行 MySQL 脚本文件前，首先检测是否有与所导入的数据库同名的数据库，若没有同名的数据库，则在数据库中创建一个与数据文件中的数据库名称相同的数据库，再执行 MySQL 数据库脚本文件。另外，在当前数据库中，不能有与将要导入数据库中的数据表重名的数据表，如果有重名的数据表，导入文件就会失败，提示错误信息。

# 思考与练习

1．简述 MySQL 支持的数据类型主要有哪几种。

2．HAVING 子句和 WHERE 子句都是用来指定查询条件的，请简述两种子句在使用上的区别。

3．列举出 MySQL 中常用的统计函数，并说出这些函数的作用。

4．以下关于 MySQL 的说法中错误的是（　　　）。

A．MySQL 是一种关系型数据库管理系统

B．MySQL 软件是一种开放源码软件

C．MySQL 服务器工作在客户机/服务器模式下，或嵌入式系统中

D．MySQL 完全支持标准的 SQL 语句

5．一种存储引擎，将其数据存储在内存当中，数据的访问速度快，计算机关机后数据丢失，具有临时存储数据的特点，该存储引擎是（　　　）。

A．MYISAM　　　　B．INNODB　　C．MEMORY　　　D．CHARACTER

6．创建数据库的语法格式是（　　　）。

A．CREATE DATABASE 数据库名；　　B．SHOW DATABASES；

C．USE 数据库名；　　　　　　　　　D．DROP DATABASE 数据库名；

7．关于 SELECT 语句，以下描述中错误的（　　　）。

A．SELECT 语句用于查询一个表或多个表的数据

B．SELECT 语句属于数据操作语言（DML）

C．SELECT 语句的列必须是基于表的列的

D．SELECT 语句表示数据库中一组特定的数据记录

8．语句 SELECT * FROM student WHERE s_name LIKE '%晓%'；其中 WHERE 关键字表示的含义是（　　　）。

A．条件　　　　　　B．在哪里　　　　C．模糊查询　　　　D．逻辑运算

9．查询 tb_book 表中 userno 字段的记录，并去除重复值，其语法格式是（　　　）。

A．SELECT DISTINCT userno FROM tb_book；

B．SELECT userno DISTINCT FROM tb_book；

C．SELECT DISTINCT(userno) FROM tb_book；

D．SELECT userno FROM DISTINCT tb_book；

10．查询 tb001 数据表中的前 5 条记录，并按升序排列，其语法格式是（　　　）。

A．SELECT *　FROM tb001　WHERE ORDER BY id ASC LIMIT 0,5；

B．SELECT *　FROM tb001　WHERE ORDER BY id DESC LIMIT 0,5；

C．SELECT *　FROM tb001　WHERE ORDER BY id GROUP BY LIMIT 0,5；

D．SELECT *　FROM tb001　WHERE ORDER BY id ORDER LIMIT 0,5；

11．在 SQL 中，条件"BETWEEN 20 AND 30"表示年龄在 20 到 30 岁之间，且（　　　）。

A．包括 20 岁和 30 岁　　　　　　　B．不包括 20 岁和 30 岁

C．包括 20 岁，不包括 30 岁　　　　D．不包括 20 岁，包括 30 岁

12．在 SQL 中，删除 EMP 表中全部数据的命令正确的是（　　　）。

A．DELETE * FROM emp　　　　　　B．DROP TABLE emp

C．TRUNCATE TABLE emp　　　　　D．没有正确答案

13．下面正确表示 Employees 表中有多少非 NULL 的 Region 列的 SQL 语句是（　　　）。

A．SELECT count(*)　FROM Employees

B．SELECT count(ALL Region)　FROM Employees

C．SELECT count(Distinct Region)　FROM Employees

D．SELECT sum(ALL Region)　FROM Employees

14．下面可以通过聚合函数的结果来过滤查询结果集的 SQL 子句是（　　　）。

A．WHERE 子句　　　　　　　　　　B．GROUP BY 子句

C．HAVING 子句　　　　　　　　　　D．ORDER BY 子句

15. 数据库管理系统中负责数据模式定义的语言是（　　　）。

A．数据定义语言　　　　　　　　B．数据管理语言

C．数据操纵语言　　　　　　　　D．数据控制语言

16. 若要求查找 S 表中，姓名的第一个字为'王'的学生学号和姓名。下面列出的 SQL 语句中，正确的是（　　　）。

A．SELECT Sno, SNAME FROM S WHERE SNAME = '王%'

B．SELECT Sno, SNAME FROM S WHERE SNAME LIKE '王%'

C．SELECT Sno, SNAME FROM S WHERE SNAME LIKE '王_'

D．全部正确

17. 若要求"查询选修了 3 门以上课程的学生的学生号"，正确的 SQL 语句是（　　　）。

A．SELECT Sno FROM SC GROUP BY Sno WHERE COUNT（*）> 3

B．SELECT Sno FROM SC GROUP BY Sno HAVING ( COUNT（*）> 3)

C．SELECT Sno FROM SC ORDER BY Sno WHERE COUNT（*）> 3

D．SELECT Sno FROM SC ORDER BY Sno HAVING COUNT（*）>= 3

18. 用一组数据"准考证号：200701001、姓名：刘亮、性别：男、出生日期：1993-8-1"来描述某考生信息，其中"出生日期"数据可设置为（　　　）。

A．日期/时间型　　　B．数字型　　　C．货币型　　　D．逻辑型

19. 在学生选课表（SC）中，查询选修 20 号课程（课程号 CH）的学生的学号（XH）及其成绩（GD）。查询结果按分数降序排列。实现该功能，正确的 SQL 语句是（　　　）。

A．SELECT XH,GD FROM SC WHERE CH='20' ORDER BY GD DESC;

B．SELECT XH,GD FROM SC WHERE CH='20' ORDER BY GD ASC;

C．SELECT XH,GD FROM SC WHERE CH= '20'GROUP BY GD DESC;

D．SELECT XH,GD FROM SC WHERE CH='20'GROUP BY GD ASC;

20. 要从学生选课表（SC）中查找缺少学习成绩（G）的学生学号和课程号，相应的 SQL 语句如下，将其补充完整：

`SELECT S#, C#  FROM SC WHERE （    ）`

A．G=O　　　　　　　B．G<=O　　　　　C．G= NULL　　　　D．G IS NULL

21. 对于 SELECT * FROM city LIMIT 5, 10 描述正确的是（　　　）。

A．获取第 6 条到第 10 条记录　　　B．获取第 5 条到第 10 条记录

C．获取第 6 条到第 15 条记录　　　D．获取第 5 条到第 15 条记录

22. 若用如下 SQL 语句创建一个表 S：

`CREATE TABLE S(S# char(16) NOT NULL, Sname char(8)  NOT NULL, sex char(2), age integer)`

可向表 S 中插入的是（　　　）。

A．('991001', '李明芳', 女, '23')

B．('990746'，'张民', NULL, NULL)

C．(NULL, '陈道明', '男', 35)

D．('992345', NULL, '女', 25)

23. 删除 tb001 数据表中 id=2 的记录，其语法格式是（　　　）。

A．DELETE FROM tb001 value id='2';

B．DELETE INTO tb001　　WHERE id='2';

C．DELETE FROM tb001　WHERE id='2',

D．UPDATE FROM tb001　WHERE id='2';

24．语句 UPDATE student SET s_name ='王军' WHERE s_id =1 执行的操作是（　　）。

A．添加姓名为王军的记录　　　　　　B．删除姓名为王军的记录

C．返回姓名为王军的记录　　　　　　D．更新 s_id 为 1 的姓名为王军

25．修改操作的语句 UPDATE student SET s_name ='王军'，执行后的结果是（　　）。

A．只把姓名为王军的记录更新

B．只把字段名 s_name 改成'王军'

C．表中的所有人姓名都更新为王军

D．更新语句不完整，不能执行

26．在使用 SQL 语句删除数据时，如果 DELETE 语句后面没有 WHERE 条件值，那么将删除指定数据表中的（　　）数据。

A．部分　　　　　　　　　　　　　B．全部

C．指定的一条数据　　　　　　　　　D．以上皆可

27．以下说法中不正确的是（　　）。

A．模糊查询使用的关键字是 LIKE

B．排序查询 ASC 是降序，DESC 是升序

C．分页查询使用的关键字是 LIMIT

D．如果 MySQL 只安装服务不安装界面，也可以正常使用

# 第 8 章 PHP 操作 MySQL 数据库

PHP 支持的数据库类型较多，其中 MySQL 数据库与 PHP 结合得最好，MySQL 与 Linux 系统、Apache 服务器、PHP 语言构成了当今主流的 LAMP 网站架构模式。PHP 提供了多种操作 MySQL 数据库的方式，从而适合不同需求和不同类型项目的需要。

本章将系统地讲解如何通过 PHP 内置的 MySQL 函数库操作 MySQL 数据库。

## 8.1 PHP 操作 MySQL 数据库的一般步骤

MySQL 是一款广受欢迎的数据库，由于它是开源的半商业软件，因此市场占有率高，备受 PHP 开发者的青睐，一直被认为是 PHP 的最好搭档。PHP 具有强大的数据库支持能力，本节主要讲解 PHP 操作 MySQL 数据库的基本思路。

PHP 操作 MySQL 数据库的步骤如图 8-1 所示。可以看出，PHP 操作 MySQL 数据库需要经过如下 5 个步骤。

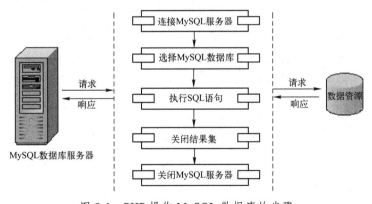

图 8-1　PHP 操作 MySQL 数据库的步骤

### 1. 连接 MySQL 服务器

PHP 操作 MySQL 数据库，首先要建立与 MySQL 数据库的连接，使用 mysqli_connect( ) 函数与 MySQL 服务器建立连接。

### 2. 选择 MySQL 数据库

PHP 通过使用 mysqli_select_db( )函数选择 MySQL 数据库服务器上的数据库，并与数据库建立连接。

### 3．执行 SQL 语句

在选择数据库时使用 mysqli_query( )函数执行 SQL 语句。函数的返回值会针对成功的查询（包括 SELECT、SHOW、DESCRIBE 或 EXPLAIN）返回一个 mysqli_result 对象；针对其他成功的查询将返回 true；若查询失败，则返回 false。SQL 语句对数据的操作方式主要包括 5 种。

① 查询数据：使用 SELECT 语句实现数据的查询功能。
② 显示数据：使用 SELECT 语句显示数据的查询结果。
③ 插入数据：使用 INSERT INTO 语句向数据库中插入数据。
④ 更新数据：使用 UPDATE 语句更新数据库中的记录。
⑤ 删除数据：使用 DELETE 语句删除数据库中的记录。

### 4．关闭结果集

数据库操作完成后，需要关闭结果集以释放系统资源。mysqli_free_result( )函数用于释放内存。

### 5．关闭 MySQL 服务器

完成对数据库的操作后，需要及时断开与数据库的连接并释放内存，否则会浪费大量的内存空间，在访问量较大的 Web 项目中很可能导致服务器崩溃。在 MySQL 函数库中，mysqli_close( )函数用于断开与 MySQL 服务器的连接。

# 8.2 PHP 显示 MySQL 数据库数据的函数应用

PHP 提供了很多操作 MySQL 数据库的函数，可以对 MySQL 数据库执行各种操作，使程序开发变得更加简单、灵活。本节介绍如何使用 PHP 函数操作 MySQL 数据库的查询结果集，并将结果集显示在页面上。

## 8.2.1 数据准备

创建一个专家信息系统 ExpertSystem 数据库，SQL 语句如下：

```
CREATE DATABASE ExpertSystem;
```

选择 ExpertSystem 数据库后，创建 expert 表，SQL 语句如下：

```
CREATE TABLE 'expert' (
  'id' int(11) NOT NULL AUTO_INCREMENT,
  'username' varchar(20) DEFAULT NULL,
  'department' varchar(20) DEFAULT NULL,
  PRIMARY KEY ('id')
) ENGINE=InnoDB AUTO_INCREMENT=36 DEFAULT CHARSET=utf8;
```

然后向 expert 数据表中插入数据，其 SQL 语句如下：

```
INSERT INTO 'expert' VALUES ('1', '包宏伟', '资环学院');
INSERT INTO 'expert' VALUES ('2', '曾令煊', '生物学院');
INSERT INTO 'expert' VALUES ('3', '曾晓军', '人发学院');
INSERT INTO 'expert' VALUES ('4', '陈家洛', '人发学院');
INSERT INTO 'expert' VALUES ('5', '陈万地', '资环学院');
INSERT INTO 'expert' VALUES ('6', '杜兰儿', '生物学院');
INSERT INTO 'expert' VALUES ('7', '杜学江', '资环学院');
INSERT INTO 'expert' VALUES ('8', '符合', '食品学院');
INSERT INTO 'expert' VALUES ('9', '郭晶晶', '人发学院');
INSERT INTO 'expert' VALUES ('10', '倖大文', '经管学院');
INSERT INTO 'expert' VALUES ('11', '吉祥', '农学院');
INSERT INTO 'expert' VALUES ('12', '李北大', '经管学院');
INSERT INTO 'expert' VALUES ('13', '李娜娜', '园艺学院');
INSERT INTO 'expert' VALUES ('14', '李小辉', '经管学院');
INSERT INTO 'expert' VALUES ('15', '刘康锋', '农学院');
INSERT INTO 'expert' VALUES ('16', '刘鹏举', '农学院');
INSERT INTO 'expert' VALUES ('17', '莫一丁', '经管学院');
INSERT INTO 'expert' VALUES ('18', '倪冬声', '园艺学院');
INSERT INTO 'expert' VALUES ('19', '齐飞扬', '水院');
INSERT INTO 'expert' VALUES ('20', '齐小小', '食品学院');
INSERT INTO 'expert' VALUES ('21', '宋子文', '食品学院');
INSERT INTO 'expert' VALUES ('22', '苏解放', '信电学院');
INSERT INTO 'expert' VALUES ('23', '苏三强', '水院');
INSERT INTO 'expert' VALUES ('24', '孙小红', '水院');
INSERT INTO 'expert' VALUES ('25', '孙玉敏', '信电学院');
INSERT INTO 'expert' VALUES ('26', '王清华', '食品学院');
INSERT INTO 'expert' VALUES ('27', '王清华', '信电学院');
INSERT INTO 'expert' VALUES ('28', '谢如康', '信电学院');
INSERT INTO 'expert' VALUES ('29', '徐霞客', '植保学院');
INSERT INTO 'expert' VALUES ('30', '闫朝霞', '工学院');
INSERT INTO 'expert' VALUES ('31', '张乖乖', '信电学院');
INSERT INTO 'expert' VALUES ('32', '张桂花', '工学院');
INSERT INTO 'expert' VALUES ('33', '张国庆', '信电学院');
```

# 8.2.2 建立与 MySQL 服务器的连接

在 PHP 程序中要操作 MySQL 数据库，必须先与 MySQL 服务器建立连接。PHP 通过 mysqli_connect()函数连接 MySQL 服务器，返回一个代表 MySQL 服务器的连接对象，其语法格式如下：

```
mysqli_connect(host,username,password,dbname,port,socket);
```

◀》 注意：在 PHP 中用 MySQLi()函数需要打开 php.ini 文件进行配置，找到如下配置项。

```
;extension=php_mysqli.dll
```

去掉前面的注释符号";"，然后存储 php.ini 文件，将 php.ini 文件复制到 Windows 目录下，重新启动 Apache 服务，就可以在 PHP 中使用 MySQLi()函数了。

mysqli_connect()函数有 6 个参数，具体描述如表 8-1 所示。

表 8-1　mysqli_connect( )函数参数说明

| 参　　数 | 描　　述 |
|---|---|
| host | 可选，规定主机名或 IP 地址 |
| username | 可选，规定 MySQL 用户名 |
| password | 可选，规定 MySQL 密码 |
| dbname | 可选，规定默认使用的数据库 |
| port | 可选，规定尝试连接到 MySQL 服务器的端口号 |
| socket | 可选，规定 socket 或要使用的已命名 pipe |

注意：上述 6 个参数全部都是可选的，可以在 php.ini 文件中设置。

【例 8-1】用 mysqli_connect( )函数连接 MySQL 服务器。

```php
<?php
    $host = 'localhost';
    $dbuser = 'root';
    $password ='';
    $conn = mysqli_connect($host,$dbuser,$password);
    if(!$conn) {
        die('数据库服务器连接失败：<br/>'.mysqli_error($conn));
    }
    echo '数据库服务器连接成功！';
?>
```

运行后，显示结果如下：

数据库服务器连接成功！

上述程序使用 mysqli_connect( )函数尝试连接本地的 MySQL 数据库服务器，参数 $host 的值为 localhost，表示建立一个连接到本地的 MySQL 数据库服务器。mysqli_connect( )函数连接 MySQL 服务器使用的用户名是 root，密码是 123456（在自己编写程序时，需要根据自己的实际设置改变这几个参数），以便程序可以正确连接到 MySQL 数据库。

如果程序判断 mysqli_connect( )函数的返回值为 false，程序会输出一个"数据库服务器连接失败"的提示信息,同时使用函数 mysqli_error($conn)将具体的错误信息输出到 Web 页面。这里使用了 die( )函数，它的功能类似 exit，输出一段信息并立即中断程序的执行。

如果本地 MySQL 已启动，并且程序执行正常，函数 mysqli_connect( )成功连接本地 MySQL 数据库服务器，会向页面输出一个"数据库服务器连接成功"的提示信息。

如果没有成功连接数据库，如连接一个不存在的 MySQL 服务器或向 mysqli_connect 函数( )传入一个错误的用户名或密码。连接 MySQL 失败时，函数 mysqli_error($conn)产生了一条信息，该信息描述了连接失败的原因：Unknown MySQL server host, 'localhost1'，该信息的含义是未知的 MySQL 服务器 localhost1。通常在 PHP 程序中使用函数 mysqli_error($conn)来了解 PHP 操作数据库出现问题的某些原因。

注意：

① 为了方便查询因为连接问题而出现的错误，采用 die( )函数生成错误处理机制，使用 mysqli_error($conn)函数提取 MySQL 函数的错误文本，若没有出错，则返回空字符串。

若浏览器显示"Warning: mysqli_connect()……"字样，说明是数据库服务器连接的错误，这样就能迅速发现错误位置，并及时改正。

② 在 mysqli_connect( )函数前添加符号"@"，可以限制这个命令的出错信息的显示。如果函数调用出错，将执行 or 后面的语句。die( )函数表示向用户输出错误提示后，程序终止执行。这样是为了防止数据库服务器连接出错时，用户看到一堆莫名其妙的专业名词，而不是提示出错信息。在调试时不要屏蔽出错信息，避免出错后难以找到问题。

## 8.2.3 显示 MySQL 数据库中的数据

在 PHP 中建立与 MySQL 的连接后，就可以执行 SQL 语句来查询数据库中的数据。然后，通过 PHP 函数处理查询后的结果集，以便后续程序使用，或者通过整理将这些数据显示到 Web 页面上。下面介绍如何使用 PHP 函数完成从数据库获取数据、处理数据以及向 Web 页面显示数据。

### 1．选择 MySQL 数据库

与 MySQL 服务器建立连接后，然后确定要连接的数据库，使用 mysqli_select_db( )函数可以连接 MySQL 服务器中的数据库。若连接成功，则返回 true，否则返回 false。

mysqli_select_db( )函数的功能为设置活动的 MySQL 数据库，其语法格式如下：

```
mysqli_select_db(connection, dbname);
```

其中，connection 为必选的，规定要使用的 MySQL 连接；dbname 为必选的，规定要使用的默认数据库。

【例 8-2】选择 MySQL 服务器中的 ExpertSystem 数据库。

```php
<?php
    $con = mysqli_connect("localhost","root","");
    if (!$con) {
        die('连接失败：' . mysqli_error($conn));
    }
    $db_selected = mysqli_select_db($conn, "ExpertSystem");
    if (!$db_selected) {
        die ("不能选择 ExpertSystem: " . mysqli_error($conn));
    }
    else {
        echo "选择数据库成功";
    }
    mysqli_close($con);
?>
```

如果数据库服务器连接成功，那么输出运行结果如下：

选择数据库成功！

🔊 **注意**：在开发一个完整的 Web 程序过程中经常需要连接数据库，如果总是重复编写代码，会造成代码的冗余，而且不利于程序维护，所以通常将连接 MySQL 数据库的代码单独建立一个名为 conn.php 的文件，存储在根目录下的 conn 文件夹中，通过 require 语句包含这个文件即可。

## 2．执行 SQL 语句

要从数据库中获取数据，PHP 首先要执行一条对表操作的 SQL 语句，包括 SELECT、INSERT、UPDATE 或 DELETE 语句。在一般情况下，在 PHP 中执行 SELECT 语句，会从表中查找出一些记录行。而执行其他语句，只会返回语句是否执行成功的信息。这些功能必须通过 mysqli_query( )函数实现。

mysqli_query( )函数的功能为执行一条 MySQL 查询，其语法格式如下：

```
mysqli_query(connection, query, resultmode);
```

其中，connection 为必选的，规定要使用的 MySQL 连接；query 为必选的，规定查询字符串；resultmode 为可选的，常量，可以是 mysqli_use_result（如果需要检索大量数据，请使用这个）或 mysqli_store_result（默认）中的任意一个。

【例 8-3】 用 mysqli_query( )函数在 PHP 中执行一条 SQL 语句。

```php
<?php
    $host = 'localhost';
    $dbuser = 'root';
    $password = '';
    $conn = mysqli_connect($host,$dbuser,$password);
    if(!$conn) {
        die('数据库服务器连接失败：'.mysqli_error($conn));
    }
    mysqli_select_db($conn, 'ExpertSystem');
    $sql = 'SELECT id, username, department  FROM expert';
    $result = mysqli_query($conn, $sql);
    if($result) {
        echo 'SQL 语句：'.$sql.'<br/>已经成功执行！';
        // 调用函数 mysqli_num_row()获得 SELECT 语句查询结果的行数
        $num = mysqli_num_rows($result);
        echo '<br/>该 SQL 语句查询到<b>'.$num.'</b>行数据。';
    }
    mysqli_close($conn);
?>
```

运行程序后显示信息如下：

```
SQL 语句：SELECT id, username, department  FROM expert
已经成功执行！
该 SQL 语句查询到 33 行数据。
```

上述程序建立了 MySQL 连接后，通过调用 mysqli_select_db( )函数选择数据库 ExpertSystem（本章示例代码要操作此数据库）。选择完数据库后，调用 mysqli_query( )函数执行一条 SELECT 语句，返回值是一个资源标识符（并不是查询结果），用来标识 SQL 语句执行的结果。当 SQL 语句执行成功后，调用 mysqli_num_rows( )函数取得 SELECT 语句查询到的记录数。

通常，mysqli_query( )函数也会与 mysqli_error( )函数一同使用，当 SQL 语句执行出现问题时，可以根据 mysqli_error( )函数产生的信息查找问题原因。

【例 8-4】用 mysqli_error($conn)函数获得执行 SQL 语句发生错误时产生的提示信息。

```
<?php
```

```
    $host = 'localhost';
    $dbuser = 'root';
    $password = '';
    $conn = mysqli_connect($host, $dbuser, $password);
    if(!$conn) {
        die('数据库服务器连接失败: '.mysqli_error($conn));
    }
    mysqli_select_db($conn, 'ExpertSystem');
    $sql = 'SELECT id, username, sex  FROM expert';
    // 这里使用 mysqli_error($conn)函数获取 SQL 语句执行出错时的相关信息
    $result = mysqli_query($conn, $sql) OR die("<br/>ERROR: <b>".mysqli_ error($conn)."
                                        </b><br/>产生问题的 SQL<br/>".$sql);
    if($result) {
        echo 'SQL 语句: '.$sql.'<br/>已经成功执行！';
    }
    mysqli_close($conn);
?>
```

运行结果如下：

```
ERROR: Unknown column 'sex' in 'field list'
产生问题的 SQL
SELECT id, username, sex  FROM expert
```

上述程序定义了一个 SQL 语句，查询表 expert 中某些字段的值，但字段 sex 不是表 expert 中的字段，所以执行这个 SQL 语句是会产生错误的。此处其实是一个逻辑表达式形式的语句。该语句使用逻辑运算符 OR 来决定程序的执行。如果 mysqli_query()函数执行成功，程序就会继续向下执行，否则会调用 die()函数，输出一段字符串，同时终止程序的执行，这段字符串中包含了由 mysqli_error($conn)函数在 SQL 语句执行发生错误时产生的信息。mysqli_error($conn)函数产生了错误信息：Unknown column 'sex' in 'field list'，说明字段 sex 不存在。

### 3. 处理数据结果集

在 PHP 程序具体应用中，一个 SQL 语句执行完毕，通常需要对查询的结果集进行处理，以满足 Web 应用的需要。PHP 中处理数据结果集的主要函数如下。

① mysqli_affected_row()函数：取得前一次 MySQL 操作所影响的记录行数，若执行成功，则返回上一次 SQL 语句执行影响的行数，否则返回-1。如要获取由 INSERT、UPDATE、DELETE 语句影响的数据行数，就必须使用 mysqli_affected_row()函数来实现。

② mysqli_fetch_row($result)函数：参数$result 是执行 mysqli_query()函数后返回的资源标识符，用于从查询结果集中返回一行数据。该函数返回值是一个数组，其中每个元素对应一行结果记录的字段值。依次调用该函数，可以返回结果集中的下一行，如果没有更多行，就返回 false。

③ mysqli_fetch_array($result, $type)函数：参数$result 是执行 mysqli_query()函数后返回的资源标识符，从结果集中返回一行作为关联数组或普通数组，或二者兼有；参数 $type 用来指定返回数组的类型，它的值可以是：mysqli_assoc(返回关联数组)、mysqli_num(普通数组) 和 mysqli_both (两种数组类型兼有)。在实际应用中，该函数用于取得记录

各字段的值。

④ mysqli_fetch_assoc($result)函数：与 mysqli_fetch_array()函数类似，但是只将结果集作为关联数组返回。

⑤ mysqli_fetch_object()函数：mysqli_fetch_array()函数类似，只有一点区别，即前者返回的是一个对象而不是数组，该函数只能通过字段名来访问数组。例如，获取结果集中行的元素值：

```
$row->col_name;                              // col_name 为列名，$row 代表结果集
```

⑥ mysqli_num_rows($result)函数：获取结果集的行数目，即结果集中的记录数，参数$result 是执行 mysqli_query()函数后返回的资源标识符。不过，该函数仅对 SELECT 语句有效，要取得 INSERT、UPDATE 或 DELETE 语句执行后影响的行的数据，需要使用 mysqli_affected_rows()函数。

⑦ mysqli_num_rows()函数：获取由 SELECT 语句查询到的结果集中行的数目。

⑧ mysqli_data_seek()函数：移动内部结果的指针，其语法格式如下：

```
mysqli_data_seek (data,row)
```

其中，data 参数为返回类型是 resource 的结果集，该结果集从 mysqli_query()的调用中得到；row 参数为要设定的新的结果集指针的行数，0 指示第一个记录。

📢 注意：mysqli_fetch_array()函数将结果集返回到数组中，输出数组中的数据既可以使用数字索引，也可以使用关联索引；mysqli_fetch_row()函数从结果集中取得一行数据作为枚举数组，在输出数组中的数据时只能使用数字索引。

【例 8-5】调用 mysqli_fetch_array()函数获取 SELECT 语句的一行查询结果。

```php
<?php
    $host = 'localhost';
    $dbuser = 'root';
    $password = '';
    $conn = mysqli_connect($host, $dbuser, $password);
    if(!$conn) {
        die('数据库服务器连接失败：'.mysqli_error($conn));
    }
    mysqli_select_db($conn, 'ExpertSystem');
    mysqli_query ($conn, "SET NAMES utf8");               // 设置字符集为中文
    $sql = 'SELECT id, username, department  FROM expert LIMIT 2';
    $result= mysqli_query($conn, $sql) OR die("<br/>ERROR: <b>".mysqli_ error($conn)."
                                </b><br/> 产生问题的 SQL: ".$sql);
    if($num = mysqli_num_rows($result)) {
        echo '<pre>';
        $row = mysqli_fetch_array($result);
        printf ("%s %s  %s \n", $row [0],$row [1], $row [2]);              // 显示方式一
        printf ("%s %s  %s \n", $row ['id'],$row ['username'], $row ['department']); // 显示方式二
        print_r($row );
    }
    mysqli_close($conn);
?>
```

运行结果如下：

```
1 包宏伟  资环学院
1 包宏伟  资环学院
Array
(
    [0] => 1
    [id] => 1
    [1] => 包宏伟
    [username] => 包宏伟
    [2] => 资环学院
    [department] => 资环学院
)
```

上述程序使用 mysqli_num_rows( )函数的返回值来判断 SELECT 语句是否查找到更多的行，若 mysqli_num_rows( )函数的返回值不为 0，即找到数据，则调用函数 mysqli_fetch_array( )函数获取结果集。

由上述程序也可以看出，mysqli_fetch_array( )函数返回的数组为每个字段值建立了两个索引：一个以数字为索引，另一个以字段名为索引。

mysqli_fetch_array( )函数只能返回结果集中的一行，循环调用该函数，可以取得结果集中的所有行。

【例 8-6】 调用 mysqli_fetch_array( )函数取得结果集中的所有记录。

```php
<?php
    $host = 'localhost';
    $dbuser = 'root';
    $password = '';
    $conn = mysqli_connect($host, $dbuser, $password);
    if(!$conn) {
        die('数据库服务器连接失败: '.mysqli_error($conn));
    }
    mysqli_select_db($conn, 'ExpertSystem');
    mysqli_query ($conn, "SET NAMES utf8");                    // 设置字符集为中文
    $sql = 'SELECT id, username, department  FROM expert LIMIT 2';
    $result = mysqli_query($conn, $sql) OR die("<br/>ERROR: <b>".mysqli_error ($conn)."
                                        </b><br/>产生问题的 SQL: ".$sql);
    if($num = mysqli_num_rows($result)) {
        echo '<pre>';
        while($row = mysqli_fetch_array($result, MYSQLI_ASSOC)) {
            print_r($row);
        }
    }
    mysqli_close($conn);
?>
```

运行结果如下：

```
Array
(
    [id] => 1
    [username] => 包宏伟
    [department] => 资环学院
```

```
)
Array
(
    [id] => 2
    [username] => 曾令煊
    [department] => 生物学院
)
```

上述程序使用 while 循环多次调用函数 mysqli_fetch_array()（LIMIT 限制仅显示 2 条），每次将调用返回的数组赋给变量$row，然后在循环体内将数组变量$row 输出。调用 mysqli_fetch_array()函数时指定第 2 个参数为 mysqli_assoc，因此其返回的结果集数组是以字段名为索引的关联数组。

【例 8-7】 使用 mysql_fetch_object()函数从结果集中获取一行作为对象。

mysqli_fetch_object()函数同样可以获取查询结果集中的数据，其语法格式如下：

```
object mysqli_fetch_object (resource resuit)
```

使用下面的格式获取结果集中行的元素值：

```php
$row->col_name;                                    // col_name 为列名，$row 代表结果集
<?php
    $host = 'localhost';
    $dbuser = 'root';
    $password = '';
    $conn = mysqli_connect($host, $dbuser, $password);
    if(!$conn) {
        die('数据库服务器连接失败：'.mysqli_error($conn));
    }
    mysqli_select_db($conn, 'ExpertSystem');
    mysqli_query ($conn, "SET NAMES utf8");              // 设置字符集为中文
    $sql = 'SELECT id, username, department FROM expert LIMIT 2';
    $result = mysqli_query($conn, $sql) OR die("<br/>ERROR: <b>".mysqli_ error($conn)."
                                    </b><br/>产生问题的 SQL：".$sql);
    if($num = mysqli_num_rows($result)) {
        echo '<pre>';
        $obj = mysqli_fetch_object($result);
        printf ("%s %s  %s  \n", $obj->id,$obj->username, $obj->department);
        print_r($obj);
    }
    mysqli_close($conn);
?>
```

运行结果如下：

```
1 包宏伟  资环学院
stdClass Object
(
    [id] => 1
    [username] => 包宏伟
    [department] => 资环学院
)
```

【例 8-8】 用 mysqli_fetch_row()函数逐行获取结果集中的每条记录。

其语法格式如下:

```
array mysqli_fetch_row(resource result)
```

从指定的结果标识关联的结果集中获取一行数据并作为数组返回，将此行数据赋予数组变量$row，每个结果的列存储在一个数组元素中，下标从 0 开始，即以$row[0]的形式访问第一个数组元素（只有一个元素时也是如此），依次调用 mysqli_fetch_row( )函数将返回结果集中的下一行，直到没有更多行，则返回 false。

```php
<?php
    $host = 'localhost';
    $dbuser = 'root';
    $password = '';
    $conn = mysqli_connect($host, $dbuser, $password);
    if(!$conn) {
        die('数据库服务器连接失败: '.mysqli_error($conn));
    }
    mysqli_select_db($conn, 'ExpertSystem');
    mysqli_query ($conn, "SET NAMES utf8");                        // 设置字符集为中文
    $sql = 'SELECT id, username, department  FROM expert LIMIT 2';
    $result = mysqli_query($conn ,$sql) OR die("<br/>ERROR: <b>".mysqli_ error($conn)."
                                    </b><br/>产生问题的 SQL: ".$sql);
    if($num = mysqli_num_rows($result)) {
        echo '<pre>';
        $row = mysqli_fetch_row($result);
        printf ("%s %s  %s  \n", $row [0], $row [1], $row [2]);
        print_r($row );
    }
    mysqli_close($conn);
?>
```

运行结果如下:

```
1 包宏伟   资环学院
Array
(
    [0] => 1
    [1] => 包宏伟
    [2] => 资环学院
)
```

## 4．关闭连接

在 PHP 程序中,关闭数据库服务器连接可以使用 mysqli_close( )函数。事实上，当 PHP 脚本程序执行结束后，会自动关闭到 MySQL 服务器的连接，但还是推荐在程序中明确调用 mysqli_close( )函数关闭数据库服务器连接。

【例 8-9】 调用 mysqli_close( )函数关闭连接。

```php
<?php
    $host = 'localhost';
    $dbuser = 'root';
    $password = '';
    $conn = mysqli_connect($host, $dbuser, $password);
```

```
    if(!$conn) {
        die('数据库服务器连接失败: '.mysqli_error($conn));
    }
    echo '数据库服务器连接成功！';
    if(mysqli_close($conn)) {
        echo '<br/>…<br/>';
        echo '到数据库的连接已经成功关闭！';
    }
?>
```

运行结果如下：

数据库服务器连接成功！
…
到数据库的连接已经成功关闭！

上述程序首先建立一个到 MySQL 服务器的连接$conn，然后调用 mysqli_close( )函数关闭这个连接，并通过该函数的返回值判断关闭是否成功，如果成功，将输出一段提示信息。

### 5．在 Web 页面中显示数据

前面章节主要讲述了将程序中找到的数据显示到 Web 页面，但只是输出了数组结构，并不符合实际应用的需求。接下来把 PHP 代码嵌入 HTML 文档，实现以表格的形式显示查询结果页面，将其存储为"list.php"。

【例 8-10】 以表格的形式显示查询结果页面。

```
<?php
    $host = 'localhost';
    $dbuser = 'root';
    $password = '';
    $conn = mysqli_connect($host, $dbuser, $password);
    if(!$conn) {
        die('数据库服务器连接失败: '.mysqli_error($conn));
    }
    mysqli_select_db($conn, 'ExpertSystem');
    mysqli_query ($conn, "SET NAMES utf8");                    // 设置字符集为中文
    $sql = 'SELECT id, username, department  FROM expert LIMIT 5';
    $result = mysqli_query($conn, $sql) OR die("<br/>ERROR: <b>".mysqli_ error($con)."
                                </b><br/>产生问题的 SQL: ".$sql);
?>
<html>
    <head>
        <title>Web 页面中显示数据的例子</title>
    </head>
    <center>
        <body>
            <table width="50%" border="1" cellpadding="0" cellspacing="1">
                <tr  align="center">
                    <td><strong>专家 ID</strong></td>
                    <td><strong>专家姓名</strong></td>
                    <td><strong>专家部门</strong></td>
                </tr>
```

```php
                <?php
                    if($num = mysqli_num_rows($result)) {
                        while($row = mysqli_fetch_array($result, MYSQLI_ASSOC)) {
                            ?>
                            <tr align="center">
                                <td><?php echo $row['id']; ?></td>
                                <td><?php echo $row['username']; ?></td>
                                <td><?php echo $row['department']; ?></td>
                            </tr>
                            <?php
                        }
                    }
                    mysqli_close($conn);
                ?>
            </table>
        </body>
    </center>
</html>
```

上述代码将 PHP 程序嵌入 HTML 文档中，PHP 程序的开始部分先做数据库服务器连接等操作，然后是 HTML 文档部分做数据库服务器连接等操作。在 HTML 表格的单元格中嵌入 PHP 代码，使用 echo 输出每次循环获取的记录的字段值，其显示结果如图 8-2 所示。

| 专家ID | 专家姓名 | 专家单位 |
|--------|----------|----------|
| 1      | 包宏伟   | 资环学院 |
| 2      | 曾令煊   | 生物学院 |
| 3      | 曾晓军   | 人发学院 |
| 4      | 陈家洛   | 人发学院 |
| 5      | 陈万地   | 资环学院 |

图 8-2　用 HTML 表格的单元格显示结果

## 8.2.4　数据分页显示的原理及实现

分页显示是 Web 编程中频繁处理的环节。所谓分页显示，就是通过程序将结果集一段一段地显示。实现分页显示需要两个初始参数：每页显示多少记录和当前是第几页。再加上完整的结果集，就可以实现数据的分段显示。至于其他功能，如上一页、下一页等均可以根据以上信息处理得到。

前面章节讲述了使用 LIMIT 子句对查询结果做限定。比如要取得某表的前 10 条记录，可以使用如下 SQL 语句。

```
SELECT * FROM test_table LIMIT 0,10;
```

如果查找某表的第 11~20 条记录，　SQL 语句如下：

```
SELECT * FROM test_table LIMIT 10,10;
```

如果要查找某表的第 21~30 条记录，使用的 SQL 语句如下所示。

```
SELECT * FROM test_table LIMIT 20,10;
```

从以上 SQL 语句可以看出，每次取 10 条记录，相当于每个页面显示 10 条数据，每次所要取得记录的起始位置和当前页数之间存在着这样的关系：起始位置=(当前页数-1)×每页要显示的记录数。如果以变量$page_size 表示每页显示的记录数，以变量$cur_page 表示当前页数，那么可以用如下 SQL 语句模板归纳。

```
SELECT * FROM test_table LIMIT ($cur_page-1) * $page_size, $page_size;
```

这样就得到了在分页情况下获取数据的 SQL 语句。可以根据实际情况，将$page_size 指定为一个定值，在实际开发中，当前页数$cur_page 可以由参数传入。另外，数据要显示的总页数可以在记录总数和每页显示的记录数之间通过计算获得。比如，记录总数除以每页显示的记录数后没有余数，总页数就是这二者的商。

【例 8-11】 分页显示数据。

```php
<?php
    $host = 'localhost';
    $dbuser = 'root';
    $password = '';
    $conn = mysqli_connect($host,$dbuser,$password);
    if(!$conn) {
        die('数据库服务器连接失败：'.mysqli_error($conn));
    }
    mysqli_select_db($conn,'ExpertSystem');
    mysqli_query ($conn,"SET NAMES utf8");              // 设置字符集为中文
    if(isset($_GET['page'])) {                          // 由 GET 方法获得页面传入当前页数的参数
        $page = $_GET['page'];
    }
    else {
        $page = 1;
    }
    $page_size = 5;                                     // 每页显示两条数据
    // 获取数据总量
    $sql = 'SELECT * FROM expert';
    $result = mysqli_query($conn,$sql);
    $total = mysqli_num_rows($result);
    // 开始计算总页数
    if($total) {                                        // 若总数据量小于$page_size，则只有 1 页
        if($total < $page_size)
            $page_count = 1;
        // 若有余数，则总页数等于总数据量除以页数的结果取整再加 1
        if($total % $page_size) {
            $page_count = (int)($total/$page_size) + 1;
        }
        // 若没有余数，则总页数等于总数据量除以页数的结果
        else {
            $page_count = $total/$page_size;
        }
    }
    else {
        $page_count = 0;
    }
    // 翻页链接
```

```php
    $turn_page = '';
    if($page == 1) {
        $turn_page .= '首页 | 上一页 |';
    }
    else {
        $turn_page .= '<a href=index.php?page=1> 首页</a> | <a href=index.php? page='.($page-1).'>
                上一页 </a> |';
    }
    if($page ==$page_count || $page_count == 0) {
        $turn_page .= ' 下一页 | 尾页';
    }
    else {
        $turn_page .= '<a href=index.php?page='.($page+1).'> 下一页 </a> |
                <a href=index.php?page= '.$page_count.'> 尾页 </a>';
    }
    $sql = 'SELECT id, username, department
            FROM expert LIMIT '. ($page-1)*$page_size .', '.$page_size;
    $result = mysqli_query($conn, $sql) OR die("<br/>ERROR: <b>".mysqli_ error($conn)."
                                        </b><br/>产生问题的 SQL: ".$sql);
?>
<html>
    <head>
        <title>Web 页面上的数据分页</title>
    </head>
    <center>
        <body>
            <table width="50%" border="1" cellpadding="0" cellspacing="1" >
                <tr  align="center">
                    <td><strong>专家 ID</strong></td>
                    <td><strong>专家姓名</strong></td>
                    <td><strong>专家单位</strong></td>
                </tr>
                <?php
                    if($num = mysqli_num_rows($result)) {
                        while($row = mysqli_fetch_array($result, MYSQLI_ASSOC)) {
                        ?>
                            <tr align="center">
                                <td><?php echo $row['id']; ?></td>
                                <td><?php echo $row['username']; ?></td>
                                <td><?php echo $row['department']; ?></td>
                            </tr>
                        <?php
                        }
                    }
                    echo $turn_page.'<br/><br/>';
                    mysqli_close($conn);
                ?>
            </table>
        </body>
    </center>
</html>
```

```
</html>
```

分页显示的运行结果如图 8-3 所示。

首页 | 上一页 | 下一页 | 尾页

| 专家ID | 专家姓名 | 专家单位 |
|--------|---------|---------|
| 1 | 包宏伟 | 资环学院 |
| 2 | 曾令煊 | 生物学院 |
| 3 | 曾晓军 | 人发学院 |
| 4 | 陈家洛 | 人发学院 |
| 5 | 陈万地 | 资环学院 |

图 8-3　分页显示的运行结果

# 8.3　PHP 更新 MySQL 数据库数据的函数应用

前面介绍了如何使用 PHP 函数操作数据库的查询结果集，并将结果集显示在页面上。本节讲述通过 PHP 函数从 Web 页面获取的数据，向 MySQL 数据库添加或更新数据。

## 8.3.1　从页面获取数据并插入数据库

下面介绍如何获取 Web 页面数据，并将获取的数据添加到数据库中。首先建立一个 Web 页面，供用户输入数据使用。

【例 8-12】创建一个提交用户信息的 HTML 页面 zhuce.html。

```html
<html>
    <head>
        <title>填写专家信息</title>
    </head>
    <body>
        <b>填写专家信息</b>
        <form name="form" method="post" action="insertdb.php">
            <table width="50%" border="1" cellpadding="0" cellspacing="2">
                <tr>
                    <td width="30%" >专家姓名：</td>
                    <td width="70%"><input name="username" type="text" id=" username" size="20"></td>
                </tr>
                <tr>
                    <td >所在部位：</td>
                    <td>
                    <SELECT name="department">
                        <option value="食品学院">食品学院</option>
                        <option value="经管学院">经管学院</option>
                        <option value="信电学院">信电学院</option>
                        <option value="生物学院">生物学院</option>
                        <option value="思政学院">思政学院</option>
                    </SELECT>
                </td>
```

```
            </tr>
            <tr>
                <td>
                    <input type="submit" name="Submit" value="提交"></td>
                <td> </td>
            </tr>
        </table>
    </form>
</body>
</html>
```

专家信息填写页面的运行结果如图 8-4 所示。

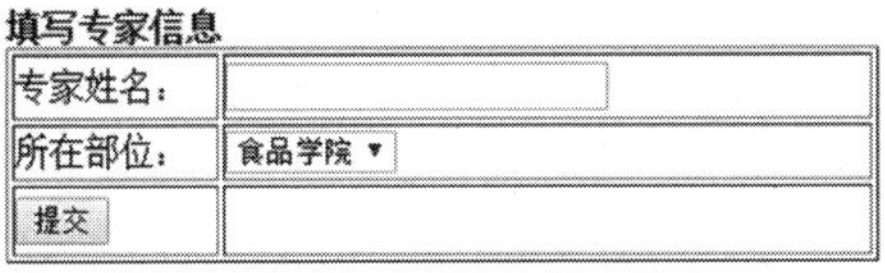

**填写专家信息**

| 专家姓名： | |
| 所在部位： | 食品学院 ▼ |
| 提交 | |

图 8-4　专家信息填写页面的运行结果

上述代码中的 action 属性决定该页面在执行后的跳转页面。该页面的表单将提交给 insertdb.php 处理。在 insertdb.php 中完成获取表单数据，并将表单数据插入数据库。

【例 8-13】 获取表单数据并将表单数据插入数据库。

```php
<?php
    $host = 'localhost';
    $dbuser = 'root';
    $password = '';
    $name = $_POST['username'];
    $depart = $_POST['department'];
    if(empty($name) || trim($name)=='') {
        echo '请填写用户名！<a href="zhuce.html">返回</a>';
        exit;
    }
    $conn = mysqli_connect($host, $dbuser, $password);
    if(!$conn) {
        die('数据库服务器连接失败：'.mysqli_error($conn));
    }
    mysqli_select_db($conn, 'ExpertSystem');
    mysqli_query ($conn, "SET NAMES utf8");                      // 设置字符集为中文
    $sql = "INSERT INTO expert(username,department) values('".$name . "','".$depar. "')";
    mysqli_query($conn,$sql) OR die("<br/>ERROR: <b>".mysqli_error($conn)."</b><br/>SQL: ".$sql);
    mysqli_close($conn);
    echo '数据插入成功，打开<a href="list.php">list.php</a>查看数据';
?>
```

插入数据后，会弹出提示信息："数据插入成功，打开 list.php 查看数据"。

上述代码首先获取表单数据，当用户提交数据不为空（或空格）时，就会向数据库插入一条记录。当数据成功插入数据库后，会输出一个成功信息，并给出到 list.php 的链接。list.php 提供了对表 expert 数据的查询，通过浏览 list.php 查看表 expert 中的所有数据，可以验证程序 insertdb.php 是否完成了数据插入操作。

## 8.3.2　根据表单内容修改数据库数据

通过程序修改数据库数据与通过程序向数据库中插入数据类似。从程序角度，一个是通过 PHP 程序执行插入操作（INSERT 语句），另一个是执行更新操作（UPDATE 语句）。

通过 PHP 程序实现更新操作，首先需要一个显示数据的 Web 页面。根据不同的 URL 参数提取专家信息，在 Web 页面的编辑页面显示不同专家的信息，因此该页面应该由内嵌在 HTML 文档中的 PHP 程序完成。然后，在这个页面中修改专家数据。最后提交表单，由程序完成数据库数据的修改,用来在 Web 页面显示用户数据,由内嵌 PHP 代码的 HTML 文档实现，并在其中实现了用户信息的更新。

【例 8-14】　显示专家信息列表的页面 index.php。

```php
<?php
    $host = 'localhost';
    $dbuser = 'root';
    $password = '';
    $conn = mysqli_connect($host, $dbuser, $password);
    if(!$conn) {
        die('数据库服务器连接失败: '.mysqli_error($conn));
    }
    mysqli_select_db($conn, 'ExpertSystem');
    mysqli_query ($conn, "SET NAMES utf8");                    // 设置字符集为中文
    $sql = 'SELECT id,username,department FROM expert WHERE department
            IN(\'食品学院\',\'经管学院\',\'信电学院\',\'生物学院\',\'思政学院\')';
    $result = mysqli_query($conn, $sql) OR die("<br/>ERROR: <b>".mysqli_error ($con)."
                                        </b><br/>产生问题的 SQL: ".$sql);
?>
<html>
    <head>
        <title>专家信息列表</title>
        <script language="javascript">
        </script>
    </head>
    <center>
        <body>
            <table width="20%" border="1" cellpadding="0" cellspacing="1" >
                <tr align="center">
                <td height="30">专家 ID</td>
                <td>专家姓名</td>
                <td>所在城市</td>
                <td>操作 1</td>
                <td>操作 2</td>
            </tr>
            <?php
                if($num = mysqli_num_rows($result)) {
                    while($row = mysqli_fetch_array($result, MYSQLI_ASSOC)) {
                    ?>
                        <tr align="center">
                        <td><?php echo $row['id']; ?></td>
```

```
            <td ><?php echo $row['username']; ?></td>
            <td ><?php echo $row['department']; ?></td>
            <td ><a onclick="javascript:if(confirm('确定修改专家信息吗?'))
                    return true; else return false;"
                    href="expertinfo.php?uid=<?php echo $row['id']; ?>">更新
                </a></td>
             <td ><a onclick="javascript:if(confirm('确定删除专家信息吗?'))
                    return true; else return false;"
                    href="delexpertinfo.php?uid=<?php echo $row['id']; ?>">
                删除
                </a></td>
            </tr>
            <?php
        }
        }
        mysqli_close($conn);
    ?>
    </table>
  </body>
 </center>
</html>
```

专家信息列表的运行结果如图 8-5 所示。

| 专家ID | 专家姓名 | 所在城市 | 操作1 | 操作2 |
|------|------|------|------|------|
| 2 | 曾令煊 | 生物学院 | 更新 | 删除 |
| 6 | 杜兰儿 | 生物学院 | 更新 | 删除 |
| 8 | 符合 | 食品学院 | 更新 | 删除 |
| 10 | 侯大文 | 经管学院 | 更新 | 删除 |
| 12 | 李北大 | 经管学院 | 更新 | 删除 |
| 14 | 李小辉 | 经管学院 | 更新 | 删除 |
| 17 | 莫一丁 | 经管学院 | 更新 | 删除 |
| 20 | 齐小小 | 食品学院 | 更新 | 删除 |
| 21 | 宋子文 | 食品学院 | 更新 | 删除 |
| 22 | 苏解放 | 信电学院 | 更新 | 删除 |
| 25 | 孙玉敏 | 信电学院 | 更新 | 删除 |
| 26 | 王清华 | 食品学院 | 更新 | 删除 |
| 27 | 王清华 | 信电学院 | 更新 | 删除 |
| 28 | 谢如康 | 信电学院 | 更新 | 删除 |
| 31 | 张乖乖 | 信电学院 | 更新 | 删除 |
| 33 | 张国庆 | 信电学院 | 更新 | 删除 |

图 8-5　专家信息列表的运行结果

【例 8-15】修改专家信息页面 expertinfo.php。

单击如图 8-5 所示页面的"更新"链接，弹出显示"确定修改专家信息吗？"的对话框，单击"确定"按钮，跳转到 expertinfo.php 页面，代码如下：

```
<html>
  <head>
    <title>专家信息更新</title>
  </head>
  <?php
    $host = 'localhost';
    $dbuser = 'root';
    $password = '';
    if(!isset($_GET['uid'])) {
```

· 209 ·

```php
        echo '参数错误！';
        exit;
    }
    $id = $_GET['uid'];
    $arr_dept = array('食品学院'=>'食品学院','经管学院'=>'经管学院','信电学院'=>'信电学院',
                '生物学院'=>'生物学院','思政学院'=>'思政学院');
    $conn = mysqli_connect($host, $dbuser, $password);
    if(!$conn) {
        die('数据库服务器连接失败：'.mysqli_error($conn));
    }
    mysqli_select_db($conn, 'ExpertSystem');
    mysqli_query ($conn, "SET NAMES utf8");                    // 设置字符集为中文
    $sql = "SELECT *  FROM expert WHERE id=$id";
    $result = mysqli_query($conn, $sql) OR die("<br/>ERROR: <b>".mysqli_ error($conn)."
                                    </b><br/> SQL: ".$sql);
    if(!mysqli_num_rows($result)) {
        echo '专家ID错误！';
        exit;
    }
    $row = mysqli_fetch_array($result);
    $name = $row['username'];
    $dept = $row['department'];
?>
<body>
    <b><center>专家信息更新</center></b>
    <form name="form" method="post" action="updatedb.php?uid=<?php echo $id; ?>">
        <table width="20%" border="1" cellpadding="0" cellspacing="2" align="center">
            <tr>
                <td width="30%" height="29">专家姓名：</td>
                <td width="7%"><input name="frm_username" type="text" id="frm_username"
                                size= "20" value="<?php echo $name; ?>"></td>
            </tr>
            <tr>
                <td >所在部门：</td>
                <td>
                    <SELECT name="frm_depart">
                        <?php
                            foreach($arr_dept as $k=>$v) {
                                $option = ($dept == $k) ? '<option value="'.$k.'"
                                        selected>'.$v.'</option>' : '<option
                                        value="'.$k.'">'.$v.'</option>';
                                echo $option.'\n';
                            }
                        ?>
                    </SELECT>
                </td>
            </tr>
            <tr>
                <td >
                <input type="submit" name="Submit" value="修改"></td>
```

```
            <td> </td>
        </tr>
    </table>
    </form>
  </body>
</html>
```

专家信息更新页面的运行结果如图 8-6 所示。

**专家信息更新**

| 专家姓名: | 曾令儒 |
| --- | --- |
| 所在部门: | 生物学院 ▼ |
| 修改 | |

图 8-6　专家信息更新页面的运行结果

【例 8-16】专家信息修改处理页面 updatedb.php。

单击如图 8-6 所示页面的"修改"按钮，将跳转到 updatedb.php 页面，相应的处理代码如下：

```php
<?php
    $host = 'localhost';
    $dbuser = 'root';
    $password = '';
    if(!isset($_GET['uid'])) {
        echo '参数错误！';
        exit;
    }
    $id = $_GET['uid'];
    $name = $_POST['frm_username'];
    $dept = $_POST['frm_depart'];
    $conn = mysqli_connect($host, $dbuser, $password);
    if(!$conn) {
        die('数据库服务器连接失败：'.mysqli_error($conn));
    }
    mysqli_select_db($conn, 'ExpertSystem');
    mysqli_query ($conn, "SET NAMES utf8");          // 设置字符集为中文
    $sql = "SELECT *  FROM expert  WHERE id=$id";
    $result = mysqli_query($conn, $sql) OR die("<br/>ERROR: <b>".mysqli_ error($conn)."
                                </b><br/> SQL: ".$sql);
    if(!mysqli_num_rows($result)) {
        echo '专家 ID 错误！';
        exit;
    }
    $row = mysqli_fetch_array($result);
    if(!empty($name) || trim($name)!='') {
        $sql = "UPDATE expert SET username='" . $name . "',department='" . $dept . "' WHERE id=$id";
        mysqli_query($conn,$sql) OR die("<br/>ERROR: <b>".mysqli_error($conn). "</b><br/>SQL:".$sql);
        mysqli_close($conn);
        echo '数据修改成功，打开<a href="index.php">index.php</a>查看数据';
        exit;
    }
```

· 211 ·

```
?>
```

程序运行结果：

上述程序既实现了向 Web 页面显示某一用户的数据，也完成了根据页面传入的数据修改数据库中对应用户的信息。更新操作成功后，会弹出提示信息："数据修改成功，打开 index.php 查看数据"，并给出到 index.php 的链接，以便验证更新操作是否成功并正确。

## 8.3.3　删除数据库数据

下面讲述通过 PHP 程序删除数据库中的数据操作。

【例 8-17】　添加删除链接的专家信息。

单击如图 8-5 所示页面的"删除"链接，弹出显示"确定删除专家信息吗？"的对话框，单击"确定"按钮后，跳转到"delexpertinfo.php"，代码如下：

```php
<?php
    $host = 'localhost';
    $dbuser = 'root';
    $password = '';
    if(!isset($_GET['uid'])) {
        echo '参数错误！';
        exit;
    }
    $id = $_GET['uid'];
    $conn = mysqli_connect($host,$dbuser,$password);
    if(!$conn) {
        die('数据库服务器连接失败：'.mysqli_error($conn));
    }
    mysqli_select_db($conn, 'ExpertSystem');
    mysqli_query ($conn, "SET NAMES utf8");//设置字符集为中文
    $sql = "SELECT *  FROM expert WHERE id=$id";
    $result = mysqli_query($conn, $sql) OR die("<br/>ERROR: <b>".mysqli_ error($conn)."
                                        </b><br/> SQL: ".$sql);
    if(!mysqli_num_rows($result)) {
        echo '专家 ID 错误！';
        exit;
    }
    $row = mysqli_fetch_array($result);
    if(!empty($id)) {
        $sql = "DELETE FROM expert WHERE id=$id";
        mysqli_query($conn,$sql) OR die("<br/>ERROR: <b>".mysqli_error($conn). "</b><br/>SQL:".$sql);
        mysqli_close($conn);
        echo '专家 ID：'.$id.'的信息删除成功，打开<a href="index.php">index.php </a>查看数据';
        exit;
    }
?>
```

程序运行成功后的显示结果为：

上述代码使用 confirm( )函数弹出一个确认对话框，并由 href 属性指定链接目的地并传递一个 id 参数。

当用户在页面单击"删除"链接时，弹出一个 JavaScript 确认对话框，单击"取消"按钮，程序仍然停留在该页面；单击"确定"按钮，就会链接到 delexpterinfo.php，从中完成从数据库中删除用户数据的操作。

# 3.4 预处理与参数绑定

在项目开发中，将用户输入的数据添加到 SQL 语句中时，就需要使用 PHP 拼接字符串。这种方式效率低，安全性差，一旦忘记转义外部数据中的特殊符号，就会有 SQL 注入的风险。为此，MySQLi 扩展提供了预处理的解决方式，实现了 SQL 语句与数据的分离，并且支持批量操作。

## 3.4.1 什么是预处理

当 PHP 需要执行 SQL 时，传统方式是将发送的数据和 SQL 写在一起，每条 SQL 都需要经过分析、编译和优化的周期；预处理方式是预先编译一次用户提交的 SQL 模板，在操作时，发送相关数据即可完成更新操作，极大地提高了运行效率，而且无须考虑数据中包含特殊字符（如单引号）导致的语法问题。

传统方式：

```
UPDATE 'expert'  SET 'username'='包宏伟'  WHERE 'id'=1;
```

预处理方式：

```
UPDATE 'student' SET 'username'=?  WHERE 'id'=?;
        PHP → ['包宏伟',1] → MySQL
```

实现 SQL 语句的预处理，首先需要预处理一个待执行的 SQL 语句模板，然后为该模板进行参数绑定，最后将用户提交的数据内容发送给 MySQL，完成预处理的执行。

## 3.4.2 预处理的实现

### 1. 预处理 SQL 模板

mysqi_prepare( )函数用于预处理一个待执行的 SQL 语句，函数声明如下。

```
mysqli_stmt mysqli_prepare(mysqli $link, string $query)
```

其中，参数$link 表示数据库连接，$query 表示 SQL 语句模板当函数执行成功时返回预处理对象，执行失败时返回 false。

在编写 SQL 语句模板时，其语法是将数据部分用"?"占位符代替。

```
UPDATE 'expert'  SET 'name'='包宏伟'  WHERE 'id'=1;        # SQL 正常语法
UPDATE 'expert'  SET 'name'=?  WHERE 'id'=?;              # SQL 模板语法
```

可以看出，SQL 语句模板语法对于在"?"占位符两边的字符串内容无须使用引号。

## 2．模板的参数绑定。

mysqli_stmt_bind_param( )函数用于将变量作为参数绑定到预处理语句中，语法格式如下：

```
bool mysqli_stmt_bind_param (
    mysqli_stmt  $stmt,                      // 预处理对象
    string  $types,                          // 数据类型
    mixed  &$var1,                           // 绑定变量1（引用传参）
    [, mixed&$ …]                            // 绑定变量 n 等（可选参数，可绑定多个，引用传参）
)
```

其中，参数$stmt 表示由 mysqli_prepare( )函数返回的预处理对象；参数$types 用于指定被绑定变量的数据类型，是由一个或多个字符组成的字符串，具体数据类型如表 8-2 所示；参数$var（可以是多个参数）表示需要绑定的变量，且数量必须与$types 字符串的长度一致。mysqli_stmt_bind_param( )函数执行成功时返回 true，执行失败时返回 false。

表 8-2　参数绑定时的数据类型字符

| 字符 | 描　　述 | 字符 | 描　　述 |
|---|---|---|---|
| i | 描述变量的数据类型为 MySQL 中的 integer 类型 | s | 描述变量的数据类型为 MySQL 中的 string 类型 |
| d | 描述变量的数据类型为 MySQL 中的 double 类型 | b | 描述变量的数据类型为 MySQL 中的 blob 类型 |

## 3．实现预处理的执行。

在完成模板的参数绑定后，接下来应该将数据内容发送给 MySQL 执行。mysqli_stmt_execute( )函数用于执行预处理，其语法格式如下。

```
bool mysqli_stmt_execute(mysqli_stmt $stmt )
```

其中，$stmt 参数表示由 mysqli_prepare( )函数返回的预处理对象。mysqli_stmt_ execute( )函数执行成功返回 true，执行失败返回 false。

【例 8-18】 预处理与参数绑定示例。

```php
<?php
    // 连接数据库、设置字符集、预处理 SQL 模板
    $link = mysqli_connect('localhost', 'root', '', 'ExpertSystem');
    mysqli_set_charset($link, 'utf8');
    $stmt = mysqli_prepare($link, 'UPDATE 'expert'  SET 'username'=?  WHERE 'id'=?');
    mysqli_stmt_bind_param($stmt, 'si', $username, $id);     // 参数绑定，并为已经绑定的变量赋值
    $username = '宏伟';
    $id = 1;
    mysqli_stmt_execute($stmt);                              // 执行预处理（第 1 次执行）
    $name = '令煊';                                          // 为第 2 次执行重新赋值
    $id = 2;
    mysqli_stmt_execute($stmt);                              // 执行预处理（第 2 次执行）
?>
```

MySQLi 扩展提供的预处理方式实现了数据与 SQL 的分离。这种方式解决了用字符串拼接 SQL 语句带来的安全问题。

除了上述为绑定变量赋值的方式，还可以将用户传递的数据保存到一个数组中，通过遍历数组的方式为绑定的参数赋值。例如，将上例中数据赋值的代码修改为如下形式。

```
$data = [['username' => 'Jack', 'id' => 6], ['username' => 'Merry', 'id' => 8]];
foreach ($data as $v) {
    $username = $v['username'];
    $id = $v['id'];
    mysqli_stmt_execute($stmt);
}
```

# 8.5 PHP 操作 MySQL 数据库常见错误及分析

PHP 操作数据库使用的是 PHP 开发 Web 程序的基本部分，也是最重要的部分。所有使用 PHP 开发的 Web 程序或应用无一例外地需要操作数据库，因此在 PHP 程序中，对数据库操作部分的调试和错误分析就显得非常重要。本节将介绍几种在 PHP 程序操作 MySQL 数据库时比较常见的错误，以及对这些错误的分析。

### 1．连接问题

在 PHP 中使用 MySQL 连接函数无法打开连接的 MySQL 数据库，导致这种情况通常有两种原因，一是 MySQL 本身的问题，如 MySQL 服务没有启动，此时 PHP 的错误提示信息类似：Warning MySQL Connection Failed Can't connect to MySQL server on, 'localhost' (10061)；二是 PHP 不支持 MySQL，此时 PHP 的错误提示信息类似：Fatal error Call to undefined function mysqli_connect( )。对于第一种情况，可以检查 MySQL 是否已经启动；对于第二种情况，可以通过 phpinfo( )函数查看目前 PHP 支持的模块是否包括 MySQL。如果没有 MySQL 的相关描述信息，那么 Windows 用户直接修改 php.ini 文件，载入 MySQL 的扩展模块即可。

### 2．MySQL 用户名和密码问题

在 PHP 程序中配置了错误的 MySQL 的主机地址、用户名或密码，也会导致 MySQL 连接失败，只要在程序中使用正确的主机地址、用户名和密码即可避免这种情况。

### 3．引号导致错误的 SQL 语句

PHP 可以使用单引号字符串，也可以使用双引号字符串。例如：

```
$sql = 'SELECT *  FROM users  WHERE id=$id'
```

因为 PHP 单引号字符串中的变量不会被求值，所以这段 SQL 语句将查询 id=$id 用户信息，就会产生错误。如果使用

```
$sql ="SELECT *  FROM users  WHERE id=$id"
```

这时""字符串中的变量 $id 会被求值为一个具体的数，这样才是一个正确的 SQL 语句。另外，当用户从 Web 页面提交来的数据中含有单引号或双引号时，如果程序将这些内容放在字符串中，势必导致引号使用的混乱，从而出现错误的 SQL 语句。对于这种情况，可以使用"\"转义文本中的引号。

#### 4．错误的名称拼写

这里包括在 PHP 程序中拼写错误的数据库名、表名或字段名，这样可能让 MySQL 去查询一个不存在的表，从而导致错误发生。

MySQL 会为每种错误设定一个编号，当由于程序的问题导致操作数据库出错时，可以根据这些编号对应的错误含义来查找具体原因，如表 8-3 所示。

表 8-3　常见的 MySQL 错误代码及其对应的错误信息

| 错误代码 | 错误信息 | 错误代码 | 错误信息 |
|---|---|---|---|
| 1022 | 关键字重复，更改记录失败 | 1050 | 数据表已存在 |
| 1032 | 记录不存在 | 1051 | 数据表不存在 |
| 1042 | 无效的主机名 | 1054 | 字段不存在 |
| 1044 | 当前用户没有访问数据库的权限 | 1065 | 无效的 SQL 语句，SQL 语句为空 |
| 1045 | 不能连接数据库，用户名或密码错误 | 1081 | 不能建立 Socket 连接 |
| 1048 | 字段不能为空 | 1149 | SQL 语句语法错误 |
| 1049 | 数据库不存在 | 1177 | 打开数据表失败 |

PHP 程序操作 MySQL 数据库引起数据库服务器连接问题的最常见原因是给连接函数提供了不正确的参数（主机名、用户名和密码）；引起查询失败的最常见的原因是引号错误、变量未被设定和拼写错误。在一般情况下，在调试 PHP 程序时，与数据库有关的每个语句都应该有 or die 子句（就像本章的示例代码一样），最好包含丰富的信息，如由函数 mysqli_error($conn)生成的信息和原始的 SQL 语句等。这样就可以快速定位错误源头，尽早诊断、解决程序问题。

#### 5．刷新页面重复提交问题

在创建表单时把输入的表单数据提交到当前页面，并在页面中通过 mysqli_query( )函数执行 INSERT 插入语句，把用户输入的表单数据添加到数据库中。当刷新该页面时，会弹出一个提示框，提示用户如果要重新显示该页面，就会重新发送以前提交的信息。

要想避免这种重复提交数据的情况，只要在设置表单时把表单数据提交到一个新的页面，然后在这个新的页面执行向数据库中添加数据的操作，并在数据添加成功后返回，这样在刷新页面时就不会重复提交数据了。

# 8.6　mysql( )函数与 mysqli( )函数连接数据库的区别与用法

mysqli( )函数扩展支持两种语法，一种是面向过程语法，另一种是面向对象语法。mysqli( )函数面向过程的语法与 mysql( )函数扩展用法非常相似，都是用函数完成 PHP 与 MySQL 的交互。

#### 1．mysql( )函数与 mysqli( )函数的相关性

① mysql( )函数与 mysqli( )函数都是 PHP 的函数集，与 MySQL 数据库关联不大。

② PHP 5 以前的版本一般使用 PHP 的 mysql( )函数驱动 MySQL 数据库，如 mysql_query( )函数，属于面向过程的方式。

③ PHP 5 及以后的版本增加了 mysqli( ) 函数的功能，某种意义上，它是 MySQL 系统函数的增强版，更稳定、更高效、更安全，与 mysql_query( ) 函数对应的有 mysqli_query( ) 函数，属于面向对象的方式，用面向对象的方式操作驱动 MySQL 数据库。

## 2．mysql( ) 函数与 mysqli( ) 函数的区别

① mysql( ) 函数是非持续连接函数，每次连接数据库都会打开一个连接的进程。

② mysqli( ) 函数是永远连接函数，多次运行将使用同一连接进程，从而减少了服务器的开销；封装了诸如事务等的高级操作，同时封装了数据库操作过程中很多可用的方法。

## 3．mysql( ) 函数与 mysqli( ) 函数的用法

mysql( ) 函数面向过程：

```
$conn = mysql_connect('localhost', 'user', 'password');   // 连接 MySQL 数据库
mysql_select_db('data_base');                             // 选择数据库
$result = mysql_query('SELECT * FROM data_base');          // 第二个可选参数，指定打开的连接
$row = mysql_fetch_row( $result ) )                        // 只取一行数据
echo $row[0];                                              // 输出第一个字段的值
```

**注意：** mysqli( ) 函数以过程式的方式操作，有些函数必须指定资源标识，如 mysqli_query(资源标识, SQL 语句)函数，并且资源标识的参数是放在前面的，而 mysql_query(SQL 语句, "资源标识")的资源标识是可选的，默认值是上一个打开的连接或资源。

mysqli( ) 函数面向对象：

```
// 要使用 new 操作符，最后一个参数直接指定数据库；假如构造时间不指定，那么下一句需要
// $conn -> select_db('data_base')实现
$conn = new mysqli('localhost', 'user', 'password','data_base');
$result = $conn -> query( 'SELECT * FROM data_base');
$row = $result -> fetch_row();                             // 获取一行数据
echo row[0];                                               // 输出第一个字段的值
```

使用 new mysqli('localhost', 'usenamer', 'password', 'database_name')会报错，提示如下：

```
Fatal error: Class 'mysqli' not found in …
```

在一般情况下，mysqli( ) 函数不是默认开启的，在 Windows 环境下，要修改 php.ini 文件，去掉 php_mysqli.dll 前的 "；"；在 Linux 环境下，要把 MySQLi 动态链接库编译进去。

## 4．mysql_connect( ) 函数与 mysqli_connect( ) 函数

mysqli( ) 函数可以把数据库名称当作参数传递给 mysqli_connect( ) 函数，也可以传递给 mysqli( ) 函数的构造函数。

如果调用 mysqli_query( ) 函数或 mysqli( ) 函数的对象查询 query( ) 方法，那么连接标识是必选的。

# 思考与练习

1．简述 PHP 操作 MySQL 数据库的基本步骤。

2．mysqli_fetch_array( )函数和 mysqli_fetch_row( )函数之间存在哪些区别？

3．执行下面的所有步骤，然后显示数据库中的所有数据。

（1）创建一个数据库，只有姓名、年龄两个字段。

（2）在数据库中创建一个表。

（3）在表中用 MySQL 命令插入 5 行数据。

（4）用 PHP 代码读取表中的数据，并有序地显示出来。

4．下列选项中，（　　　）逐行获取结果集中的每条数据。

A．mysqli_num_row( )　　　　　　　　B．mysqli_row( )

C．mysqli_get_row( )　　　　　　　　D．mysqli_fetch_row( )

5．mysqli_connect( )函数与@mysqli_connect( )函数的区别是（　　　）。

A．@mysqli_connect( )函数不会忽略错误，将错误显示到客户端

B．mysqli_connect( )函数不会忽略错误，将错误显示到客户端

C．没有区别

D．功能不同的两个函数

6．关于 mysqli_select_db( )函数的作用描述正确的是（　　　）。

A．连接数据库　　　　　　　　　　　B．连接并选取数据库

C．连接并打开数据库　　　　　　　　D．选取数据库

7．下列选项中，（　　　）属于连接数据库的函数。

A．mysqli_connect( )　　　　　　　　B．mysql_connect( )

C．mysqli_select_db( )　　　　　　　D．mysql_select_db( )

8．下列选项中，不属于 PHP 操作 MySQL 的函数是（　　　）。

A．mysqli_connect( )　　　　　　　　B．mysqli_select_db( )

C．mysqli_query( )　　　　　　　　　D．close( )

9．下列选项中，表示从数据结果集中获取信息的是（　　　）。

A．mysqli_fetch_array( )　　　　　　B．mysqli_fetch( )

C．mysqli_get_array( )　　　　　　　D．mysqli_fetch_result( )

10．PHP 的 mysqli 系列函数中常用的遍历数据的函数是（　　　）。

A．mysqli_fetch_row( )，mysqli_fetch_assoc( )，mysqli_affetced_rows( )

B．mysqli_fecth_row( )，mysqli_fecth_assoc( )，mysqli_affetced_rows( )

C．mysqli_fetch_rows( )，mysqli_fetch_array( )，mysqli_fetch_assoc( )

D．mysqli_fecth_row( )，mysqli_fecth_array( )，mysqli_fecth_assoc( )

# 第 9 章 PHP 面向对象编程

面向对象程序设计（Object Oriented Programming，OOP）是一种程序设计思想，比面向过程有更大的灵活性和扩展性，可以对大量零散代码进行有效组织，从而使 PHP 具备大型 Web 项目开发的能力，还可以提高网站的易维护性和易读性。

本章介绍对象、类、成员方法和成员属性等概念，以及面向对象思想中封装性、继承性和多态性的应用。

## 9.1 类与对象

面向对象就是将要处理的问题抽象为对象，然后通过对象的属性和行为来解决对象的实际问题。面向对象的基本概念就是类和对象。

### 1．类的定义

正所谓"物以类聚，人以群分"。世间万物都具有其自身的属性和方法，通过这些属性和方法可以将不同物质区分开。例如，人具有性别、体重和肤色等属性，还可以进行吃饭、睡觉、学习等活动，这些活动可以说是人具有的功能。可以把人看作程序中的一个类，那么人的性别可以比作类中的属性，吃饭可以比作类中的方法。现实世界与计算机世界中类和对象的定义关系如图 9-1 所示。

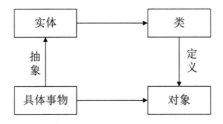

图 9-1　现实世界与计算机世界中类和对象的定义关系

类是属性和方法的集合，是面向对象编程方式的核心和基础，可以将零散的用于实现某项功能的代码进行有效管理。

### 2．对象的由来

类只是具备某项功能的抽象模型，在实际应用中还需要对类进行实例化，因此引入了对象的概念。对象是类进行实例化后的产物，是一个实体。仍然以人为例，"黄种人是人"这句话没有错误，但反过来说"人是黄种人"一定是错误的，因为除了黄种人，还有黑人、白人等。那么，"黄种人"就是"人"这个类的一个实例对象。可以这样理解对象和类的关系：对象实际上是"有血有肉的、能摸得到看得到的"一个类。

总之，在现实世界中，类是一组具有相同属性和行为的对象的抽象。类与对象之间的关系是抽象与具体的关系。类是对多个对象进行综合抽象的结果，对象又是类的个体实物，一个对象是类的一个实例。

在面向对象程序设计中，类就是具有相同的数据和相同的操作（函数）的一组对象的集合，也就是说，类是对具有相同数据结构和相同操作的一类对象的描述。

### 3．类与对象的关系

由前面描述可知，类是用于描述某一些具有共同特征物体的概念，是某类物体的总称。对象是指某具体的"物体"，隶属于某"类别"（类）。

类是无形的、看不见摸不着的、不实际存在的，是具有相同属性和方法的一组对象的集合，为属于该类的所有对象提供统一的抽象描述。

客观世界中的任何一个事物都可以看成一个对象，对象是实际存在的，是构成系统的基本单位。任何一个对象都应具有属性和行为（方法）这两个要素。把人类看成一个类，对象就是具体的一个人，是从人类这个类中实例化出来的一个对象，这个人具有人类的各种属性和方法。

总之，类与对象的关系为：对象是类的实例，类是对象的模板。

### 4．面向对象的特点

面向对象编程的 3 个重要特点是：继承性、封装性和多态性，迎合了编程中注重代码重用性、灵活性和可扩展性的需要，奠定了面向对象在编程中的地位。

① 封装性：将一个类的使用和实现分开，只保留有限的接口（方法）与外部联系。使用该类的开发人员只要知道这个类该如何使用即可，而不用关心这个类是如何实现的。这样做可以让开发人员更好地集中精力做别的事情，同时避免了程序之间的相互依赖带来的不便。

例如，使用计算机时并不需要将计算机拆开了解每个部件的具体用处，用户只需按下主机箱上的 Power 按钮就可以启动计算机。用户可以不必了解计算机内部的构造，这就是封装的具体表现。

② 继承性：派生类（子类）自动继承一个或多个基类（父类）中的属性和方法，并可以重写或添加新的属性或方法，简化了对象和类的创建，增加了代码的可重用性。

假如已经定义了 A 类，接下来准备定义 B 类，而 B 类中有很多属性和方法与 A 类相同，就可以使 B 类继承 A 类，这样无须再在 B 类中定义 A 类已有的属性和方法，从而可以在很大程度上提高程序的开发效率。

例如，交通工具与火车就属于继承关系，火车拥有交通工具的一切特性，但同时拥有自己独有的特性，如图 9-2 所示。

③ 多态性：指同一个类的不同对象，使用同一个方法可以获得不同的结果。多态性增强了软件的灵活性和重用性。

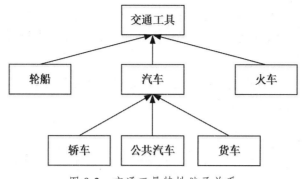

图 9-2　交通工具特性继承关系

例如，老师.下课铃响了()，学生.下课铃响了()，老师执行的是下班操作，学生执行的是放学操作。虽然二者的消息一样，但是对象不同，执行的效果也不同。

总之，面向对象的程序设计就是通过建立一些类以及它们之间的关系来解决问题的。编程者要根据对象间的关系建立类的体系，明确它们之间是构成关系还是类属关系，从而确定类之间是包含还是继承。

面向对象程序设计的一个很大特点是支持代码的重用，这就要求可重用的类一定要抓住不同实体间的共性特征。

当类的定义初步完成后，编程者可以根据现实事物中对象的行为、对象之间的协作关系对具体工作细化模块，并对这些对象进行有机组装，即利用对象进行模块化编程。

# 9.2　类的声明

在 PHP 中把具有相同属性和行为的对象看成同一类，把属于某个类的实例称为某个类的对象，在创建类名称时必须将类进行声明。

## 9.2.1　类的定义

与很多面向对象的语言一样，PHP 也是通过 class 关键字加类名来定义类的。在类中，属性是通过成员变量实现的，行为是通过成员函数（也称成员方法）实现的。类的语法格式如下：

```php
<?php
    权限修饰符  class  类名 {
        成员变量;
        成员方法;
    }
?>
```

其中，权限修饰符是可选项，可以使用 public、protected、private 或省略三者；class 是创建类的关键字；类名是要创建的类的名称，必须写在 class 关键字后，在类的名称后必须跟上一对“{ }”；类体是类的成员，类体必须放在类名后的“{ }”之间。

注意：在创建类时，在 class 关键字前除了可以加权限修饰符，还可以加其他关键字，如 static、abstract 等，有关创建类使用的权限修饰符和其他关键字将在后面章节中进行讲解。

类名的定义与变量名和函数名的命名规则类似，如果由多个单词组成，习惯上每个单词的首字母要大写，并且类名应该有一定的意义。

## 9.2.2　成员属性

成员变量就是类中的变量，主要用于存储数据信息。在类中直接声明的变量被称为成员属性（或成员变量），可以在类中声明多个变量，即对象中有多个成员属性，每个变量存储对象的不同属性信息。

成员属性的类型可以是 PHP 中的标量类型和复合类型，如果使用资源和空类型是没有意义的。

成员属性的声明必须用关键字来修饰，如 public、protected、private 等，这是一些具有特定意义的关键字。如果不需要有特定的意义，那么可以使用 var 关键字来修饰。另外，在声明成员属性时没有必要赋初始值。

定义成员变量的语法格式如下：

```
关键词 成员变量;
```

其中，关键字可以为 public、private、protected、static 中的任意一个，每个关键字的作用在后面章节中讲解。

类的内部除了可以定义成员变量，还可以定义一个常量，语法格式如下：

```
const 常量名=初值;
```

其中，const 为关键字，常量名前不需要添加"$"，并且在定义时必须进行赋初值操作。可以使用作用域操作符"::"访问类常量。

## 9.2.3　成员方法

在类中声明的函数称为成员方法。一个类中可以声明多个函数，即对象中可以有多个成员方法。

成员方法的声明和函数的声明是相同的，唯一特殊之处是，成员方法可以用关键字来修饰，控制成员方法的权限。函数和成员方法的区别在于函数实现某个独立的功能；成员方法是实现类的一个行为，是类的一部分。

声明成员方法的语法格式如下：

```
[关键词] 函数定义;
```

其中，关键字可以为 public、private、protected、static、final 中的任意一个（默认为 public）。

在类中，成员属性和成员方法的声明都是可选的，二者可以同时存在，也可以单独存在。具体应该根据实际的需求来定。

下面定义类及成员属性和成员方法。

【例 9-1】类的定义。

```php
<?php
    class Student {
        const  SCHOOL = "XXX 大学";
        public  $mStudentNo;
        public  $mStudentName;
        public  $mStudentSex;
        public  function ShowInfo() {
            echo $this->mStudentName."的学校为: ".Student::SCHOOL;
        }
    }
?>
```

在上例中，Student 是类名，$mStudentNo、$mStudentName 和$mStudentSex 是成员变量，ShowInfo()是成员方法，$this->表示调用本类中的成员变量或成员方法，定义了一个类常量 SCHOOL，该常量属于类本身而不是某个对象。

在定义类时，"{}"之间的部分需要写在一个<?php　?>标签中，不能分开。

# 9.3　类的实例化

类是对象的模板，对象需要通过类来实例化。

## 9.3.1　创建（实例化）对象

类是对象的抽象，对象是类的一个具体存在，即对象存在独特的属性和行为。在 PHP 中，面向对象程序的最终操作者是对象，而对象是类实例化的产物。所以学习面向对象只停留在类的声明上是不够的，必须学会将类实例化成对象。类的实例化格式如下：

```
$变量名= new 类名称([参数]);                    // 类的实例化
```

其中，"$变量名"为类实例化返回的对象名称，用于引用类中的方法；new 为关键字，表明要创建一个新的对象；"类名称"表示创建的对象属于哪个类；"参数"指定类的构造方法用于初始化对象的值。

如果类中没有定义构造函数，PHP 会自动创建一个不带参数的默认构造函数。

创建对象完成后，通过对象名就可以访问对象中的成员变量与成员方法，其语法格式如下：

```
$对象名->成员变量
$对象名->成员方法
```

【例 9-2】 创建对象。

```php
<?php
    class Student {
        const  SCHOOL = "XXX 大学";
        public  $mStudentNo;
        public  $mStudentName;
        public  $mStudentSex;
```

```
    public function ShowInfo() {
        echo $this->mStudentName."的学校为: ".Student::SCHOOL;
    }
}
$s1 = new Student();
$s1->mStudentNo="202104028";
$s1->mStudentName = "毛毛";
$s1->mStudentSex ="男";
$s1->mShowInfo();
?>
```

运行结果如下:

毛毛的学校为: XXX 大学

在上述代码中, "$this->" 和 "$s1->" 后没有$符号。一个类可以实例化多个对象, 每个对象都是独立的。如果一个类实例化了三个对象, 就相当于在内存中开辟了三个空间存储对象。同一个类声明的多个对象之间没有任何联系, 只能说明它们是同一个类型。就像三个人都有自己的姓名、身高、体重, 都可以进行吃饭、睡觉、学习等活动。例 9-2 中使用了 "类名::类常量名" 的方式在类内访问类常量, 也可以使用 "self::类常量名" 的方式在类内访问类常量。

## 9.3.2　访问类中成员

类中包括成员属性和成员方法, 访问类中的成员包括访问成员属性和成员方法。访问类中的成员方法与访问数组中的元素类似, 需要通过引用对象来访问类中的每个成员, 还要应用到一个特殊的运算符号 "->"。访问类中成员的语法格式如下:

```
$变量名=new 类名称([参数]);          // 类的实例化
$变量名->成员属性=值;                // 为成员属性赋值
$变量名->成员属性;                   // 直接获取成员属性值
$变量名->成员方法;                   // 访问对象中指定的方法
```

这是访问类中成员的基本格式, 下面看它们在具体的实例中是如何运用的。

【例 9-3】创建 ConnDB 类, 对类进行实例化, 并访问类中的成员属性和成员方法。

```
<?php
    class ConnDB {                                      // 定义数据库连接类
        var $localhost;                                 // 定义成员变量
        var $name;
        var $pwd;
        var $db;
        var $conn;
        function __construct($localhost, $name, $pwd, $db) {   // 定义构造方法
            $this->localhost=$localhost;                // 为成员变量赋值
            $this->name = $name;
            $this->pwd = $pwd;
            $this->db = $db;
            $this->connect();
        }
```

```
        public function connect(){                              // 定义数据库连接方法
            $this->conn = mysqli_connect($this->localhost, $this->name, $this->pwd) or
                                    die("CONNECT MYSQL FALSE");        // 执行连接操作
            mysqli_select_db($this->conn, $this->db) or die("CONNECT DB FALSE");
            // 选择数据库
            mysqli_query($this->conn,"SET NAMES utf8");              // 设置数据库编码格式
        }
        public function GetId(){                                 // 定义方法, 返回数据库连接信息
            echo "MySQL 服务器的用户名: ".$this->name."<br>";
            echo "MySQL 服务器的密码: ".$this->pwd;
        }
    }
    $msl = new ConnDB("127.0.0.1","root","","studentinfo");
    // 实例化数据库连接类
    $msl->GetId();                                             // 调用类中的方法
?>
```

运行结果如下:

```
MySQL 服务器的用户名: root
MySQL 服务器的密码: 123
```

# 9.3.3 特殊的访问方法 : "$this" 和 "::"

### 1. $this

例 9-1 使用了一个特殊的对象引用方法 "$this"。那么, 它表示什么意思呢? 这里将对其进行详细讲解。

创建对象成功后, 可以通过 "对象名->成员" 来访问成员, 但在定义类时, 某方法中需要访问类成员, 就不能使用这种方式, 因为无法获取对象名称, 此时可以使用$this, 其语法格式如下:

```
$this->成员名称
```

其中, $this 代表当前对象, 只能在类的内部使用。

$this 存在类的每个成员方法中, 是一个特殊的对象引用方法。成员方法属于哪个对象, $this 引用就代表哪个对象, 其作用是专门完成对象内部成员之间的访问。

正如在例 9-3 中定义的那样, 将传递的参数值直接赋给成员变量, 而在 Connect( )方法中, 直接通过$this->user 和$this->pwd 获取数据库的用户名和密码。

### 2. 操作符 "::"

相比$this 引用只能在类的内部使用, 操作符 "::" 才是真正的强大, 可以在没有声明任何实例的情况下访问类中的成员, 在子类的重载方法中调用父类中被覆盖的方法。操作符 "::" 的语法格式如下:

```
关键字::变量名/常量名/方法名
```

这里的关键字分为三种情况。

① parent 关键字: 可以调用父类中的成员变量、成员方法和常量。

② self 关键字：可以调用当前类中的静态成员和常量。

③ 类名：可以调用本类中的变量、常量和方法。

**【例 9-4】** 依次使用类名、parent 关键字和 self 关键字调用变量和方法。

```php
<?php
    /*
        当实例化对象后不需要使用对象句柄调用对应的方法时，可以只将类实例化不返回对象句柄。
    */
    class Car {
        const  NAME = "别克系列";
        public function __construct(){          // 定义构造方法
            echo "父类: ".Car::NAME. "\n";      // 类名引用
        }
    }
    class SmallCar extends Car {                // 继承
        const  NAME= "别克君威";
        public function __construct() {         // 定义构造方法
            parent::__construct()."\t";         // 应用父类构造方法
            echo "子类: ".self::NAME;
        }
    }
    new SmallCar();                             // 实例化对象
?>
```

运行结果如下：

父类：别克系列 子类：别克君威。

# 9.3.4　构造方法（函数）和析构方法（函数）

构造方法是类中的一个特殊函数，当使用 new 关键字实例化对象时，相当于调用了类的构造方法。实例化对象时自动调用，用于给对象的属性赋初值。

析构方法也是类中的特殊函数，在对象被销毁释放之前自动调用，并且该函数不带任何参数。

## 1．构造方法

当创建对象成功后，如果为这个对象的成员变量赋值，就需要访问该对象的成员变量；如果想要在创建对象时就为成员变量赋值，就可以通过调用构造方法来实现。

构造方法是在创建对象时第一个被对象自动调用的方法，存在于每个声明的类中，是一个特殊的成员方法。如果在类中没有直接声明构造方法，那么类中会默认生成一个没有任何参数且内容为空的构造方法。

构造方法多数是执行一些初始化的任务。在 PHP 中，构造方法的声明有两种情况：第一种在 PHP 5 以前的版本中，构造方法的名称必须与类名相同；第二种在 PHP 5 的版本中，构造方法的名称必须是以两个下画线开始的 "__construct()"（中间没有空格）。虽然在 PHP 5 中构造方法的声明方法发生了变化，但是以前的方法还是可用的。

PHP 5 中的这个变化考虑到构造函数可以独立于类名，当类名发生变化时不需要修改相应的构造函数的名称。

**【例9-5】** 通过__construct( )声明构造方法的语法格式如下:

```
function __construct([参数列表]){
    //对成员变量进行赋值
}
```

在 PHP 中,一个类只能声明一个构造方法。在构造方法中可以使用默认参数实现其他面向对象的编程语言中构造方法重载的功能。如果在构造方法中没有传入参数,那么将使用默认参数为成员变量进行初始化。

**【例9-6】** 通过__construct( )声明一个与类名不同的构造方法。

```
<?php
    class Student {
        var  $mName;
        var  $mAge;
        function __construct($name, $age) {        // 定义一个构造方法初始化赋值
            $this->mName=$name;
            $this->mAge=$age;
        }
        function ShowInfo() {
            echo "我的名字叫: ".$this->mName."<br />";
            echo "我的年龄是: ".$this->mAge;
        }
    }
    $s1 = new Student("毛毛", 18);
    $s1->ShowInfo();
?>
```

运行结果如下:

```
我的名字叫:毛毛
我的年龄是: 18
```

## 2. 析构方法

析构方法是在对象销毁时被自动调用的,用于完成对象在销毁前的清理工作。因此析构方法的作用和构造方法正好相反,是对象被销毁之前最后一个被对象自动调用的方法。它是 PHP 5 中新添加的内容,实现在销毁一个对象之前执行一些特定的操作,诸如关闭文件、释放内存等。

析构方法的声明格式与构造方法类似,都是以两个下画线开头的"__destruct",析构函数没有任何参数,其语法格式如下:

```
function __destruct(){
    ...                        // 方法体,通常用来完成一些在对象销毁前的清理任务
}
```

PHP 有一种"垃圾回收"机制,可以自动清除不再使用的对象,释放内存。析构方法就是在这个"垃圾回收"程序执行前被调用的方法,在 PHP 中,属于类中的可选内容。

**【例9-7】** 通过__construct( )声明一个与类名不同的构造方法。

```
<?php
```

```php
    class Student {
        var $mNname;
        var $mAage;
        function __construct($name, $age) {          // 定义一个构造方法初始化赋值
            $this->mName = $name;
            $this->mAge = $age;
        }
        function ShowInfo() {
            echo "我的名字叫: ".$this->mName."<br />";
            echo "我的年龄是: ".$this->mAge;
        }
        function __destruct() {                       // 定义一个析构方法
            echo "<br />自动调用析构函数: 再见, ".$this->mName;
        }
    }
    $p1 = new Student("毛毛", 18);
    $p1->ShowInfo();
?>
```

运行结果如下:

我的名字叫: 毛毛
我的年龄是: **18**
自动调用析构函数: 再见, 毛毛

如果子类中定义了构造函数, 就不会显示隐式调用, 其父类的构造函数要执行父类的构造函数, 需要在子类的构造函数中调用 parent::__construct( )。如果子类中没有定义构造函数, 那么如同一个普通的类方法一样, 从父类继承。

# 9.4 面向对象的封装性

面向对象编程的特点之一是封装性, 类的封装是对属性和方法的访问控制(不是拒绝访问), 将类中的成员属性和成员方法结合成一个独立的相同单位, 并尽可能隐藏对象的内容细节, 目的是确保类以外的部分不能随意存取类的内部数据(成员属性和成员方法), 从而有效避免外部错误对类内数据的影响。

使用者只能通过类提供的公共方法来实现对内部成员的访问和操作, 而不能直接访问对象内部成员, 从而可以增强程序的安全性。

类的封装是通过关键字 public、private、protected、static 和 final 来实现的。下面对 public、private 和 protected 关键字进行详细讲解, 如表 9-1 所示。

表 9-1  三种访问权限修饰类成员的访问性

| 访问权限 | public | protected | private |
| --- | --- | --- | --- |
| 对本类 | 可访问 | 可访问 | 可访问 |
| 对外部 | 可访问 | 不可访问 | 不可访问 |
| 对子类 | 可访问 | 可访问 | 不可访问 |

## 9.4.1 public 关键字

顾名思义，public 关键字就是可以公开的、没有必要隐藏的数据信息，可以在程序的任何地点（类内、类外）被其他的类和对象调用。子类可以继承和使用父类中的所有公共成员。

在本章的前半部分，所有变量都被声明为 public，而所有方法在默认的状态下也是 public，所以对变量和方法的调用显得十分混乱。为了解决这个问题，就需要使用第二个关键字 private。

## 9.4.2 private 关键字

为了不让使用者在类外直接访问类的内部成员变量，在定义类时，变量名前添加 private 关键字表示将类中的成员变量私有化，这样外界就不能随意访问。被 private 关键字修饰的变量和方法只能在所属类的内部调用和修改，不可以在类外访问，即使在子类中也不可以。

【例 9-8】 使用 private 关键字调用成员方法的应用示例。

```php
<?php
    class Car {
        private static $carNam e= "奔驰系列";
        public function setName($carName) {        // 利用 set 方法设置变量值
            $this->carName = $carName;
        }
        public function getName() {                // 利用 get 方法返回变量值
            return $this->carName;
        }
    }
    class SmallCar extends Car { }                 // 继承
    $car = new SmallCar();                         // 实例化子类对象
    $car->setName("C200");                         // 为子类变量赋值
    echo "正确操作私有变量<br>";
    echo $car->getName();                          // 输出子类变量的值
?>
```

运行结果如下：

```
正确操作私有变量
C200
```

◄》**注意：** 通过调用成员方法对私有变量$name 进行修改与访问；如果直接调用私有变量，就会发生错误。

对于成员方法，如果没有写关键字，那么默认就是 public。从本节开始，后面所有方法及变量都会带上关键字，这是程序员的一种良好的编程习惯。

## 9.4.3 protected 关键字

protected 关键字可以将数据完全隐藏起来，除了在本类中可以调用，在其他地方都不可以调用，子类也不可以。有些变量希望子类能够调用，但对另外的类来说，还要做到封装。这时，就可以使用 protected 关键字。被 protected 修饰的类成员，可以在本类和子类中调用，其他地方则不可以调用。

【例 9-9】protected 的保护应用示例。

首先声明一个 protected 变量，然后使用子类中的方法调用，最后在类外直接调用一次，代码如下：

```php
<?php
    class Car {                                          // 定义轿车类
        protected $carName = "奔驰系列";                   // 定义保护变量
    }
    class SmallCar extends Car {                          // 小型轿车类定义轿车类
        public function say() {                           // 定义 say 方法
            echo "调用父类中的属性: ".$carName=$this->carName;  // 输出父类变量
        }
    }
    $car = new SmallCar();                                // 实例化对象
    $car->say();                                          // 调用 say 方法
    $car->$carName = '奔驰 C200';
?>
```

运行结果如下：

```
调用父类中的属性: 奔驰系列
Notice: Undefined variable: carName in C:\xampp\htdocs\chap9\index.php on line 26
Fatal error: Cannot access empty property in C:\xampp\htdocs\chap9\index.php on line 26
```

📢 注意：虽然 PHP 中没有对修饰变量的关键字进行强制性的规定和要求，但从面向对象的特征和设计方面考虑，一般用 private 关键字或 protected 关键字来修饰变量，以防止变量在类外被直接修改和调用。

## 9.4.4　静态属性和静态方法

在 PHP 中，通过 static 关键字修饰的成员属性和成员方法被称为静态属性和静态方法。静态属性和静态方法在不需要被类实例化的情况下可以直接使用。

### 1．静态属性

静态属性就是通过关键字 static 修饰的成员属性，属于类本身而不属于类的任何实例对象，相当于存储在类中的全局变量，可以在任何位置通过类来访问。

静态属性访问的语法格式如下：

```
类名称::$静态属性名称
对象名称::$静态属性名称
```

其中，"::" 被称为范围解析操作符，用于访问静态成员、静态方法和常量，还可以用于覆盖类中的静态成员和静态方法。

如果要在类内部的成员方法中访问静态属性，那么在静态属性的名称前加上操作符 "self::" 即可。

## 2．静态方法

静态方法就是通过关键字 static 修饰的成员方法。由于它不受任何对象的限制，因此了以不通过类的实例化直接引用类中的静态方法。

静态方法引用的语法格式如下：

```
类名称::静态方法名称([参数 1，参数 2，…])
对象名称::静态方法名称([参数 1，参数 2，…])
```

如果在类内部的成员方法中引用静态方法，那么也在静态方法的名称前加上操作符 self::" 即可。

🔊 **注意：** 静态方法只能调用静态变量，不能调用普通变量，而普通方法则可以调用静态变量。

使用静态成员，除了可以不需要实例化对象，还有一个作用就是在对象被销毁后，仍然存储被修改的静态数据，以便下次继续使用。

【例 9-10】 用 "::" 访问静态成员、方法。

```php
<?php
    Class Person {
        public static $country = "中国";              // 定义静态成员属性
        public static function myCountry() {          // 定义静态成员方法
            echo "我是".self::$country."人。<br />";    // 内部访问静态成员属性
        }
    }
    echo Person::$country."<br />";                   // 输出静态成员属性值
    Person::myCountry();                              // 访问静态方法
?>
```

运行结果如下：

```
中国
我是中国人。
```

🔊 **注意：** 静态成员不用实例化对象，当类第一次被加载时就已经分配了内存空间，所以直接调用静态成员的速度要快一些。如果静态成员声明得过多，空间一直被占用，反而会影响系统的功能。只能通过实践积累才能真正地把握这个尺度。

在静态方法中不能使用$this，因为$this 表示当前对象。静态方法属于类，因此经常用于操作静态成员变量，即在使用静态方法中只能访问静态成员。

# 9.5　面向对象的继承性

面向对象编程的特点之二是继承性，用于描述类的所属关系，使一个类继承并拥有另一个已存在类的成员属性和成员方法，其中被继承的类称为父类，继承的类称为子类。在 PHP 中，对象的继承使用 extends 关键字实现。PHP 只能继承一个父类，不支持多继承。

继承对于功能设计和抽象是非常有用的，而且对于类似的对象增加新功能就无须重写这些公用的功能，因此通过继承能够提高代码的重用性和可维护性。

## 9.5.1 类的继承：extends 关键字

类的继承是类与类之间的一种关系的体现。子类不仅有自己的属性和方法，还有父类的所有属性和方法。

在 PHP 中，类的继承通过 extends 关键字实现，其语法格式如下：

```php
class 子类名称 extends 父类名称{
    // 子类成员变量列表
    function 成员方法(){              // 子类成员方法
        …                            // 方法体
    }
    …                                // 省略其他方法
}
```

子类继承了父类中的属性和方法，也可以添加新的属性和方法。

【例 9-11】 创建一个水果父类，在另一个苹果类中通过 extends 关键字来继承水果父类中的属性和方法，最后对子类进行实例化操作。

```php
<?php
    class Fruit {
        var $mApple = "苹果";              // 定义变量
        var $mBanana = "香蕉";
        var $mOrange = "橘子";
    }
    class FruitType extends Fruit{         // 类之间继承
        var $mGrape = "葡萄";              // 定义子类变量
    }
    $fruit = new FruitType();              // 实例化对象
    echo "水果包含: ".$fruit->mApple."、".$fruit->mBanana."、".$fruit->mOrange."、".$fruit->mGrape;
?>
```

运行结果如下：

```
水果包含：苹果、香蕉、橘子、葡萄
```

## 9.5.2 类的继承：parent:: 关键字

通过 parent:: 关键字也可以在子类中调用父类中的成员方法，其语法格式如下：

```
parent:: 父类的成员方法(参数);
```

【例 9-12】 通过 parent:: 关键字重新设计例 9-11 中的继承方法。在子类的 AppleFruitType( )方法中，直接通过 parent:: 关键字调用父类中的 FruitType( )方法。

```php
<?php
    class Fruit {                          // 定义水果类
        var $mApple = "苹果";              // 定义变量
        var $mBanana = "香蕉";
        var $mOrange = "橘子";
        public function say() {            // 定义 say 方法
            echo "、".$this->mApple."、";  // 利用 this 关键字输出本类中的变量
            echo $this->mBanana."、";
```

```
            echo $this->mOrange;
        }
    }
    class FruitType extends Fruit {              // 类之间继承
        var $mGrape = "葡萄";                     // 定义子类变量
        public function show() {                 // 定义 show 方法
            parent::say();                       // 利用 parent::关键字调用父类中的 say 方法
        }
    }
    $fruit = new FruitType();                    // 实例化对象
    echo $fruit->mGrape;                         // 调用子类变量
    $fruit->show();                              // 调用子类 show 方法
?>
```

运行结果如下：

葡萄、苹果、香蕉、橘子

# 9.5.3 覆盖父类方法

在继承关系中，有时从父类继承下来的方法不能完全满足子类的需要，可以采用覆盖父类的方法，也就是使用子类中的方法将从父类中继承的方法进行替换。覆盖父类方法又称方法的重写。覆盖父类方法的关键就是在子类中创建与父类中相同的方法，包括方法名称、参数和返回值类型。

【例 9-13】 在子类中创建一个与父类方法同名的方法，实现方法的重写。

```
<?php
    class Car {                                  // 定义轿车类
        protected $mWheel;                       // 定义保护变量
        protected $mSteer;
        protected $mSpeed;
        public function say_type(){              // 定义轿车类型方法
            $this->mWheel = "45.9 cm";           // 定义车轮尺寸
            $this->mSteer = "15.7 cm";           // 定义方向盘尺寸
            $this->mSpeed = "120 m/s";           // 定义车速
        }
    }
    class SmallCar extends Car {                 // 定义小型轿车类继承轿车类
        public function say_type_C200(){         // 定义 C200 轿车类型
            $this->mWheel = "50.9 cm";           // 定义车轮尺寸
            $this->mSteer = "20 cm";             // 定义方向盘尺寸
            $this->mSpeed ="160 m/s";            // 定义车速
        }
        public function say_show() {             // 定义输出方法
            $this->say_type_C200();              // 调用本类中方法
            // 输出本类中定义的车轮尺寸
            echo "C200 轿车轮胎尺寸: ".$this->mWheel."<br>";
            // 输出本类中定义的方向盘尺寸
            echo "C200 轿车方向盘尺寸: ".$this->mSteer."<br>";
            echo "C200 轿车最高时速: ".$this->mSpeed;  // 输出本类中定义的最高时速
```

```
        }
    }
    $car = new SmallCar();                      // 实例化小型轿车类
    $car->say_show();                           // 调用 say_show()方法
?>
```

运行结果如下：

```
C200 轿车轮胎尺寸: 50.9 cm
C200 轿车方向盘尺寸: 20 cm
C200 轿车最高时速: 160 m/s
```

📢 注意：当父类和子类中都定义了构造方法时，并且子类的对象被创建后，将调用子类的构造方法，而不会调用父类的构造方法。

## 9.5.4　final 关键字

虽然继承可以实现代码重用，但有时可能要求某个类不能被继承或某个类中的方法不能被重写，这时就需要使用 final 关键字，可以修饰类或类中的成员方法。被 final 关键字修饰过的类和成员方法就是"最终的版本"。如果一个类的格式如下：

```
final class class_name {
    …
}
```

说明该类不可以被继承，也不能有子类。如果一个方法的格式如下：

```
final function method_name()
```

说明该方法在子类中不可以重写，也不可以被覆盖。

需要注意的是，属性不能被定义为 final，只有类和方法才能被定义为 final。

【例 9-14】 final 关键字的使用方法。

```
<?php
    class Person {
        public $mName;
        public $mSex;
        final public function ShowInfo() {
            echo $this->mName."的性别为: ".$this->mSex;
        }
    }
    class Student extends Person {
        final public function ShowInfo() {
            echo $this->mName."是一位: ".$this->mSex."同志";
        }
    }
    $s1 = new Student();
?>
```

上述代码在运行时提示如下错误信息：

```
Fatal error: Cannot override final method Person::ShowInfo() in C:\xampp\htdocs\phptomysql\
index.php on line 22
```

## 9.5.5  trait 机制

　　PHP 是一种单继承语言，不能同时从多个基类中继承属性和方法。在实际应用中，常常需要在一个类中使用两个或更多其他类的方法，这时就无法通过继承得到需要的方法。为了减少单继承语言的限制，PHP 从版本 5.4.0 开始引入了一种 trait 的代码复用机制，可以在一个类中引用多个其他类的方法。

　　与类相似，在 trait 中可以定义方法和属性。但 trait 为传统继承增加了水平特性的组合，可以用细粒度和一致的方式来组合功能，应用的几个类之间不需要继承。trait 无法通过其自身来实例化，通常将 trait 与类一起使用，通过二者组合的语义定义一种减少复杂性的方式，并可以避免传统的多继承带来的问题。

　　简单地讲，trait 就是一种不同于继承的语法格式，在使用时首先定义一个 trait，然后在其他类或 trait 中通过 use 关键字来引用它。在一个类中通过 use 关键字引入 trait 后，相当于在当前类中包含了一段代码，而且所引入的 trait 与当前类可以视为同一个类，可以使用"$this->"语法来调用 trait 中的方法。

　　从基类继承的成员会被 trait 插入的成员覆盖，其优先顺序是来自当前类的成员覆盖了 trait 的方法，而 trait 则覆盖了继承下来的方法。代码如下：

```php
<?php
    class Base{
        public function sayHello() {
            echo 'Hello, ';
        }
    }
    trait SayWorld {
        public function sayHello() {
            parent::sayHello();              // 调用基类的同名方法
            echo 'World!';
        }
    }
    class MyHelloWorld extends Base {
        use SayWorld;                        // 引用 trait SayWorld, 此时 trait 的方法会覆盖继承的方法
    }
    $obj = new MyHelloWorld();
    $obj->sayHello();                        //输出: Hello, World!
?>
```

　　通过","分隔可以在 use 声明中列出多个 trait，并将它们插入同一个类。当两个 trait 插入一个同名的方法时，如果没有明确解决冲突，就会产生一个致命错误。为解决多个 trait 在同一个类中的命名冲突问题，可以使用 insteadof 操作符来明确指定使用哪一个冲突方法，也可以使用 as 操作符为某个方法指定别名。

# 9.6  抽象类和接口

　　抽象类（Abstract）和接口（Interface）都是不能被实例化的特殊类，它们都是配合面

向对象的多态性一起使用的。下面讲解它们的声明和使用方法。

# 9.6.1　抽象类

　　类中可以定义不含方法体的成员方法，该类的子类可以根据实际需求实现方法体，这样的成员方法称为抽象方法。抽象方法使用 abstract 关键字修饰。包含抽象方法的类必须是抽象类，抽象类也使用 abstract 关键字修饰。

　　抽象类是一种不能被实例化的类，只能作为其他类的父类来使用。抽象类使用 abstract 关键字来声明，其语法格式如下：

```
abstract class 抽象类名称{              // 抽象类的成员变量列表
    abstract function 成员方法 1(参数);   // 定义抽象方法
    abstract function 成员方法 2(参数);   // 定义成员方法
}
```

　　抽象类与普通类相似，包含成员变量、成员方法。两者的区别在于，抽象类至少要包含一个抽象方法。抽象方法没有方法体，其功能的实现只能在子类中完成。抽象方法也是使用 abstract 关键字来修饰的。

　　📢 注意：在抽象方法后要有 ";"。

　　抽象类和抽象方法主要应用于复杂的层次关系中，这种层次关系要求每个子类都包含并重写某些特定的方法。

　　【例 9-15】抽象类的应用示例。

　　首先定义了一个名为 Shape 的抽象类，其中包含一个抽象方法 getArea()；然后基于抽象类 Shape 分别创建了子类 Triangle 和 Rectangle，并在这两个子类中实现抽象方法 getArea()。

```php
<?php
    abstract class Shape {                    // 定义抽象类 Shape
        protected $mBbase;                    // 定义保护属性（底）
        protected $mHeight;                   // 定义保护属性（高）
        public function setValue($b, $h) {    // 定义非抽象方法，用于设置底和高
            $this->mBase = $b;
            $this->mHeight = $h;
        }
        public abstract function getArea();   // 定义抽象方法，用于计算面积
    }
    class Triangle extends Shape {            // 基于抽象类 Shape 创建子类 Triangle
        public function getArea() {           //实现抽象方法 getArea
            return round((($this->mBase) * ($this->mHeight)/2), 2);
        }
    }
    class Rectangle extends Shape {           // 基于抽象类 Shape 创建子类 Rectangle
        public function getArea() {           // 实现抽象方法 getArea
            return round((($this->mBase) * ($this->mHeight)), 2);
        }
    }
```

```
$t = new Triangle();
$t->setValue(126.52, 59.81);
printf("<li>三角形面积为: %f", $t->getArea());
$r = new Rectangle();
$r->setValue(182.99, 69.56);
printf("<li>长方形面积为: %f", $r->getArea());
?>
```

运行结果如下:

```
三角形面积为: 3783.580000
长方形面积为: 12728.780000
```

此外，抽象类不能被实例化，即不能使用 new 关键字创建抽象类对象。因为抽象类中包含抽象方法，抽象方法只有声明没有方法体，不能被调用。如果子类只实现抽象父类中的部分抽象方法，那么子类必须定义为抽象类。

## 9.6.2  接口

继承性简化了对象、类的创建，增加了代码的可重性。但 PHP 只支持单继承，如果实现多重继承，就要使用接口。PHP 可以实现多个接口。如果抽象类中的所有成员方法都是抽象的，就可以将这个类定义为接口。

### 1. 接口的声明

接口通过 interface 关键字来声明，接口中声明的方法必须是抽象方法，接口中不能声明变量，只能使用 const 关键字声明常量的成员属性，并且接口中的所有成员都必须具备 public 的访问权限。接口声明的语法格式如下:

```
interface 接口名称 {              // 使用 interface 关键字声明接口
    常量成员                      // 接口中的成员只能是常量
    抽象方法                      // 成员方法必须是抽象方法
}
```

其中，关键字 interface 用来定义接口。接口中的成员属性只能是使用 const 修饰的常量，不能是变量，而抽象类中可以定义成员变量。接口中的所有方法都是抽象方法，因此方法名前就不需要使用 abstract 关键字修饰了。

与抽象类相似，接口中也包含抽象方法。因此，接口和抽象类都不能进行实例化的操作，也需要通过子类来实现。但是接口可以直接使用接口名称在接口外获取常量成员的值。例如，声明一个 One 接口:

```
interface One {                          // 声明接口
    const CONSTANT='CONSTANT value';     // 声明常量的成员属性
    function FunOne();                   // 声明抽象方法
}
```

接口之间也可以实现继承，同样需要使用 extends 关键字。

下面声明一个 Two 接口，通过 extends 关键字继承 One 接口。

```
interface Two extends One {              // 声明接口，并实现接口之间的继承
    function FunTwo();                   // 声明抽象方法
```

```
}
```

## 2．接口的应用

因为接口不能进行实例化的操作，所以要使用接口中的成员，就必须借助子类。在子类中继承接口使用 implements 关键字。如果实现多个接口的继承，那么每个接口之间用"，"连接。PHP 中一个类只能有一个父类，但一个类可以有多个接口。

🔊 **注意：**既然通过子类继承了接口中的方法，那么接口中的所有方法必须都在子类中实现，否则 PHP 将抛出错误信息。

**【例 9-16】** 声明两个接口 Person 和 Popedom。然后在子类 Member 中继承接口并声明在接口中定义的方法，最后实例化子类，调用子类中的方法输出数据。

```php
<?php
    interface Person {                          // 定义 Person 接口
        public function say();                  // 定义接口方法
    }
    interface Popedom {                         // 定义 Popedom 接口
        public function money();               // 定义接口方法
    }
    class Member implements Person, Popedom {   // 类 Member 实现 Person 接口和 Propedom 接口
        public function say(){                  // 定义 say 方法
            echo "我只是一名普通员工，";         // 输出信息
        }
        public function money() {               // 定义 money 方法
            echo "我一个月的薪水是10000元";      // 输出信息
        }
    }
    $man = new Member ();                        // 实例化对象
    $man->say();                                 // 调用 say 方法
    $man->money();                               // 调用 money 方法
?>
```

运行结果如下：

```
我只是一名普通员工，我一个月的薪水是10000元
```

# 9.7 面向对象的多态性

面向对象编程的特点之三是多态性，表示一段程序能够处理多种类型对象的能力。多态是指同一操作作用于不同的对象，可以有不同的解释，即产生不同的执行结果。在程序中，多态是指把类中具有相似功能的不同方法使用同一个方法名实现，从而可以使用相同的方式来调用这些具有不同功能的同名方法。

例如，在介绍面向对象的特点时举的火车和汽车的例子，虽然火车和汽车都可以移动，但是它们的行为是不同的，火车在铁轨上行驶，而汽车在公路上行驶。在 PHP 中，多态有两种实现方法：通过继承实现多态和通过接口实现多态。

## 9.7.1　通过继承实现多态

下面运用实例介绍如何通过继承实现多态。

【例9-17】　通过继承实现多态的应用示例。

首先创建一个抽象类 Type，用于表示各种交通方法，然后让子类继承这个 Type 类。

```php
<?php
    abstract class Type {                        // 定义抽象类 Type
        abstract function go_Type();             // 定义抽象方法 go_Type()
    }
    class Type_car extends Type {                // 定义小轿车类继承 Type 类
        public function go_Type() {              // 重写抽象方法
            echo "我坐小轿车去拉萨";              // 输出信息
        }
    }
    class Type_bus extends Type {                // 定义公共汽车类继承 Type 类
        public function go_Type() {              // 重写抽象方法
            echo "我坐公共汽车去拉萨";            // 输出信息
        }
    }
    function change($obj) {                      // 自定义方法根据传入对象不同调用不同类中的方法
        if($obj instanceof Type) {
            $obj->go_Type();
        }
        else {
            echo "传入的参数不是一个对象";        // 输出信息
        }
    }
    echo "实例化 Type_car: ";
    change(new Type_car());                      // 实例化 Type_car 类
    echo "<br>";
    echo "实例化 Type_bus: ";
    change(new Type_bus);                        // 实例化 Type_bus 类
?>
```

运行结果如下：

```
实例化 Type_car: 我坐小轿车去拉萨
实例化 Type_bus: 我坐公共汽车去拉萨
```

在上例中，对于抽象类 Type，Type_bus 类和 Type_car 类就是其多态性的体现。其中，instanceof 用于判断一个对象是否是特定类的实例。

## 9.7.2　通过接口实现多态

下面运用实例讲解如何通过接口实现多态。

【例9-18】　通过接口实现多态的应用示例。

首先定义接口 Type，并定义一个空方法 go_Type()，然后定义 Type_car 子类和 Type_bus 子类实现接口 Type，最后通过 instanceof 关键字检查对象是否属于接口 Type。

```php
<?php
    interface Type {                                // 定义 Type 接口
        public function go_Type();                  // 定义接口方法
    }
    class Type_car implements Type {                // Type_car 类实现 Type 接口
        public function go_Type() {                 // 定义 go_Type()方法
            echo "我坐小轿车去拉萨";                  // 输出信息
        }
    }
    class Type_bus implements Type {                // Type_bus 类实现 Type 接口
        public function go_Type() {                 // 定义 go_Type()方法
            echo "我坐公共汽车去拉萨";                // 输出信息
        }
    }
    function change($obj) {                          // 自定义方法
        if($obj instanceof Type) {
            $obj->go_Type();
        }
        else {
            echo "传入的参数不是一个对象";            // 输出信息
        }
    }
    echo "实例化 Type_car: ";
    change(new Type_car);                            // 实例化对象
    echo "<br>";
    echo "实例化 Type_bus: ";
    change(new Type_bus);
?>
```

其运行结果与 9.7.1 节的代码运行结果是相同的。

# 9.8 面向对象的魔术方法

PHP 中有很多以两个下画线 "__" 开头的方法，如前面已经介绍过的 __construct()、__destruct()和 __clone()，这些方法被称为魔术方法，它们的共同点是可以被自动调用。PHP 中提供了多个魔术方法，下面介绍几个常见的魔术方法。

## 9.8.1 __set()方法和__get()方法

__set()方法和 __get()方法对私有成员进行赋值或获取值的操作。

__set()方法：在程序运行过程中为私有的成员属性设置值，不需要任何返回值，包含两个参数，分别表示变量名称和变量值，这两个参数不可省略。__set()方法不需要主动调用，可以在方法前加上 private 关键字修饰，防止用户直接调用。

__get()方法：在程序运行过程中，在对象的外部获取私有成员属性的值，有一个必选参数，即私有成员属性名，返回一个允许对象在外部使用的值。__get()方法同样不需要主动调用，可以在方法前加上 private 关键字，防止用户直接调用。

**【例 9-19】** __set( )方法和__get( )方法的应用。

```php
<?php
    class Student {
        private $name;
        private $sex;
        private $age;
        function __set($property_name, $value) {        // __set()方法用来设置私有属性
            echo "在直接设置私有属性值的时候，自动调用了这个__set()方法为私有属性赋值<br />";
            $this->$property_name = $value;
        }
        function __get($property_name) {                // __get()方法用来获取私有属性
            echo "在直接获取私有属性值的时候，自动调用了这个__get()方法<br />";
            return isset($this->$property_name) ? $this->$property_name : null;
        }
    }
    $p1 = new Student();
    $p1->name = "毛毛";                    // 直接为私有属性赋值的操作，自动调用__set()方法进行赋值
    echo "我的名字叫: ".$p1->name; // 直接获取私有属性的值，自动调用__get()方法，返回成员属性的值
?>
```

运行结果如下：

```
在直接设置私有属性值的时候，自动调用了这个__set()方法为私有属性赋值
在直接获取私有属性值的时候，自动调用了这个__get()方法
我的名字叫: 毛毛
```

# 9.8.2  __isset()方法和__unset()方法

如果不看__isset( )方法和__unset( )方法前的"__"，我们一定会想到 isset( )方法和 unset( )方法。isset( )方法用于检测变量是否存在，若存在，则返回 true，否则返回 false。在面向对象中，通过 isset( )方法可以对公有的成员属性进行检测，但是它对于私有的成员属性就不起作用了，而__isset( )方法的作用就是帮助 isset( )方法检测私有成员属性。

如果在对象中存在__isset( )方法，当在类的外部使用 isset( )方法检测对象中的私有成员属性时，就会自动调用类中的__isset( )方法完成对私有成员属性的检测操作，其语法格式如下：

```
bool__isset(string name)        // 传入对象中的成员属性名，返回值为测定结果
```

unset( )方法的作用是删除指定的变量，其参数为要删除的变量名称。在面向对象中，unset( )方法可以对公有的成员属性进行删除操作，但是对于私有的成员属性，就必须在__unset( )方法的帮助下才能够完成删除操作。

__unset( )方法帮助unset( )方法在类的外部删除指定的私有成员属性，其语法格式如下：

```
void__unset(string name)        // 传入对象中的成员属性名，执行将私有成员属性删除的操作
```

## 9.8.3 __call()方法

如果通过对象调用未定义的成员方法时，程序会报错并退出；如果在类中添加__call()方法，程序会自动调用__call()方法并继续往下执行。__call()方法的作用是：当程序试图调用不存在或不可见的成员方法时，PHP 会先调用__call()方法来存储方法名及其参数。__call()方法包含两个参数，即方法名和方法参数。其中，方法参数是以数组形式存在的。

【例 9-20】 声明一个类 JsSoft，其中包含两个方法：MingZi()和__call()。类实例化后，调用一个不存在的方法 MingR()。

```php
<?php
    class JsSoft {
        public function MingZi() {                              // MingZi()方法
            echo '调用的方法存在，直接执行此方法。<p>';
        }
        public function __call($method, $parameter) {           // __call()方法
            echo '如果方法不存在，则执行__call()方法。<br>';
            echo '方法名为：'.$method.'<br>';                     // 输出第一个参数，即方法名
            echo '参数有：';
            var_dump($parameter);                               // 输出第二个参数，即一个参数数组
        }
    }
    $mrsoft = new JsSoft();                                     // 实例化对象$mrsoft
    $mrsoft -> MingZi();                                        // 调用存在的方法 MingZi()
    $mrsoft -> MingR('how','what','why');                      // 调用不存在的方法 MingR()
?>
```

运行结果如下：

```
调用的方法存在，直接执行此方法。
如果方法不存在，则执行__call()方法。
方法名为：MingR
参数有：array(3) { [0]=> string(3) "how" [1]=> string(4) "what" [2]=> string(3) "why" }
```

## 9.8.4 __toString()方法

如果程序直接使用 echo 输出一个对象，就会出现错误。如果在类中添加了__toString()方法，程序输出对象时就不会出现错误。__toString()方法的作用是：当使用 echo 或 print 输出对象时，将对象转化为字符串。

【例 9-21】 定义 People 类，应用__toString()方法输出 People 类的实例化对象$peo。

```php
<?php
    class People {
        public function __toString() {
            return "我是 toString 的方法体";
        }
    }
    $peo = new People();
    echo $peo;
?>
```

运行结果如下：

```
我是 toString 的方法体
```

📢 **注意：**

① 如果没有__toString( )方法，直接输出对象将会发生致命错误（fatal error）。

② 输出对象时应注意，echo( )或 print( )后直接跟要输出的对象，中间不要加多余的字符，否则__toString( )方法不会被执行。

# 9.8.5 __autoload( )方法

将一个独立完整的类存储到一个 PHP 页面中，并且文件名与类名保持一致，这是每个开发人员都需要养成的良好习惯，这样，在下次重复使用某个类时，就可以轻松地找到它。但还有一个让开发人员头疼不已的问题是，如果要在一个页面中引入很多类，需要使用 include_once( )方法或 require_once( )方法逐个引入。

在 PHP 5 中应用__autoload( )方法解决了这个问题。__autoload( )方法可以自动实例化需要使用的类。当程序要用到一个类但该类还没有被实例化时，PHP 5 将使用__autoload( )方法在指定的路径下自动查找和该类名称相同的文件，如果找到则继续执行，否则报告错误。

【例 9-22】 __autoload( )方法的应用示例。

首先创建一个类文件 inc.php，该文件包含类 People。然后创建 index.php 文件，在文件中创建__autoload( )方法，判断类文件是否存在，若存在，则使用 include_once( )方法将文件动态引入，否则输出提示信息。

```php
<?php
    class People {                                    // 定义类
        public function __toString() {                // 定义__toString()方法
            return"自动加载类";
        }
    }
? >
```

index.php 文件的代码如下：

```php
<?php
    function __autoload($class_name) {                // 创建__autoload()方法
        $class_path = $class_name.'/inc.php';         // 类文件路径
        if(file_exists($class_path))    {             // 判断类文件是否存在
            include_once($class_path);                // 动态包含类文件
        }
        else
            echo '类路径错误。';
    }
    $mrsoft = new People();                           // 实例化对象
    echo $mrsoft;                                     // 输出类内容
?>
```

运行结果如下：

```
自动加载类
```

## 9.8.6 __clone()方法

在一个项目中有时需要使用两个或多个一样的对象，如果使用 new 关键字重新创建对象，再赋上相同的属性，这样比较烦琐且容易出错。PHP 提供了对象克隆功能，可以根据一个对象克隆出一个一模一样的对象，而且克隆后，两个对象互不干扰。

### 1．克隆对象

对象的克隆可以通过 clone 关键字来实现。使用 clone 关键字克隆的对象与原对象没有任何关系，它是将原对象从当前位置重新复制了一份，相当于在内存中新开辟了一个空间。使用 clone 关键字克隆对象的语法格式如下：

```
$克隆对象名称=clone $原对象名称;
```

对象克隆成功后，对象中的成员方法、属性及值是完全相同的。如果克隆后的副本对象在克隆时重新要为成员属性赋初始值，就要使用下面将要介绍的__clone()方法。

### 2．克隆副本对象的初始化

__clone()方法可以将克隆后的副本对象初始化，不需要任何参数，其中包含$this和$that两个对象的引用，$this 是对副本对象的引用，$that 则是对原本对象的引用。

【例 9-23】 __clone()方法的使用。

在对象$book1 中创建__clone()方法，将变量$object_type 的默认值从 book 修改为 computer。使用对象$book1 克隆出对象$book2，输出$book1 和$book2 的$object_type 值。

```php
<?php
    class Person {
        private $name;
        private $age;
        function __construct($name, $age) {
            $this->name=$name;
            $this->age=$age;
        }
        function say() {
            echo "我的名字叫: ".$this->name."<br />";
            echo "我的年龄是: ".$this->age;
        }
    }
    $p1 = new Person("毛毛", 18);
    $p2 = clone $p1;
    $p2->say();
?>
```

运行结果如下：

```
我的名字叫: 毛毛
我的年龄是: 18
```

## 9.8.7 自动加载类：spl_autoload_register()方法

在 PHP 中，__autoload()或 spl_autoload_register()方法可以注册任意数量的自动加载

器，当使用尚未被定义的类和接口时自动加载。通过注册自动加载器，脚本引擎在 PHP 出错失败前有了最后一个机会加载所需要的类。

spl_autoload_register()注册给定的方法作为__autoload()的实现，语法格式如下：

```
spl_autoload_register([callable $autoload_function[, bool $throw[, bool $prepend]]]) : bool
```

其中，参数 autoload_function 表示欲注册的自动装载函数。如果没有提供任何参数，就自动注册 autoload 的默认实现函数 spl_autoload()；throw 参数设置 autoload_function 无法成功注册时是否抛出异常；prepend 为可选参数，若设置为 true，则将函数添加到队列之首，而不是队列尾部。若注册成功，则 spl_autoload_register()函数返回 true，否则返回 false。

**◁))注意**：虽然__autoload()方法能自动加载类和接口，但建议使用 spl_autoload_register()方法。因为 spl_autoload_register()方法提供了一种更加灵活的方式来实现类的自动加载，在同一个应用中可以支持任意数量的加载器，所以不再建议使用__autoload()方法，在以后的 PHP 版本中，__autoload()方法可能被弃用。

**【例 9-24】** 自动加载示例。

本例包含以下 3 个源文件。

源文件 1：MyClassl.php，用于声明 MyClass1 类，源代码如下。

```php
<?php
class MyClass1 {
    public function __toString() {
        return __CLASS__;
    }
}
?>
```

源文件 2：MyClass2.php，用于声明 MyClass2 类，源代码如下。

```php
<?php
class MyClass2 {
    public function __toString() {
        return __CLASS__;
    }
}
?>
```

源文件 3：index.php 为主文件，源代码如下。

```php
<?php
    spl_autoload_register(function ($class_name) {
        require_once $class_name.'.php';
    });
    echo "<h3>自动加载示例</h3>";
    echo "<ul>";
    $obj1 = new MyClass1();
    $obj2 = new MyClass2();
    echo "<li>对象 obj1 输出: ".$obj1;
    echo "<li>对象 obj2 输出: ".$obj2;
?>
```

运行结果如下：

# 9.9　两种常见的设计模式

设计模式描述了软件设计过程中经常遇到的问题及解决方案，是面向对象设计经验的总结和理论化抽象。通过设计模式，开发者可以无数次地重用已有的解决方案，无须重复相同的工作。本节将介绍单例模式与工厂模式。单例模式解决的是如何在整个项目中创建唯一对象实例的问题，工厂模式解决的是如何不通过 new 建立实例对象的方法。

## 1．单例模式

单例模式是指一个类在程序运行期间有且仅有一个实例，并且自行实例化向整个系统提供这个实例，如 Windows 操作系统只提供一个任务管理器。单例设计模式常应用于数据库类设计，采用单例模式只能连接一次数据库，防止打开多个数据库连接，避免进行大量的 new 操作而消耗内存资源。

单例类应具备以下特点：单例类不能直接实例化创建，只能由类本身实例化。因此要获得这样的限制效果，构造函数必须标记为 private，从而防止类被实例化。需要一个私有静态成员变量来存储类实例和一个能访问到实例的公开静态方法。在 PHP 中，为了防止他人对单例类实例克隆，通常还为其提供一个空的私有__clone()方法。

单例模式的使用场景如下：① 要求生产唯一序列号；② Web 中的计数器不用每次刷新都在数据库里加一次，先用单例缓存；③ 创建一个对象需要消耗的资源过多，如 I/O 与数据库的连接等。

【例 9-25】单例模式的实现。

```php
<?php
    final class Mysql {
        private static $instance;
        public $mix;
        public static function getInstance() {
            if (!(self::$instance instanceof self)) {
                self::$instance = new self();
            }
            return self::$instance;
        }
        private function __construct(){}
        private function __clone() {                        // 防止对象被复制
            trigger_error('Clone is not allowed !');
        }
    }
    $firstMysql = Mysql::getInstance();
    $secondMysql = Mysql::getInstance();
    if ($firstMysql == $secondMysql) {
        echo '$firstMysql 和$secondMysql 是同一个对象。';
```

```
    }
    else {
        echo '$firstMysql 和$secondMysql 不是同一个对象。';
    }
?>
```

运行结果如下：

```
$firstMysql 和$secondMysql 是同一个对象。
```

通过上面的代码可以总结出单例模式具有如下特点。

① $_instance 必须声明为静态的私有变量。

② 构造函数和析构函数必须声明为私有，防止外部程序 new 类操作失去单例模式。

③ getInstance()方法必须设置为公有的，必须调用此方法以返回实例的一个引用。

④ 操作符 "::" 只能访问静态变量和静态函数。

⑤ new 对象都会消耗内存。

⑥ 常用的地方是数据库连接。

⑦ 使用单例模式生成一个对象后，该对象可以被其他众多对象使用。

⑧ 私有的__clone()方法防止克隆对象。

⑨ 单例模式仅允许创建一个某个类的对象。构造函数 private 修饰申明一个 static getInstance()方法，用于创建该对象的实例。如果该实例已经存在，就不用创建，只需要创建一个数据库连接。

### 2．工厂模式

工厂模式主要用来实例化有共同接口的类，可以动态决定应该实例化哪个类，而不必每次事先知道要实例化哪个类。工厂设计模式常用于根据输入参数的不同或应用程序配置的不同来创建一种专门用来实例化并返回其对应的类的实例。

工厂模式的使用场景：使用 new 方法实例化类，每次实例化只需调用工厂类中的方法实例化即可。

工厂模式的优点：由于一个类可能会在很多地方被实例化，当类名或参数发生变化时，工厂模式可以简单快捷地在工厂类下的方法中进行一次性修改，避免逐个修改实例化的对象。假设矩形、圆形都用同一个方法，那么我们用基类提供的 API 创建实例时，通过传递参数来自动创建对应的类的实例，它们都有获取周长和面积的功能。

【例 9-26】工厂设计模式的实现。

```php
<?php
    class car {                                // 汽车类
        public function run() {
            echo 'car run …';
        }
    }
    class bus {
        public function run() {
            echo 'bus run …';
        }
    }
```

```
class carFactory {                    // 创建一个汽车工厂类用于生产汽车对象
    public static function getACar($type) {
        if($type == 'car') {
            return new car();
        }
        else {
            return new bus();
        }
    }
}
// 调用演示
$car = carFactory::getACar('bus');
$car->run();
?>
```

运行结果如下：

```
bus run …
```

carFactory 类中定义了一个静态方法 getACar( )，其参数为类名，可以根据类名创建相应的对象，因此被称为工厂方法。

# 思考与练习

1．写出 PHP 5 权限控制修饰符。

2．请简述面向对象的特点有哪些？

3．在面向对象开发中，通常会看到在类的成员函数前面有此类限制，如 public、protected、private，它们三者之间有何区别？

4．PHP 中类成员属性和方法默认的权限修饰符是什么？

5．哪种成员变量可以在同一个类的实例之间共享？

6．写出 PHP 5 的构造函数和析构函数。

7．列举 PHP 5 中的面向对象关键字并指明它们的用途。

8．写出 PHP 5 中常用的魔术方法。

9．$this、self 和 parent 这三个关键词分别代表什么？在哪些场合使用？

10．如何在类中定义常量？如何在类中调用常量？如何在类外调用常量？

11．作用域操作符"::"如何使用？在哪些场合使用？

12．__autoload( )方法的工作原理是什么？

13．设计一个盒子属性描述的类：Box，使之具有长度、宽度和深度等属性，定义构造函数对盒子属性进行初始化，定义一个方法：ShowBox( )，用于显示盒子的体积。当用提交表单的方式输入长度、宽度和深度时，单击"计算"按钮后，就能够创建 Box 类的对象，调用 ShowBox( )方法，显示计算信息。

14．设计一个用户类 User，类中的变量有用户名、密码和记录用户数量的变量，定义类的构造方法、获取和设置密码的方法和显示用户信息的方法。

15．类的定义必须包含在（　　　）之间。

A. ()                    B. [ ]                    C. { }                    D. " "

16. 下列说法中不正确的是（        ）。

A. PHP 中的类使用 class 关键字进行声明

B. 类可以没有属性成员或方法程序

C. 类中的属性成员应该在方法之前进行声明

D. 可以不为类定义构造函数和析构函数

17. （        ）关键字可以实现类的继承。

A. Extends            B. interfaced        C. implements        D. Clone

18. 下列说法中正确的是（        ）。

A. 只有将类的实例对象赋值给变量，才能使用对象

B. 如果没有定义类的构造函数，则无法创建类的对象

C. 如果没有任何到对象的引用，则对象的析构函数会被调用

D. 无论何种情况，在类外部都不能通过对象用 "->" 访问私有属性

19. （        ）属于构造方法名。

A. clone            B. construct        C. Call            D. destruct

20. 以下关于多态的说法中正确的是（        ）。

A. 多态在每个对象调用方法时都会发生

B. 多态是由于子类里面定义了不同的函数而产生的

C. 多态的产生不需要条件

D. 当父类引用指向子类实例时，由于子类对父类的方法进行了重写，在父类引用调用相应的函数时表现出的不同称为多态。

21. 表示成员只能被本类访问的修饰符是（        ）。

A. public            B. private        C. protected        D. final

22. 使用（        ）修饰的类将不能被继承。

A. private            B. protected        C. public            D. final

23. 以下面向对象的三大特性中不属于封装的做法的是（        ）。

A. 将成员变为私有的                    B. 将成员变为公有的

C. 封装方法来操作成员                  D. 使用__get()方法和__set()方法来操作成员

24. 下列不属于面向对象的三大特性的一项是（        ）。

A. 封装            B. 重载            C. 继承            D. 多态

25. 下面描述中错误的是（        ）。

A. 父类的构造函数与析构函数不会被自动调用

B. 成员变量需要用 public、protected、private 修饰，在定义变量时不再需要 var 关键字

C. 在父类中定义的静态成员，可以在子类中直接调用

D. 包含抽象方法的类必须为抽象类，抽象类不能被实例化

# 第 10 章　PDO 数据库抽象层

在实际的项目开发过程中，PHP 程序可能需要操作多种数据库，如 SQL Server、MySQL、Oracle 等，为了让 PHP 程序能够简单、高效地操作不同种类的数据库，PHP 提供了数据库抽象层。数据库抽象层包含了一套统一访问各种数据库的 API，简洁高效，可以让 PHP 程序实现更好的抽象和兼容。目前有 4 种主流数据库抽象层：Metabase、PEAR:DB、PDO（PHP Data Object，PHP 数据对象）和 ADODB。从 PHP 5 开始出现的 PDO 和 ADODB（包括 PDO、MySQLi 的底层实现）已经逐渐普及。

在所有数据库抽象层中，最常用的是 PDO 数据库抽象层，本章将介绍 PDO 的概述、特点、安装及 PDO 的具体应用。

## 10.1　PDO 概述

### 1．PDO 的定义

随着业务需求的日益多样化，PHP 程序使用多种数据库的情况也越来越常见。如果只是通过单一的接口针对单一的数据库编写程序，如用 MySQL 函数处理 MySQL 数据库，或者使用其他函数处理其他类型的数据库，会提高编程的复杂度和工作量，也会增加程序移植和维护的难度。

为了解决这个问题，数据库抽象层被引入 PHP 开发。通过数据库抽象层，PHP 程序把数据处理与数据库连接分开，程序连接的数据库的类型不影响 PHP 业务逻辑程序。

PDO 是实现数据库抽象层的数据库抽象类，其作用是统一各种数据库的访问接口，如图 10-1 所示。

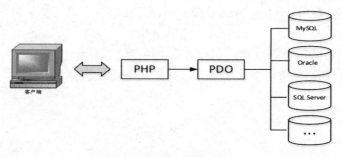

图 10-1　PDO 访问数据库

PDO 支持的数据库包括 Firebird、FreeTDS、Interbase、MySQL、MS SQL Server、ODBC、Oracle、Postgre SQL、SQLite 和 Sybase。有了 PDO，不必再使用 mysql_*函数、oci_*函数或 mssql_*函数，也不必再为它们封装数据库操作类，只需使用 PDO 接口中的方法就可对数据库进行操作。在选择不同的数据库时，只需修改 PDO 的 DSN（数据源名称）即可。

PHP 7 中认使用 PDO 连接数据库，所有非 PDO 扩展将会在 PHP 7 中被移除。该扩展提供 PHP 内置类 PDO 对数据库进行访问，不同数据库使用相同的方法名解决数据库连接不统一的问题。

### 2．PDO 的特点

① PDO 是一个"数据库访问抽象层"，其作用是统一各种数据库的访问接口。与 MySQL 和 MSSQL 函数库相比，PDO 让跨数据库的使用更具有亲和力；与 ADODB 和 MDB2 相比，PDO 更高效。

② PDO 通过一种轻型、清晰、方便的函数，统一各种 RDBMS 库的共有特性，实现 PHP 脚本最大程度的抽象性和兼容性。

③ PDO 吸取现有数据库扩展成功和失败的经验教训，利用 PHP 5 的新特性可以轻松地与各种数据库进行交互。

④ PDO 扩展是模块化的，能够在运行时为数据库后端加载驱动程序，而不必重新编译或重新安装整个 PHP 程序。例如，PDO_MySQL 扩展会替代 PDO 扩展实现 MySQL 数据库 API，还有用于 Oracle、PostgreSQL、ODBC 和 Firebird 的驱动程序，更多驱动程序正在开发。

### 3．PDO 的安装

PDO 是与 PHP 5.1 一起发行的，默认包含在 PHP 5.1 中。由于 PDO 需要 PHP 5.0 核心面向对象特性的支持，因此无法在 PHP 5.0 之前的版本中使用。

PDO 类库是 PHP 自带的类库，因此要使用 PDO 类库，只需在 php.ini 中把关于 PDO 类的语句前面的注释符号去掉即可。

在默认情况下，PDO 在 PHP 5.2 中为开启状态，但是要启用对某个数据库驱动程序的支持，仍需要进行相应的配置操作。在 Windows 环境下，PDO 在 php.ini 文件中进行配置，如图 10-2 所示。

图 10-2　在 Window 环境下配置 PDO

要启用 PDO，必须先加载"extension=php_pdo.dll"，如果要支持某个具体的数据库，还要加载对应的数据库选项。例如，要支持 MySQL 数据库，则需加载"extension=php_pdo_mysql.dll"。

📢 **注意：** 在完成数据库的加载后，要存储 php.ini 文件，并且重新启动 Apache 服务器，才能够生效。

# 10.2　PDO 连接数据库

### 1．准备数据

首先创建 studentinfo 数据库，SQL 语句为 CREATE DATABASE ems，接着使用当前数据库的操作语句，SQL 语句为 USE studentinfo，然后创建名称为 tb_user 的数据库表，其 SQL 语句如下：

```
CREATE TABLE 'tb_user' (
  'id' int(11) NOT NULL AUTO_INCREMENT,
  'username' varchar(20) CHARACTER SET utf8 COLLATE utf8_general_ci NULL DEFAULT NULL,
  'userpwd' char(10) CHARACTER SET utf8 COLLATE utf8_general_ci NULL DEFAULT NULL,
  'qq' varchar(15) CHARACTER SET utf8 COLLATE utf8_general_ci NULL DEFAULT NULL,
  'email' varchar(50) CHARACTER SET utf8 COLLATE utf8_general_ci NULL DEFAULT NULL,
  'date' date NULL DEFAULT NULL,
  PRIMARY KEY ('id') USING BTREE
) ENGINE = InnoDB AUTO_INCREMENT = 3 CHARACTER SET = utf8 COLLATE = utf8_general_ci;
```

向 tb_user 表中插入数据，SQL 语句如下：

```
INSERT INTO 'tb_user' VALUES(1, 'lihui', '123456', '52486050', 'cau@126.com', '2021-02-23')
INSERT INTO 'tb_user' VALUES(2, 'zhangsan', '666666', '987123', 'zhangsan@163.com', '2020-05-20')
INSERT INTO 'tb_user' VALUES(3, 'Tomy', '888888', '52486060', 'tomy@baidu.com', '2021-05-20')
```

### 2．PDO 构造函数

使用 PDO 在与不同数据库管理系统之间交互时，PDO 对象中的成员方法是统一各种数据库的访问接口，所以在使用 PDO 与数据库交互前，应先创建一个 PDO 对象。通过构造方法创建对象的同时，需要建立一个与数据库服务器的连接，并选择一个数据库。

PDO 连接数据库是通过创建 PDO 基类的实例建立的。无论使用哪种驱动程序，都是用 PDO 类名建立实例的。构造函数接收用于指定数据库源，可能还包括用户名和密码（如果有）的参数。

在 PDO 中，要建立与数据库的连接需要实例化 PDO 的构造函数，语法格式如下：

```
__construct(string $dsn[, string $username[, string $password[, array $driver_options]]])
```

其中，$dsn 为数据源名，包括主机名端口号和数据库名称；$username 为连接数据库的用户名；$password 为连接数据库的密码；$driver_options 为连接数据库的其他选项。

【例 10-1】 通过 PDO 连接 MySQL 数据库。

```php
<?php
    $dbms = 'mysql';                        // 数据库类型
    $dbName = 'studentinfo';                // 使用的数据库名称
```

```
        $user = 'root';                              // 使用的数据库用户名
        $pwd = '';                                   // 使用的数据库密码
        $host = 'localhost';                         // 使用的主机名称
        $dsn = "$dbms:host=$host;dbname=$dbName";
        try {                                        // 捕获异常
            $pdo = new PDO($dsn,$user,$pwd);          // 实例化对象
            echo "PDO 连接 MySQL 成功！";
        }
        catch (Exception $e) {
            echo $e->getMessage() "<hr>";            // 输出错误信息
        }
    ?>
```

运行结果如下：

```
PDO 连接 MySQL 成功！
```

### 3. DSN 详解

DSN（Data Source Name，数据源名称）提供连接数据库需要的信息。PDO 的 DSN 包括三部分：PDO 驱动名称（如 mysql、sqlite 或 pgsql）、":"和驱动特定的语法。每种数据库都有特定的驱动语法。

在使用不同的数据库时，必须明确数据库服务器是完全独立于 PHP 实体的。虽然本书中数据库服务器与 Web 服务器是在同一台计算机上的，但是实际情况可能不是如此。数据库服务器可能与 Web 服务器不在同一台计算机上，此时要通过 PDO 连接数据库，就需要修改 DSN 中的主机名称。

由于数据库服务器只在特定的端口上监听连接请求，每种数据库服务器都具有一个默认的端口号（MySQL 是 3306），但是数据库管理员可以对端口号进行修改，因此 PHP 可能找不到数据库的端口，此时就可以在 DSN 中包含端口号。

另外，由于一个数据库服务器中可能拥有多个数据库，因此在通过 DSN 连接数据库时通常包括数据库名称，这样可以确保连接的是想要的数据库，而不是其他数据库。

# 10.3 在 PDO 中执行 SQL 语句

创建 PDO 对象并成功连接 MySQL 数据库后，接着可以通过 PDO 对象执行 SQL 语句。在 PDO 中，PDO 对象提供了 exec()方法、query()方法、prepare()方法和 execate()方法来执行 SQL 语句。

## 10.3.1 PDO::exec()方法

PDO 对象的 exec()方法主要用于执行 INSERT、DELETE 和 UPDATE 语句，成功执行后，将返回受影响的行数，其语法格式如下：

```
int PDO::exec(string statement)
```

其中，参数 statement 是要执行的 SQL 语句。该方法返回执行查询时受影响的行数。

【例 10-2】 使用 exec( )方法执行插入操作。

创建 index.php 文件，设计网页页面。首先通过 PDO 连接 MySQL 数据库，然后定义 INSERT 插入语句，最后用 exec( )方法执行插入操作。关键代码如下：

```php
<?php
    header("Content-Type:text/html;charset=utf-8");
    $dsn ="mysql:host=localhost;dbname=studentinfo";
    // 实例化 PDO 对象
    $pdo = new PDO($dsn,"root","");
    $pdo->exec("set names utf8");
    if($pdo) {
        $strsql = "INSERT INTO tb_user(username, userpwd, qq, email, date)
                    VALUES('tomy', '888888', '52486060', 'tomy@baidu.com', '2021-05-20')";
        $num = $pdo->exec($strsql);
        if($num) {
            echo '数据表 expert 中受影响的行数为'.$num.'条，插入成功';
        }
    }
    else{
        echo '连接 MySQL 服务器失败！';
    }
?>
```

运行结果如下：

数据表 expert 中受影响的行数为 1 条，插入成功

## 10.3.2　PDO::query( )方法

PDO 对象的 query( )方法主要用于执行 SELECT 语句，成功执行后返回一个结果集（PDOStatement）对象，其语法格式如下：

```
PDOStatement PDO::query(string statement)
```

其中，参数 statement 是要执行的 SQL 语句。该方法返回的是一个 PDOStatement 对象。

【例 10-3】 使用 query( )方法执行查询操作。

创建 index.php 文件，设计网页页面。首先通过 PDO 连接 MySQL 数据库，然后通过 query( )方法执行查询，最后用 foreach( )方法以表格形式输出查询的内容。关键代码如下：

```php
<?php
    $dbms = 'mysql';
    $dbName = 'studentinfo';
    $user = 'root';
    $pwd = '';
    $host = 'localhost';
    $dsn = "$dbms:host=$host;dbname=$dbName";
    $query = "SELECT *  FROM tb_user ";          // SQL 语句
    try {
        $pdo = new PDO($dsn,$user,$pwd);
        $result = $pdo->query($query);           // 输出结果集中的数据
        foreach($result as $row) {               // 输出结果集中的数据
```

```
            ?>
            <tr>
                <td bgcolor="#FFFFFF"><div align="center"><?php echo $row['id'];?>; </div></td>
                <td bgcolor="#FFFFFF"><div align="center"><?php echo $row['username']; ?>;</div></td>
                <td bgcolor="#FFFFFF"><div align="center"><?php echo $row ['userpwd'];?></div></td>
                <td bgcolor="#FFFFFF"><div align="center"><?php echo $row['qq']; ?></div></td>
            </tr>
            <?php
        }
    }
    catch (Exception $e) {
        echo "ERROR!!".$e->getMessage()."<br>";
    }
?>
```

运行结果如表 10-1 所示。

表 10-1　运行结果

| ID | 用户名 | 密码 | QQ | 邮箱 | 日期 |
|----|--------|------|-----|------|------|
| 1 | Lihui | 123456 | 52486050 | cau@126.com | 2021-02-23 |
| 2 | Zhangsan | 666666 | 987123 | zhangsan@163.com | 2020-05-20 |
| 3 | Tomy | 888888 | 52486060 | tomy@baidu.com | 2021-05-20 |

## 10.3.3　预处理语句 prepare()和 execute()

当同一个查询需要多次执行时（有时需要迭代传入不同的列值），用预处理语句的方式来实现的效率更高。预处理语句包括 prepare( )和 execute( )两种方法。首先通过 prepare( )方法做查询的准备工作，然后通过 execute( )方法执行查询，其语法格式如下：

```
PDOStatement PDO::prepare(string statement[, array driver_options])
bool PDOStatement::execute([array input_parameters])
```

其中，参数 statement 表示合法的 SQL 语句；参数 driver_options 是一个数组，包含一个或多个键值对，用来设置 PDOStatement 对象的属性。若执行成功，则返回一个 PDOStatement 对象，否则返回 FALSE 或抛出异常 PDOException。

【例 10-4】 在 PDO 中通过预处理语句 prepare()和 execute( )方法执行 SQL 查询语句，并且应用 while 语句和 fetch( )方法完成数据的循环输出。

```
<table width="515" border="0">
    <tr>
        <td bgcolor="#FFFFFF"><div align="center">ID</div></td>
        <td bgcolor="#FFFFFF"><div align="center">用户名</div></td>
        <td bgcolor="#FFFFFF"><div align="center">密码</div></td>
        <td bgcolor="#FFFFFF"><div align="center">QQ</div></td>
        <td bgcolor="#FFFFFF"><div align="center">邮箱</div></td>
        <td bgcolor="#FFFFFF"><div align="center">日期</div></td>
    </tr>
    <?php
        $dbms='mysql';              // 数据库类型，对开发者来说，使用不同的数据库，只要改变这个数据
```

```php
                           // 库的类型，就不用记住那么多的函数
    $host = 'localhost';        // 数据库主机名
    $dbName = 'studentinfo';              // 使用的数据库
    $user = 'root';                       // 数据库连接用户名
    $pass = '';                           // 对应的密码
    $dsn = "$dbms:host=$host;dbname=$dbName";
    try {                      // 初始化一个 PDO 对象，就是创建了数据库连接对象$pdo
        $pdo = new PDO($dsn, $user, $pass);
        $query = "SELECT * FROM tb_user";   // 定义 SQL 语句
        $result = $pdo->prepare($query);    // 准备查询语句
        $result->execute();                 // 执行查询语句，并返回结果集
        while($res=$result->fetch(PDO::FETCH_ASSOC)){
            // 循环输出查询结果集，设置结果集为关联索引
            ?>
            <tr>
                <td height="22" align="center" valign="middle"><?php echo $res ['id'];?></td>
                <td align="center" valign="middle"><?php echo $res['username'];?></td>
                <td align="center" valign="middle"><?php echo $res['userpwd'];?></td>
                <td align="center" valign="middle"><?php echo $res['qq'];?></td>
                <td bgcolor="#FFFFFF"><div align="center"><?php echo $res['email'];?> </div></td>
                <td bgcolor="#FFFFFF"><div align="center"><?php echo $res['date'];?> </div></td>
            </tr>
            <?php
        }
    }
    catch(PDOException $e) {
        die("Error!: ".$e->getMessage()."<br/>");
    }
?>
</table>
```

运行结果如表 10-2 所示。

表 10-2　运行结果

| ID | 用户名 | 密码 | QQ | 邮箱 | 日期 |
|----|--------|------|------|------|------|
| 1 | Lihui | 123456 | 52486050 | cau@126.com | 2021-02-23 |
| 2 | Zhangsan | 666666 | 987123 | zhangsan@163.com | 2020-05-20 |
| 3 | Tomy | 888888 | 52486060 | tomy@baidu.com | 2021-05-20 |

📢 **注意**：预处理语句要运行的是 SQL 的一种编译过的模板，可以使用变量参数进行定制。预处理语句可以带来以下好处。

① 查询只需解析（或准备）一次，但是可以用相同或不同的参数执行多次。当查询准备好后，数据库将分析、编译和优化执行该查询的计划。对于复杂的查询，这个过程要花费比较长的时间，如果需要以不同参数进行多次重复相同的查询，那么该过程将大大降低应用程序的速度。预处理语句可以避免重复分析、编译和优化的周期。简言之，预处理语句使用更少的资源，因而运行得更快。

② 提供给预处理语句的参数不需要用引号括起来，驱动程序会处理这些。如果应用

程序独自使用预处理语句，那么可以确保没有 SQL 入侵发生。但是，如果仍然将查询的其他部分建立在不受信任的输入之上，就仍然存在风险。

📢 **注意：** PDO 中执行 SQL 语句方法的选择如下。

① 如果只是执行一次查询，那么 PDO->query 是较好的选择。虽然它无法自动转义发送给它的任何数据，但是在遍历 SELECT 语句的结果集方面非常方便。然而在使用这个方法时要相当小心，如果没有在结果集中获取到所有数据，那么下次调用 PDO->query 时可能会失败。

② 如果多次执行 SQL 语句，那么理想的方法是 prepare( )和 execute( )。这两个方法可以对提供给它们的参数进行自动转义，进而防止 SQL 注入攻击；同时，由于在多次执行 SQL 语句时应用的是预编译语句，因此还可以减少资源的占用，提高运行速度。

# 10.4　在 PDO 中获取结果集

在 PDO 中获取结果集有 3 种方法，即 fetch( )方法、fetchAll( )方法和 fetchColum( )方法。

## 10.4.1　fetch()方法

fetch( )方法获取结果集中的下一行，其语法格式如下：

```
mixed PDOStatement::fetch([int fetch_style[, int cursor_orientation[, int cursor_offset]]])
```

其中，fetch_style 控制结果集的返回方式，其可选值如表 10-3 所示，cursor_orientation 为 PDOStatement 对象的一个滚动游标，可用于获取指定的一行；cursor_offset 为游标的偏移量。

表 10-3　fetch_style 控制结果集的可选值

| 可 选 值 | 说　　明 |
|---|---|
| PDO::FETCH_ASSOC | 关联数组形式 |
| PDO::FETCH_NUM | 数字索引数组形式 |
| PDO::FETCH_BOTH | 两种数组形式都有，这是默认的 |
| PDO::FETCH_OBJ | 按照对象的形式，类似于以前的 mysql_fetch_object()方法 |
| PDO::FETCH_BOUND | 以布尔值的形式返回结果，同时将获取的列值赋给 bindParam()方法中指定的变量 |
| PDO::FETCH_LAZY | 以关联数组、数字索引数组和对象 3 种形式返回结果 |

**【例 10-5】** 通过 fetch( )方法获取结果集中的下一行数据，进而应用 while 语句完成数据库中数据的循环输出。

创建 index.php 文件，设计网页页面。首先，通过 PDO 连接 MySQL 数据库，定义 SELECT 查询语句，应用 prepare( )和 execute( )方法执行查询操作；接着通过 fetch( )方法返回结果集中的下一行数据，同时设置结果集以关联数组的形式返回；最后，通过 while 语句完成数据的循环输出。关键代码如下：

```html
<table width="515" border="0" >
    <tr>
        <td bgcolor="#FFFFFF"><div align="center">ID</div></td>
        <td bgcolor="#FFFFFF"><div align="center">用户名</div></td>
        <td bgcolor="#FFFFFF"><div align="center">密码</div></td>
        <td bgcolor="#FFFFFF"><div align="center">QQ</div></td>
        <td bgcolor="#FFFFFF"><div align="center">邮箱</div></td>
        <td bgcolor="#FFFFFF"><div align="center">日期</div></td>
    </tr>
    <?php
        $dbms = 'mysql';                    // 数据库类型，对开发者来说，使用不同的数据库，只要改
                                            // 变这个数据库类型，就不用记住那么多的函数
        $host = 'localhost';                // 数据库主机名
        $dbName = 'studentinfo';            // 使用的数据库
        $user = 'root';                     // 数据库连接用户名
        $pass = '';                         // 对应的密码
        $dsn = "$dbms:host=$host;dbname=$dbName";
        try {                               // 初始化一个 PDO 对象，就是创建了数据库连接对象$pdo
            $pdo = new PDO($dsn, $user, $pass);
            $query = "SELECT *  FROM tb_user";   // 定义 SQL 语句
            $result = $pdo->prepare($query);     // 准备查询语句
            $result->execute();                  // 执行查询语句，并返回结果集
            // 循环输出查询结果集，并且将结果集设置为关联索引
            while($res = $result->fetch(PDO::FETCH_ASSOC)) {
                ?>
                <tr>
                    <td height="22" align="center" valign="middle"><?php echo $res['id'];?> </td>
                    <td align="center" valign="middle"><?php echo $res['username'];?></td>
                    <td align="center" valign="middle"><?php echo $res['userpwd'];?></td>
                    <td align="center" valign="middle"><?php echo $res['qq'];?></td>
                    <td bgcolor="#FFFFFF"><div align="center"><?php echo $res['email'];?> </div></td>
                    <td bgcolor="#FFFFFF"><div align="center"><?php echo $res['date'];?> </div></td>
                </tr>
                <?php
            }
        }
        catch (PDOException $e) {
            die("Error!: ".$e->getMessage()."<br/>");
        }
    ?>
</table>
```

运行结果如表 10-4 所示。

表 10-4　运行结果

| ID | 用户名 | 密码 | QQ | 邮箱 | 日期 |
|----|--------|--------|----------|-------------------|------------|
| 1 | Lihui | 123456 | 52486050 | cau@126.com | 2021-02-23 |
| 2 | Zhangsan | 666666 | 987123 | zhangsan@163.com | 2020-05-20 |
| 3 | tomy | 888888 | 52486060 | tomy@baidu.com | 2021-05-20 |

## 10.4.2  fetchAll()方法

fetchAll()方法用于获取结果集中的所有行，其语法格式如下：

```
array PDOStatement::fetchAll([int fetch_style[, int column_index]])
```

其中，fetch_style 控制结果集中数据的显示方式，column_index 为字段的索引。

fetchAll()方法的返回值是一个包含结果集中所有数据的二维数组。

【例 10-6】 通过 fecthAll()方法获取结果集中的所有行，并且通过 for 语句读取二维数组中的数据，完成数据库中数据的循环输出。

创建 index.php 文件，设计网页页面。首先，通过 PDO 连接 MySQL 数据库；然后，定义 SELECT 查询语句，用 prepare()和 execute()方法执行查询操作；接着，通过 fetchAll()方法返回结果集中的所有行；最后，通过 for 语句完成结果集中所有数据的循环输出。关键代码如下：

```php
<table width="515" border="0" >
    <tr>
        <td bgcolor="#FFFFFF"><div align="center">ID</div></td>
        <td bgcolor="#FFFFFF"><div align="center">用户名</div></td>
        <td bgcolor="#FFFFFF"><div align="center">QQ</div></td>
        <td bgcolor="#FFFFFF"><div align="center">邮箱</div></td>
        <td bgcolor="#FFFFFF"><div align="center">操作</div></td>
    </tr>
    <?php
        $dbms = 'mysql';                    // 数据库类型，对开发者来说，使用不同的数据库，只要改变这个
                                            // 数据库类型，就不用记住那么多的函数
        $host = 'localhost';                            // 数据库主机名
        $dbName = 'studentinfo';                        // 使用的数据库
        $user = 'root';                                 // 数据库连接用户名
        $pass = '';                                     // 对应的密码
        $dsn = "$dbms:host=$host;dbname=$dbName";
        try {                               // 初始化一个 PDO 对象，就是创建了数据库连接对象$pdo
            $pdo = new PDO($dsn, $user, $pass);
            $query = "SELECT * FROM tb_user";           // 定义 SQL 语句
            $result = $pdo->prepare($query);            // 准备查询语句
            $result->execute();                         // 执行查询语句，并返回结果集
            $res = $result->fetchAll(PDO::FETCH_ASSOC); // 获取结果集中的所有数据
            for($i = 0; $i < count($res); $i++) {       // 循环读取二维数组中的数据
                ?>
                <tr>
                    <td height="22" align="center" valign="middle"><?php echo $res [$i]['id'];?></td>
                    <td align="center" valign="middle"><?php echo $res [$i]['username'];?></td>
                    <td align="center" valign="middle"><?php echo $res [$i]['qq'];?></td>
                    <td align="center" valign="middle"><?php echo $re s[$i]['email'];?></td>
                    <td align="center" valign="middle"><a href="#">删除</a></td>
                </tr>
                <?php
            }
        }
```

```
            catch(PDOException $e) {
                die("Error!: ".$e->getMessage()."<br/>");
            }
        ?>
    </table>
```

运行结果如表 10-5 所示。

表 10-5　运行结果

| ID | 用户名 | QQ | 邮箱 | 操作 |
|----|--------|-----|------|------|
| 1 | lihui | 52486050 | cau@126.com | 删除 |
| 2 | zhangsan | 987123 | zhangsan@163.com | 删除 |
| 3 | tomy | 52486060 | tomy@baidu.com | 删除 |

## 10.4.3　fetchColumn()方法

fetchColumn()方法用于获取结果集中下一行指定列的值，其语法格式如下：

```
string PDOStatement::fetchColumn ( [ int column_number ] )
```

其中，可选参数 column_number 用于设置行中列的索引值，该值从 0 开始，如果省略该参数，就将从第 1 列开始取值。注意，这里获取的是结果集中下一行指定列的值。

下例输出数据表中第一列的值，即输出数据的 ID。

【例 10-7】创建 index.php 文件，设计网页页面。首先，通过 PDO 连接 MySQL 数据库；然后，定义 SELECT 查询语句，应用 prepare()和 execute()方法执行查询操作；最后，通过 fetchColumn()方法输出结果集中下一行第一列的值。

```
<table width="515" border="0" >
    <?php
        $dbms = 'mysql';             // 数据库类型，对开发者来说，使用不同的数据库，只要改变这个数据库
                                     // 类型，就不用记住那么多的函数
        $host = 'localhost';                    // 数据库主机名
        $dbName = 'studentinfo';                // 使用的数据库
        $user = 'root';                         // 数据库连接用户名
        $pass = '';                             // 对应的密码
        $dsn = "$dbms:host=$host;dbname=$dbName";
        try {                        // 初始化一个 PDO 对象，就是创建了数据库连接对象$pdo
            $pdo = new PDO($dsn, $user, $pass);
            $query = "SELECT *  FROM tb_user";    // 定义 SQL 语句
            $result = $pdo->prepare($query);      // 准备查询语句
            $result->execute();                   // 执行查询语句，并返回结果集
        ?>
        <tr>
            <td height="22" align="center" valign="middle"><?php echo $result->fetchColumn(0);?></td>
        </tr>
        <tr>
            <td height="22" align="center" valign="middle"><?php echo $result->fetchColumn(0);?></td>
        </tr>
        <?php
        }
```

· 260 ·

```
        catch (PDOException $e) {
            die ("Error!: ".$e->getMessage()."<br/>");
        }
    ?>
</table>
```

运行结果如下：

```
1
2
```

# 10.5　在 PDO 中捕获 SQL 语句的错误

在 PDO 中获取 SQL 语句中的错误有以下 3 种模式。

## 10.5.1　默认模式：PDO::ERRMODE_SILENT

在默认模式中设置 PDOStatement 对象的 errorCode 属性，但不进行其他任何操作。

通过 prepare()和 execute()方法向数据库中添加数据，设置 PDOStatement 对象的
errorCode 属性，手动检测代码中的错误，示例如下。

【例 10-8】创建 index.php 文件，通过 PDO 连接 MySQL 数据库，通过预处理语句
prepare() 和 execute()方法执行 INSERT 添加语句，向数据表中添加数据，并且设置
PDOStatement 对象的 errorCode 属性，检测代码中的错误。

```php
<?php
    $dbms = 'mysql';                    // 数据库类型，对开发者来说，使用不同的数据库，只要改变这个
                                        // 数据库类型，就不用记住那么多的函数
    $host = 'localhost';                            // 数据库主机名
    $dbName = 'studentinfo';                        // 使用的数据库
    $user = 'root';                                 // 数据库连接用户名
    $pass = '';                                     // 对应的密码
    $dsn = "$dbms:host=$host;dbname=$dbName";
    // 初始化一个 PDO 对象，就是创建了数据库连接对象$pdo
    $pdo = new PDO($dsn, $user, $pass);
    $query = "INSERT INTO studentinfo(username, userpwd, qq, email, date)
                VALUES('berry', '456', '526060', 'berry@qq.com', '2021-01-20')";
    $result = $pdo->prepare($query);
    $result->execute();
    $code = $result->errorCode();
    if(empty($code)) {
        echo "数据添加成功！";
    }
    else {
        echo '数据库错误: <br/>';
        echo 'SQL Query:'.$query;
        echo '<pre>';
        var_dump($result->errorInfo());
```

```
        echo '</pre>';
    }
?>
```

本例定义 INSERT 添加语句时使用了错误的数据表名称 userinfos（正确的名称是 tb_user），运行结果如下：

```
数据库错误：
SQL Query:INSERT INTO studentinfo(username, userpwd, qq, email, date)
        VALUES('berry', '456', '526060', 'berry@qq.com', '2021-01-20')
array(3) {
    [0]=>
    string(5) "42S02"
    [1]=>
    int(1146)
    [2]=>
    string(45) "Table 'studentinfo.studentinfo' doesn't exist"
}
```

## 10.5.2　警告模式：PDO::ERRMODE_WARNING

警告模式会产生一个 PHP 警告，并且设置 errorCode 属性。如果设置的是警告模式，除非明确地检查错误代码，否则程序将继续按照其他方式运行。

设置警告模式需要通过 prepare()和 execute()方法读取数据库中的数据，并且通过 while 语句和 fetch()方法完成数据的循环输出，领会在设置成警告模式后执行错误的 SQL 语句。具体示例如下。

【例 10-9】创建 index.php 文件，连接 MySQL 数据库，通过预处理语句 prepare()和 execute()方法执行 SELECT 查询语句，并设置一个错误的数据表名称，同时通过 setAttribute()方法将其设置为警告模式，最后通过 while 语句和 fetch()方法完成数据的循环输出。

```php
<?php
    $dbms = 'mysql';              // 数据库类型，对开发者来说，使用不同的数据库，只要改变这个数据库
                                  // 类型，就不用记住那么多的函数
    $host = 'localhost';                      // 数据库主机名
    $dbName = 'studentinfo';                  // 使用的数据库
    $user = 'root';                           // 数据库连接用户名
    $pass = '';                               // 对应的密码
    $dsn = "$dbms:host=$host;dbname=$dbName";
    try {                         // 初始化一个 PDO 对象，就是创建了数据库连接对象$pdo
        $pdo = new PDO($dsn, $user, $pass);
        $pdo->setAttribute(PDO::ATTR_ERRMODE,PDO::ERRMODE_WARNING);
        // 设置为警告模式
        $query = "SELECT * FROM tb_user";     // 定义 SQL 语句
        $result= $pdo->prepare($query);       // 准备查询语句
        $result->execute();                   // 执行查询语句，并返回结果集
        // while 循环输出查询结果集，并且设置结果集为关联索引
        while($res = $result->fetch(PDO::FETCH_ASSOC)) {
```

```
            ?>
            <tr>
            <td height="22" align="center" valign="middle"><?php echo $res['id'];?></td>
            <td align="center" valign="middle"><?php echo $res['username'];?></td>
            <td align="center" valign="middle"><?php echo $res['QQ'];?></td>
            <td align="center" valign="middle"><?php echo $res['email'];?></td>
            </tr>
            <?php
        }
    ]
    catch(PDOException $e) {
        die("Error!: ".$e->getMessage()."<br/>");
    }
?>
```

在设置为警告模式后，如果 SQL 语句出现错误将给出一个提示信息，但是程序仍能够继续执行下去，其运行结果如表 10-6 所示。

表 10-6　运行结果

| ID | 用户名 | QQ | 邮箱 |
|----|--------|-----|------|
| 1 | lihui | 52486050 | cau@126.com |
| 2 | zhangsan | 987123 | zhangsan@163.com |

## 10.5.3　异常模式：PDO::ERRMODE_EXCEPTION

使用异常模式会创建一个 PDOException，并且设置 errorCode 属性，可以将执行代码封装到一个 try-catch 语句块中。未捕获的异常将导致脚本中断，并且显示堆栈跟踪了解是哪里出现的问题。

【例 10-10】在执行数据库中数据的删除操作时，将其设置为异常模式，并且编写一个错误的 SQL 语句（操作错误的数据表 tb_pdo_mysqls），领会异常模式与警告模式和默认模式的区别。

① 创建 index.php 文件，连接 MySQL 数据库，通过预处理语句 prepare( )和 execute( )方法执行 SELECT 查询语句，通过 while 语句和 fetch( )方法完成数据的循环输出，并且设置删除超级链接，链接到 delete.php 文件，传递的参数是数据的 ID 值。代码如下：

```
<table width="600" border="1">
    <tr align="center">
        <td>ID</td>
        <td>用户名</td>
        <td>QQ</td>
        <td>邮箱</td>
        <td>操作</td>
    </tr>
    <?php
        $dbms = 'mysql';                    // 数据库类型
        $host = 'localhost';                // 数据库主机名
        $dbName = 'studentinfo';            // 使用的数据库
```

```php
        $user = 'root';                              // 数据库连接用户名
        $pass = '';                                  // 对应的密码
        $dsn = "$dbms:host=$host;dbname=$dbName";
        try {                                        // 初始化一个 PDO 对象, 就是创建了数据库连接对象 $pdo
            $pdo = new PDO($dsn, $user, $pass);
            // 设置为警告模式
            $pdo->setAttribute(PDO::ATTR_ERRMODE,PDO::ERRMODE_WARNING);
            $query="SELECT * FROM userinfo";         // 定义 SQL 语句
            $result=$pdo->prepare($query);           // 准备查询语句
            $result->execute();                      // 执行查询语句, 并且返回结果集
            // while 循环输出查询结果集, 并且设置结果集为关联索引
            while($res=$result->fetch(PDO::FETCH_ASSOC)) {
        ?>
                <tr>
                    <td><?php echo $res['id'];?></td>
                    <td><?php echo $res['username'];?></td>
                    <td><?php echo $res['qq'];?></td>
                    <td><?php echo $res['email'];?></td>
                    <td ><a href="delete.php?id=<?php echo $res['id']; ?>">删除</a></td>
                </tr>
                <?php
            }
        }
        catch (PDOException $e) {
            die("Error!: ".$e->getMessage()."<br/>");
        }
    ?>
</table>
```

运行结果如表 10-7 所示。

表 10-7 运行结果

| ID | 用户名 | QQ | 邮箱 | 操作 |
|---|---|---|---|---|
| 1 | lihui | 52486050 | cau@126.com | 删除 |
| 2 | zhangsan | 987123 | zhangsan@163.com | 删除 |

② 创建 delete.php 文件, 获取超链接传递的数据 ID 值连接数据库, 通过 setAttribute()
方法将其设置为异常模式, 定义 DELETE 删除语句, 删除一个错误数据表 (userinfos) 中
的数据, 并且通过 try-catch 语句捕获错误信息。代码如下:

```php
<?php
    header("Content-type: text/html; charset=utf-8");       // 设置文件编码格式
    if($_GET['conn_id']!="") {
        $dbms='mysql';                        // 数据库类型, 对开发者来说, 使用不同的数据库, 只要改变这个
                                              // 数据库类型, 就不用记住那么多的函数
        $host = 'localhost';                              // 数据库主机名
        $dbName = 'studentinfo';                          // 使用的数据库
        $user = 'root';                                   // 数据库连接用户名
        $pass = '';                                       // 对应的密码
        $dsn = "$dbms:host=$host;dbname=$dbName";
```

```
        try {                        // 初始化一个 PDO 对象，就是创建了数据库连接对象$pdo
            $pdo = new PDO($dsn, $user, $pass);
            $pdo->setAttribute(PDO::ATTR_ERRMODE,PDO::ERRMODE_EXCEPTION);
            $query = "DELETE FROM userinfos  WHERE Id=:id";
            $result = $pdo->prepare($query);                   // 预准备语句
            $result->bindParam(':id', $_GET['conn_id']);       // 绑定更新的数据
            $result->execute();
        }
        catch(PDOException $e) {
            echo 'PDO Exception Caught.';
            echo 'Error with the database:<br/>';
            echo 'SQL Query: '.$query;
            echo '<pre>';
            echo "Error: ".$e->getMessage()."<br/>";
            echo "Code: ".$e->getCode()."<br/>";
            echo "File: ".$e->getFile()."<br/>";
            echo "Line: ".$e->getLine()."<br/>";
            echo "Trace: ".$e->getTraceAsString()."<br/>";
            echo '</pre>';
        }
    }
?>
```

在设置为异常模式后，执行错误的 SQL 语句（数据库的表名有错误），返回的结果如下：

```
PDO Exception Caught.Error with the database:
SQL Query: DELETE FROM userinfo1 WHERE Id=:id
Error: SQLSTATE[42S02]: Base table or view not found: 1146 Table 'studentinfo.userinfo1' doesn't exist
Code: 42S02
File: C:\xampp\htdocs\chap10\delete.php
Line: 16
Trace: #0 C:\xampp\htdocs\chap10\delete.php(16): PDOStatement->execute()
#1 {main}
```

# 10.6　PDO 中的错误处理

在 PDO 中有两种处理错误代码的方法：errorCode( )方法和 errorEnfo( )方法。

## 10.6.1　errorCode()方法

errorCode( )方法用于获取在操作数据库句柄时发生的错误代码，这些错误代码被称为 SQLSTATE 代码，其语法格式如下：

```
int PDOStatement::errorCode(void)
```

返回一个 SQLSTATE，SQLSTATE 是由 5 个数字和字母组成的代码。

PDO 通过 query( )方法完成数据的查询操作，并通过 foreach 语句完成数据的循环输出。在定义 SQL 语句时使用一个错误的数据表，并通过 errorCode( )方法返回错误代码。

【例 10-11】 创建 index.php 文件。首先通过 PDO 连接 MySQL 数据库，然后通过 query()方法执行查询语句，接着通过 errorCode()方法获取错误代码，最后通过 foreach 语句完成数据的循环输出。

```php
<?php
    $dbms = 'mysql';                    // 数据库类型，对开发者来说，使用不同的数据库，只要改变这个
                                        // 数据库类型，就不用记住那么多的函数
    $host = 'localhost';                // 数据库主机名
    $dbName = 'studentinfo';            // 使用的数据库
    $user = 'root';                     // 数据库连接用户名
    $pass = '';                         // 对应的密码
    $dsn ="$dbms:host=$host;dbname=$dbName";
    try {
        $pdo = new PDO($dsn, $user, $pass);     // 初始化一个 PDO 对象，就是创建了数据库连接对象$pdo
        $query = "SELECT * FROM userinfos";     // 定义 SQL 语句
        $result = $pdo->query($query);          // 执行查询语句，并返回结果集
        echo "errorCode 为：".$pdo->errorCode();
        foreach($result as $items) {
            ?>
            <tr>
                <td height="22" align="center" valign="middle"><?php echo $items['id'];?> </td>
                <td align="center" valign="middle"><?php echo $items['pdo_type'];?></td>
                <td align="center" valign="middle"><?php echo $items['database_name'];?></td>
                <td align="center" valign="middle"><?php echo $items['dates'];?></td>
            </tr>
            <?php
        }
    }
    catch(PDOException $e) {
        die ("Error!: ".$e->getMessage()."<br/>");
    }
?>
```

运行结果如下：

```
Array([0] => 42S02 [1] => 1146 [2] => Table 'studentinfo.userinfos' doesn't exist)
Warning: Invalid argument supplied for foreach() in C:\xampp\htdocs\chap10\ index.php on line 13
```

## 10.6.2 errorInfo()方法

errorInfo()方法用于获取操作数据库句柄时发生的错误信息，其语法格式如下：

```
array PDOStatement::errorInfo ( void )
```

其返回值为一个数组，包含了相关的错误信息。

【例 10-12】 在 PDO 中通过 query()方法完成数据的查询操作，并通过 foreach 语句完成数据的循环输出。在定义 SQL 语句时使用一个错误的数据表，通过 errorInfo()方法返回错误信息。

创建 index.php 文件。首先通过 PDO 连接 MySQL 数据库，然后通过 query()方法执行查询语句，接着通过 errorInfo()方法获取错误信息，最后通过 foreach 语句完成数据的循环

输出。

```php
<?php
    $dbms = 'mysql';                    // 数据库类型，对开发者来说，使用不同的数据库，只要改变这个数据库
                                        // 类型，就不用记住那么多的函数
    $host = 'localhost';                // 数据库主机名
    $dbName = 'studentinfo';            // 使用的数据库
    $user = 'root';                     // 数据库连接用户名
    $pass = '';                         // 对应的密码
    $dsn = "$dbms:host=$host;dbname=$dbName";
    try {                               // 初始化一个 PDO 对象，就是创建了数据库连接对象$pdo
        $pdo = new PDO($dsn, $user, $pass);
        $query= "SELECT *  FROM userinfos"; // 定义 SQL 语句
        $result= $pdo->query($query);       // 执行查询语句，并返回结果
        print_r ($pdo->errorInfo());
        foreach ($result as $items) {
    ?>
            <tr>
                <td height= "22" align="center" valign="middle"><?php echo $items['id'];?> </td>
                <td align= "center" valign="middle"><?php echo $items['pdo_type'];?></td>
                <td align= "center" valign="middle"><?php echo $items['database_name'];?> </td>
                <td align= "center" valign="middle"><?php echo $items['dates'];?></td>
            </tr>
            <?php
        }
    }
    catch(PDOException $e) {
        die("Error!: ".$e->getMessage()."<br/>");
    }
?>
```

运行结果如下：

```
Array([0] => 42S02 [1] => 1146 [2] => Table 'studentinfo.userinfos' doesn't exist)
Warning: Invalid argument supplied for foreach() in
C:\xampp\htdocs\chap10\index.php on line 13
```

# 思考与练习

1. 什么是 PDO？
2. PDO 是如何安装的？
3. 在 PDO 中获取结果集有几种方法？
4. 为了使用 PDO 访问 MySQL 数据库，下列选项中不是必须执行的步骤是（     ）。
A. 设置 extension_dir 指定扩展函数库路径
B. 启用 extension=php_pdo.dll
C. 启用 extension=php_pdo_mysql.dll
D. 启用 extension=php_pdo_odbC. dll

5．下列说法中不正确的是（　　　）。

A．使用 PDO 对象 exec( )方法可以执行 SQL 命令添加记录

B．使用 PDO 对象 exec( )方法可以执行 SQL 命令删除记录

C．使用 PDO 对象 exec( )方法可以执行 SQL 命令修改记录

D．使用 PDO 对象 exec( )方法可以执行 SQL 命令查询记录，返回查询结果集

6．PDO 通过执行 SQL 查询与数据库进行交互，可以分为多种不同的策略，使用哪一种方法取决于要做什么操作。如果向数据库发送 DML 语句，那么最合适的方式是（　　　）。

A．使用 PDO 对象中的 exec( )方法

B．使用 PDO 对象中的 query( )方法

C．使用 PDO 对象中的 prepare( )方法和 PDOStatement 对象中的 execute( )方法结合

D．以上方式都可以

7．PDO::ATTR_ERRMODE 设置为以下（　　　）值时，PDO 会抛出 PDOException。

A．PDO::ERRMODE_SILENT

B．PDO::ERRMODE_WARNING

C．PDO::ERRMODE_EXCEPTION

D．PDO::errorInfo( )

8．下列选项中，获取错误信息的方法是（　　　）。

A．errorCode( ) 　　　　　　　　B．exec( )

C．query( ) 　　　　　　　　D．prepare( )

9．下列选项中，执行 SELECT 语句的方法是（　　　）。

A．exec( ) 　　　　　　　　B．query( )

C．prepare( ) 　　　　　　　　D．fetch( )

10．下列选项中，返回 PDOStatement 对象的方法是（　　　）。

A．fetch( ) 　　　　　　　　B．exec( )

C．query( ) 　　　　　　　　D．prepare( )

# 第 11 章　PHP 与 MVC 开发模式

MVC 是一种源远流长的软件设计模式，早在 20 世纪 70 年代就已经出现。随着 Web 应用开发的广泛展开和 Web 应用需求复杂度的提高，MVC 渐渐被 Web 应用开发采用。

随着 Web 应用的快速增加，MVC 模式对于 Web 应用的开发无疑是一种非常先进的设计思想，无论选择哪种语言，无论应用多复杂，都能为构造产品提供清晰的设计框架。MVC 模式会使得 Web 应用更加强壮，更加有弹性，也更加个性化。

本章首先介绍什么是 MVC 模式和 MVC 模式中的模型、视图和控制器的概念；然后介绍 PHP 中的模板技术，包括什么是模板、如何在 PHP 程序中使用模板、Smarty 模板引擎的基本用法；接着介绍目前比较流行的 PHP 基于 MVC 的 Web 开发框架，包括 CodeIgniter、CakePHP、Zend Framework 和国产优秀框架 FleaPHP；最后以 CodeIgniter 为实例，介绍使用 CodeIgniter 开发 PHP 网络应用程序的基本思路和用法。

## 11.1　MVC 概述

### 11.1.1　MVC 介绍

MVC（Model-View-Controller）是软件工程中的一种软件架构模式，把软件系统分为三个基本部分：模型（Model）、视图（View）和控制器（Controller）。

PHP 中的 MVC 模式也称为 Web MVC，目的是实现一种动态的程序设计，便于后续对程序的修改和扩展简化，并且使程序某部分的重复利用成为可能。除此之外，MVC 模式通过对复杂度的简化使程序结构更加直观。软件系统通过对自身基本部分分离的同时，也赋予了各基本部分应有的功能。

MVC 各部分的功能如下。

模型：管理大部分业务逻辑和所有数据库逻辑，提供了连接和操作数据库的抽象层。

控制器：负责响应用户请求、准备数据，以及决定如何展示数据。

视图：负责渲染数据，通过 HTML 方式呈现给用户。

典型 Web MVC 流程如图 11-1 所示：① 控制器截获用户从浏览器发出的请求；② 由控制器调用模型，并完成状态的读写数据库操作；③ 控制器把数据传递给视图；④ 视图渲染最终结果并将其呈献给用户。

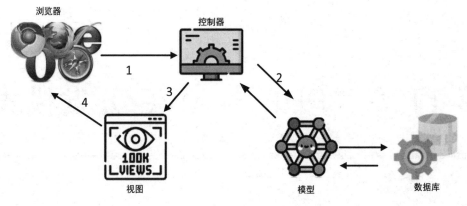

图 11-1　典型 Web MVC 流程

## 11.1.2　MVC 的组成

MVC 是一个设计模式，使 Web 应用程序的输入、处理和输出能够分开进行。一个好的 MVC 设计模式不仅可以使模型、视图、控制器高效完成各自的任务处理，还可以让它们完美地结合起来，完成整个 Web 应用。

### 1．控制器

控制器负责协调整个应用程序的运转，简单来讲，就是接收浏览器端的请求。控制器接收用户的输入并调用模型和视图去完成用户的需求，单击 Web 页面中的超链接或 HTML 表单时，控制器本身不输出任何东西，只是接收请求并决定调用哪个模型构件去处理浏览器端发出的请求，然后确定用哪个视图来显示模型处理返回的数据。

### 2．模型

通常，Web 应用的业务流程处理过程对其他层来说是不可见的，也就是说，模型接收视图请求的数据，并返回最终的处理结果。

模型的设计可以说是 MVC 主要的核心。开发者需要专注于 Web 应用的业务模型的设计。MVC 设计模式把应用的模型按一定的规则抽取出来，抽取的层次很重要，抽象型与具体模型不能隔得太远，也不能太近。MVC 并没有提供模型的设计方法，只是用来组织管理这些模型，以便模型的重构和提高其重用性。从面向对象编程来讲，MVC 定义了一个顶级类，确定子类有哪些是可以做的，这对开发者来说非常重要。

既然是模型，它就携带着数据，还负责执行操作这些数据的业务规则。通常，业务规则的实现会放进模型，这样保证 Web 应用的其他部分不会产生非法数据，意味着模型不仅是数据的容器还是数据的监控者。

### 3．视图

从用户角度，视图就是用户看到的 HTML 页面。从程序角度，视图负责生成用户界面，通常根据模型中的数据转化成 HTML 输出给用户。视图可以允许用户以多种方式输入数据，但数据本身并不由视图来处理，视图只是用来显示数据的。在实际应用中，可能有多个视图访问同一个模型。比如，在"用户"这一模型中，就有一个视图显示用户信息列表，还有管理员使用用于查看、删除用户的视图，这两个视图同时访问"用户"这个模型。

很多 Web 开发都会使用模板来生成用户最终看到的 HTML 页面。模板的知识将在 11.2 节中介绍。

# 11.2 PHP 开发中的模板技术

在基于 MVC 模型的 Web 应用开发中，模板是不可或缺的。模板定义了一个并不完全的类 HTML 文件，为用户视图提供了基本内容的框架，一些重要的数据需要从程序添加到模板中，从而形成完整的用户视图。

## 11.2.1 模板与模板引擎

### 1. 模板

模板是一组插入了 HTML 的 PHP 脚本，或者说插入了 PHP 脚本的 HTML，通过插入的内容表示变化的数据。下面是一个简单模板文件的例子。

```html
<html>
    <head>
        <title>{pagetitle}</title>
    </head>
    <body>
        {greetings}
    </body>
</html>
```

当用户浏览时，由 PHP 程序文件打开该模板文件，将模板文件中定义的变量替换，动态生成内容，从而显示一个完整的 HTML 页面。本例中的模板变量就是{greetings}和{pagetitle}，这两个模板变量是在 PHP 程序使用该模板时，根据具体的内容来替换的。

### 2. 模板引擎

PHP 是一种 HTML 内嵌式的在服务器端执行的脚本语言，所以大部分 PHP 开发的 Web 应用初始的开发模板就是进行混合层的数据编程。虽然通过 MVC 模式可以把程序应用逻辑与网页呈现逻辑（视图）强制性分离，但只是将应用程序的输入、处理和输出分开，网页呈现逻辑还会有 HTML 代码和 PHP 程序强耦合在一起。

PHP 脚本的编写者必须既是网页设计者又是 PHP 开发者。但实际情况是，多数 Web 开发人员要么精通网页设计，能够设计出漂亮的网页外观，但是编写的 PHP 代码很糟糕；要么仅熟悉 PHP 编程，能够写出"健壮"的 PHP 代码，但是设计的网页外观很难看。具备两种才能的开发人员很少见。

现在已经有了很多解决方案，可以将网站的页面设计和 PHP 应用程序完全分离。这些解决方案被称为"模板引擎"，正在逐步消除由于缺乏层次分离而带来的难题。模板引擎的目的是达到逻辑分离的功能，能让程序开发者专注于资料的控制或功能的达成，让网页设计师专注于网页排版，让网页看起来更具有专业感。因此，模化引擎很适合公司的 Web 开发团队使用，使每个开发人员都能发挥其专长。

模板引擎技术的核心比较简单。只要将美工页面（不包含任何的 PHP 代码）指定为模板文件，并将这个模板文件中活动的内容，如数据库输出、用户交互等部分，定义成使用特殊"定界符"包含的"变量"，然后放在模板文件中的相应位置。当用户浏览时，由 PHP 脚本程序打开该模板文件，并将模板文件中定义的变量替换。这样，当模板中的特殊变量被替换为不同的动态内容时，就会输出需要的页面。

在 Web 开发中分离应用程序的业务逻辑和表现逻辑，是我们使用模板引擎的主要目的，其中的原因如下。

❖ 美工设计人员可以与应用程序开发人员独立工作，因为应用的表现和逻辑并非密不可分地纠缠在一起。此外，因为大多数模板引擎使用的表现逻辑一般比应用程序使用编程语言的语法更简单，所以美工设计人员不需要为完成其工作而在程序语言上花费太多精力。

❖ 可以使用同样的代码基于不同目标生成数据，如生成打印的数据、生成 Web 页面或生成电子数据表等。如果不使用模板引擎，就需要针对每种输出目标复制并修改代码，这会带来非常严重的代码冗余，极大地降低数据的可管理性。

## 11.2.2　在 PHP 程序中使用模板

下面通过一个具体实例来演示如何在 PHP 程序中使用模板。首先，需要定义一个模板文件，这里就使用 11.2.1 节中的示例代码，将其按文件名 temp.html 存储。然后，编写 PHP 文件，用来处理模板。

【例 11-1】 在 PHP 程序中使用模板。

```php
<?php
    function print_page($temp_c, $temp_v, $str_c) {
        return ereg_replace("\{".$temp_v."\}", $str_c,$temp_c);
    }
    $template_file = "temp.html";
    $fs = fopen($template_file,"r");
    $content = fread($fs, filesize($template_file));
    fclose($fs);
    $content = print_page($content, "pagetitle", "模板的应用");
    $page = print_page($content, "greetings", "你好，这个页面由模板生成");
    echo $page;
?>
```

首先，在程序中打开一个模板文件，读出模板文件的内容。然后，定义一个方法 print_page()来处理模板中的模板变量，它非常简单，只有一行代码，通过正则表达式替换将模板变量替换为程序中的实际数据。在执行过程中往往会出现"Deprecated：Function ereg_replace() is deprecated"的错误信息。

◁» 注意：出现"Deprecated: Function ereg_replace() is deprecated"错误信息的原因是 PHP 版本过高。

在 PHP 5.3 中，正则方法 ereg_replace( ) 已经废弃，dedecms( ) 方法还可以继续使用。有两个方案可以解决以上问题：① 把 PHP 版本换到 v5.3 下；② 继续使用 5.3 版，修改 php.ini 文件，即将

```
;extension=php_mbstring.dll
```

改为

```
extension=php_mbstring.dll
```

将

```
;mbstring.func_overload = 0
```

改为

```
mbstring.func_overload = 7
```

或者使用其他函数；将

```
define('DEDEADMIN', ereg_replace("[/\\]{1,}", '/', dirname(__FILE__)));
```

改为

```
define('DEDEADMIN', preg_replace("/[\/\\\\]{1,}/", '/', dirname(__FILE__)));
```

preg_replace( ) 方法比 ereg_replace( ) 方法的执行速度快，所以 PHP 推荐使用 preg_replace( ) 方法，虽然在 PHP 程序中使用模板变量的示例程序很小，却体现了模板在 PHP 程序中的处理思想。当然，实际的模板引擎要比这个复杂得多，更能满足实际需要。后面章节将介绍一个被 PHP 官方推荐使用的模板引擎，并通过示例讲解模板引擎的使用方法。

## 11.2.3　Smarty 模板引擎

对 PHP 来说，有很多模板引擎可供选择，如最早的 PHPLIB template 和后起之秀 Fast template，经过数次升级，它们已经相当成熟、稳定。Smarty 模板引擎是一款易于使用且功能强大的 PHP 模板引擎，分开了逻辑程序和外在的内容，提供了一种 Web 页面易于管理的方法。

Smarty 模板引擎可以实现逻辑和外在内容的分离，其特点如下：① 速度快（因为第二次执行时使用第一次执行时生成的编译文件）；② 缓存技术（正是因为缓存技术，使得 Smarty 模板引擎技术不太适合那些对于实时性更新要求比较高的，如股票信息）；③ 插件技术；④ 语句自由静态页面技术（实际上是以空间换时间的技术）。

### 1. Smarty 模板引擎的工作原理

在接收到客户端的 HTTP 请求之后，PHP 脚本创建模板引擎，模板引擎读取模板内容，并最终将 PHP 程序与模板合并，生成合并脚本，Smarty 工作原理如图 11-2 所示。

在处理请求时，服务器会先判断当前请求的 URL 是否第一次被客户端请求，如果是，就将该 URL 所需的模板文件编译成 PHP 脚本，然后重定向到这个 PHP 脚本；否则，说明该 URL 的模板已经被编译，检查它不需要重新编译后直接完成重定向。开发者也可以自定义一个固定时限，让 Smarty 模板引擎按照固定时限重编译模板文件。此外，当模板文件被修改时，Smarty 也会重新编译。由此可见，基于 Smarty 的工作方式如果不修改模板文件，编译好的缓存脚本就可以随时调用，这将大大提高网站的响应速度。

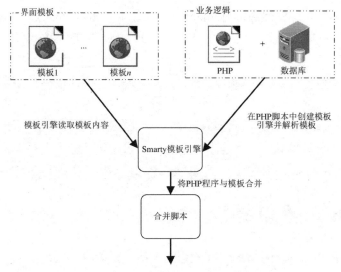

图 11-2　Smarty 工作原理

### 2. Smarty 模板引擎的使用

Smarty 的显著特点之一是"模板编译"，意味着 Smarty 读取模板文件后用模板文件创建 PHP 脚本。这些脚本创建后将被执行，而不是解析模板文件的语法。可以通过 Smarty 的官方网站获取 Smarty 模板引擎。下面以稳定的 Smarty 2.5 版本进行介绍。

下载 Smarty 安装包，将其解压后有 3 个目录，在 libs 模板文件目录下有 4 个类文件和 1 个目录。

Smarty.class.php 是整个 Smarty 模板的核心类，通常需要在 Web 应用程序目录下建立如下目录。

❖ appdir/smarty/libs：对应压缩包下的 libs 目录，存储 smarty 需要的类文件。

❖ appdir/smarty/templates_c：存储模板文件，程序用到的模板文件都放在这里。

❖ appdir/smarty/templates：存储模板属性文件。

❖ appdir/smarty/configs：存储相关配置文件。

下面通过一个示例介绍 Smarty 模板引擎在 PHP 程序中的使用方法。

【例 11-2】定义一个简单模板文件，将其命名为 11-2.tpl（tpl 是 Smarty 模板文件使用的后缀名），并存储在当前目录下的 template 子目录下。

```
{*这里是Smarty 模板的注释*}
<html>
    <head>
        <title> { $page_title }</title>
    </head>
    <body>
        大家好，我是{$name}模板引擎，欢迎大家在 PHP 程序中使用{$name}。
    </body>
</html>
{*模板文件结束*}
```

"{*"与"*}"之间的部分是模板页的注释，在 Smarty 对模板解析时不进行任何处理仅起说明作用。{$name}是模板变量，是 Smarty 中的核心，用左边界符"{"与右边界符

"}"包含，以 PHP 变量的形式输出。

【例 11-3】 在 PHP 程序中使用 Smarty 模板引擎 11-3.php。

```php
<?php
    include("./Smarty/libs/Smarty.class.php");        // 包含 Smarty 类文件
    $smarty = new Smarty();                            // 建立 Smarty 实例对象 $smarty
    $smarty->template_dir = "./templates";            // 设置模板目录
    $smarty->compile_dir = "./templates_c";           // 设置编译目录
    $smarty->left_delimiter = "{";                    // 设定左、右边界符为{}, Smarty 推荐使用的是<{}>
    $smarty->right_delimiter = "}";
    $smarty->assign("name", "Smarty");                // 进行模板变量替换
    $smarty->assign("page_title", "Smarty 的使用");   // 进行模板变量替换
    $smarty->display("11-2.tpl");                     // 编译并显示位于 ./templates 下的 11-2.tpl 模板
?>
```

程序先将 Smarty 类的新类文件 Smarty.class.php 包含到当前文件中。第 3 行代码生成 Smarty 类的实例 $smarty，代表一个 Smarty 模板。第 4、5 行代码分别设置模板文件的所在目录及模板文件编译后的存储目录。第 6、7 行代码设定了模板变量的定界符为"{"和"}"。第 8、9 行代码将模板变量替换为实际内容。第 10 行代码显示最终用户看到的 HTML 视图。

如果转到当前目录下的子目录 template_c，就可以看到其中有一个由 Smarty 模板引擎生成的 PHP 文件，这个文件最终由 Smarty 模板引擎调用，向浏览器端输出。打开这个文件，可以看到如下代码。

```html
<html>
    <head>
        <title><?php echo $this->_tpl_vars['page_title']; ?>
        </title>
    </head>
    <body>
        大家好，我是<?php echo $this->_tpl_vars['name']; ?>
        模板引擎，欢迎大家在 PHP 程序中使用<?php echo $this->_tpl_vars['name']; ?>
    </body>`
</html>
```

从上述代码可以看到，代码 11-2.tpl 中的模板变量都被 Smarty 模板引擎换成了 PHP 普通的输出数据的用法，使用 echo 结构输出 Smarty 模板引擎获取的实际变量。从这个文件的内容应该看到 Smarty 模板引擎处理模板的机制。

# 11.3  基于 MVC 的 PHP 开发框架简介

PHP 开发永远是一个活跃的领域，随着 MVC 设计方法和敏捷开发理念的流行，Web 应用领域产生了大量的开发框架，使用这些框架可以迅速搭建 Web 应用，降低开发成本和缩小开发周期。

PHP 社区也出现了大量的 MVC 开发框架，本节介绍 4 种比较活跃的 PHP 开发框架：CodeIgniter、ThinkPHP、Laravel 和 FleaPHP。这些框架有各自的特点和不足，而且它们有

各自的设计目标和设计理念，这决定了它们有适用的范围。在实际开发中，我们应该根据具体的需求和应用环境选择适合的开发框架。

## 1. CodeIgniter

CodeIgniter 是一个小巧但功能强大的、由 PHP 编写的、基于 MVC 的 Web 应用开发框架，可以为 PHP 程序开发人员建立功能完善的 Web 应用程序。CodeIgniter 是经过 Apache/BSD-style 开源许可授权的免费框架。

CodeIgniter 最小化了模板中的程序代码量，生成的 URL 非常干净，并且对搜索引擎友好。不同于标准的字符串查询方法，CodeIgniter 使用了基于段的（segment-based）URL 表示法：

```
www.mysite.com/aaa/bbb/123
```

这样的地址非常有利于搜索引擎搜索。除此之外，CodeIgniter 拥有全面的开发类库，可以完成大多数 Web 应用的开发任务，如读取数据库、发送电子邮件、数据确认、存储 session、图片的操作等。CodeIgniter 提供了完善的扩展功能，可以有效地帮助开发人员扩展更多的功能。更多的关于 CodeIgniter 框架的内容可以访问其官网。

## 2. ThinkPHP

ThinkPHP 是一个快速、兼容且简单的轻量级国产 PHP 开发框架，诞生于 2006 年年初，原名 FCS，2007 年元旦正式更名为 ThinkPHP，遵循 Apache2 开源协议发布，从 Struts 结构移植过来并进行改进和完善，同时借鉴了国外很多优秀的框架和模式，使用面向对象的开发结构和 MVC 模式，融合了 Struts 的思想和 TagLib（标签库）、RoR 的 ORM 映射和 ActiveRecord 模式。

ThinkPHP 可以支持 Windows/UNIX/Linux 等服务器环境，正式版本需要 PHP 5.0 以上版本支持，支持 MySQL、PgSQL、Sqlite 多种数据库和 PDO 扩展。ThinkPHP 本身没有特别的模块要求，具体的应用系统运行环境要求视开发涉及的模块来定。

作为一个整体开发解决方案，ThinkPHP 能够解决应用开发中的大多数需要，因为包含了底层架构、兼容处理、基类库、数据库访问层、模板引擎、缓存机制、插件机制、角色认证、表单处理等常用的组件，并且对于跨版本、跨平台和跨数据库移植都比较方便。

目前，ThinkPHP 5.0 版本是一个颠覆和重构的版本，基于 PHP 5.4 设计（完美支持 PHP 7），采用全新的架构思想，引入了更多的 PHP 新特性，优化了核心，减少了依赖，实现了真正的惰性加载。ThinkPHP 5.0 是一个性能卓越并且功能丰富的轻量级 PHP 开发框架，其宗旨是让 Web 应用开发更简单、更快速。ThinkPHP 5.0 值得推荐的特性如下。

① 规范：遵循 PSR-2、PSR-4 规范，支持 Composer 及单元测试。

② 严谨：非常严谨的错误检测和安全机制，详细的日志信息，为你的开发保驾护航。

③ 灵活：减少核心依赖，扩展更灵活、方便，支持命令行指令扩展。

④ API（应用程序接口）友好：出色的性能，支持 REST 和远程调试，更好地支持 API 开发。

⑤ 高效：惰性加载，具有路由、配置和自动加载的缓存机制。

⑥ ORM（对象关系映射）：重构的数据库、模型及关联，支持 MongoDB。

### 3. Laravel

Laravel 是 Taylor Otwell 使用 PHP 语言开发的一款开源的 Web 应用框架，于 2011 年 6 月首次发布，自发布以来备受 PHP 开发人员的喜爱，其用户的增长速度迅猛。

Laravel 是简洁、优雅的框架，具有简洁且富于表达性的语法，"Don't Repeat Yourself"（不要重复）的理念，提倡代码的重用。Laravel 还为开发大型应用提供了各种强大的支持功能，包括自动验证、路由、Session、缓存、数据库迁移等。

Laravel 框架具有以下特点。

① 对外只提供一个入口，从而让框架统一管理项目的所有请求。

② 采用 MVC 设计模式，帮助团队更好地协同开发，为项目后期的维护提供方便。

③ 支持 Composer 依赖管理工具，可以为项目自动安装依赖包。

④ 采用 ORM（Object Relational Mapping，对象关系映射），并支持 AR（Active Record，活动记录）模式。

⑤ 具有路由功能。Laravel 通过路由分发每个请求，并可以对请求进行分组。Laravel 的路由不是动态路由，所有访问的 URL 必须在路由的配置文件中进行定义，才可以解析到具体的控制器和方法中。

### 4. FleaPHP

FleaPHP 是一款优秀的国产 Web 开发框架，致力于减少开发者创建 Web 应用程序的工作量，并降低开发难度和强度，提高开发效率。

除了 MVC 模式实现、分发调度器、模板引擎等常见功能，FleaPHP 还有以下特点：

① 简单、容易理解的 MVC 模型。

② 易于使用、高度自动化的数据库操作。

③ 尽可能少的配置。

④ 自动化的数据验证和转义。

⑤ 丰富的组件。

⑥ 与 Smarty 模板集成。

可以通过 FleaPHP 官网获取完整的关于该框架的知识和内容。

# 11.4　CodeIgniter 框架应用

CodeIgniter 是一个用 PHP 编写的为 Web 开发应用程序人员提供的工具包，目标是实现比从零开始编写代码更快速地开发项目，为此提供了一套丰富的类库来满足通常的任务需求，并且提供了一个简单的接口和逻辑结构来调用这些库。

CodeIgniter 可以将需要完成的任务代码量最小化，这样开发人员就可以把更多的精力放到项目的开发中。

另外，CodeIgniter 提供了非常完善的文档，读者通过这些文档可以快速学习、理解 CodeIgniter，并且可以在开发中高效地使用 CodeIgniter 框架。

## 11.4.1　CodeIgniter 的特点

CodeIgniter 在设计之初就有其明确的目标，即在最小化、最轻量级的开发包中得到最大的执行效率、功能和灵活性。为了实现这个目标，CodeIgniter 在开发过程的每一步都致力于基准测试、重构和简化工作，拒绝加入任何无助于目标的内容。

从技术和架构角度，CodeIgniter 按照下列目标创建。

① 动态实例化。在 CodeIgniter 中，组件的导入和函数的执行只有在被要求的时候才进行，而不是在全局范围进行。

② 松耦合。耦合是指一个系统组件之间的相关程度。组件互相依赖越少，系统的重用性和灵活性就越好。CodeIgniter 的目标就是构建一个非常松耦合的系统。

③ 组件单一性。单一是指组件有一个非常小的专注目标。在 CodeIgniter 中，为了达到最大的用途，每个类和它的功能都是高度自治的。

CodeIgniter 是基于 MVC 设计模式的，将应用程序的逻辑层和表现层分离。在实践中，由于表现层从 PHP 脚本中分离，因此允许网页中只包含很少的 PHP 代码。

在 CodeIgniter 中，模型代表数据结构，包含取出、插入、更新数据库等功能。视图通常是一个网页，但是在 CodeIgniter 中，一个视图也可以是一个页面片段，如头部、顶部 HTML 代码片段。视图还可以是一个 RSS 页面或者其他任一页面。控制器相当于一个指挥者，或者说是一个"中介"，负责联系视图和模型，以及其他任何处理 HTTP 请求和产生网页的资源。

## 11.4.2　安装 CodeIgniter

安装 CodeIgniter 分为 4 个步骤：① 解压缩安装包；② 把 CodeIgniter 文件夹和里面的文件部署到服务器，通常 index.php 位于服务器的根目录；③编辑 application/config config.php 文件，设置基本 URL；④ 如果需要使用数据库，就编辑 application/config database.php，并在这个文件中设置数据库参数。

下面介绍 CodeIgniter 框架的组织结构。从官方网站下载 CodeIgniter 框架，解压缩后可以看到主要的一个目录是 system，这就是 CodeIgniter 框架的目录。还有一个 index.php 文件，该文件用来做一些初始化配置，还起到处理 HTTP 请求的作用。

## 11.4.3　CodeIgniter 的 Controller

在 CodeIgniter 中，一个 Controller 就是一个类文件，Controller 所属的类与普通的 PHP 类几乎没有区别，唯一的不同是 Controller 类的命名方式，它采用的命名方式可以使该类和 URI 关联起来。例如，如下 URL 地址就说明了这个问题。

```
www.mysite.com/index.php/news/
```

当访问到这个地址时，CodeIgniter 会尝试找一个名称为 news.php 的控制器，然后加载这个控制器。当一个 Controller 类的名称匹配 URI 段的第一部分，即 news 时，控制器就会被加载。例 11-4 用于创建一个简单的 Controller 类。

【例 11-4】 在 CodeIgniter 框架中创建一个简单的 Controller 类，并命名为 hello.php。

```php
<?php
    class Hello extends Corttroller {
        function index() {                              // 方法 index()
            echo 'Hello World!' ;
        }
    }
?>
```

把这个文件存储在 application/controllers/ 目录下，以本节为例，通过浏览器访问地址 http://localhost/chap11/index.php/hello。

◄)) **注意**：在 Codegniter 中，类名首字母必须大写。

例如，如下代码写法就是不正确的。

```php
<?php
    class hello extends Controller {
        ...                                             // 省略
    }
?>
```

例 11-4 定义了一个 Hello 类，它继承于 Controller 类。Controller 类是 CodeIgniter 控制器的基类，所有控制器都从这个类中派生。本例用到的方法名是 index( )。如果 URI 的第二部分为空，默认载入 index( )方法，也就是说，可以将地址写成 http://localhost/chap11/index.php/hello/index 来访问 hello.php。

由此可知，URI 的第二部分决定调用控制器中的方法，例 11-5 演示了在 Hello 控制器中加入其他方法。

【例 11-5】 为 Controller 类添加方法 saylucky( )。

```php
<?php
    class Hello extends controller {
        function index() {                              // 方法 index()
            echo 'Hello World!';
        }
        function saylucky() {                           // 添加方法 saylucky()
            echo 'lt\'s time t0 say "Good Luck"!';
        }
    }
?>
```

第 8～12 行添加了一个方法 saylucky( )，此时通过地址 http://localhost/chap11/index.php/hello/saylucky 访问 hello.php。

如果 URI 超过两部分，那么超过部分将被作为参数传递给相关方法。例如，地址 www.mysite.com/index.php/products/shoes/sandals/123，URI 中的 sandals 和 123 将被当作参数传递给 products 类的方法 shoes。例 11-6 演示了这种用法，仍然以 hello.php 为例。

【例 11-6】 向 Controller 类的方法中传递参数 hello.php。

```php
<?php
    class Hello extends Controller    {
        function index() {                              // 方法 index()
```

```
        echo  'Hello world!';
    }
    function  saylucky() {                    // 方法 saylucky()
        echo  'It's time to say     ;-Good Luck"!';
    }
    function sayhello($name) {                 // 添加带参数的方法 sayhello()
        echo  "Hello, $name!";
    }
}
?>
```

第 12～15 行创建的 sayhello( )方法带一个参数，假设为 sayhello( )方法传递参数 michae，通过地址 http://localhost20/index.php/hello/sayhello/lihui/的运行结果如下。

```
Hello, lihui!
```

# 11.4.4  CodeIgniter 的 Model

在 CodeIgniter 中，Model 是专门用来和数据库打交道的 PHP 类。通常在 Model 类里包含插入、更新、删除数据的方法。CodeIgniter 中的 Model 类文件存储在 application/models 目录，可以在其中建立子目录。基本的 Model 类定义的代码如下所示。

```
class Model_name extends Model {
    function Model_name() {
        parent::Model()
    }
}
```

其中，Model_name 是模型类的名字，类名的首字母必须大写，并且确保自定义的 Mode 类继承了基本的 Model 类。Model 类的文件名应该是 Model 类名的小写版，如一个 Mode 类的代码如下：

```
class User extends Model {
    function User_model() {
        Parent::Model() ;
    }
}
```

那么该 Model 类对应的文件名是 applicatiort/models/user.php。Model 类通过 Controller 载入：

```
$this- >load_>model ('Model_name');
```

模型载入后，可以通过如下代码所示的方法使用。

```
$this->load->model('Model_name');
$this->Model_name->function();
```

# 11.4.5  CodeIgniter 的 View

在 CodeIgniter 中，View 从不直接调用，必须被一个控制器调用。

【例 11-7】 用网页标题输出视图文件 helloview.php。

```html
<html>
    <head>
        <title>Welcome - helloview.php</title>
    </head>
    <body>
        <h1>Hello everyone!</h1>
    </body>
</html>
```

将该代码存储到 application/views/ 目录下，需要使用某个方法载入该视图文件：

```php
$this->load->view('name');
```

其中，name 是需要载入的视图文件的名字，文件的后缀名没有必要写出。

接下来，在 hello 控制器的文件 hello.php 中写入这段，用来载入视图文件的代码，此时完整的 hello.php 如例 11-8 所示。

【例 11-8】 在 Controller 中载入视图文件 hello.php。

```php
<?php
    class Hello extends Controller {
        function index() {                          //方法 index()
            $this->load->view('helloview') ;
        }
        function saylucky() {                       // 方法 saylucky()
            echo 'It's time to say " Good Luck"!';
        }
        function sayhello($name) {                  // 带参数的 sayhello()方法
            echo "Hello, $name!";
        }
    }
?>
```

上述代码创建了 3 个方法，第 3 个方法带一个参数$name。重要的是第 6 行代码，载入前面创建好的 helloview 视图文件。

此时再通过地址 http://localhost/chap11/index.php/hello 浏览 hello.php，将看到以下运行结果：

```
Hello, everyone
```

通过这段代码，读者了解了如何载入一个视图文件，但视图文件中经常需要更换动态数据的内容，下面介绍如何处理含有动态数据的视图文件。动态数据通过控制器以数组或对象的形式传入视图文件，这个数组或对象作为视图文件载入方法的第 2 个参数。

【例 11-9】 向视图文件中添加动态数据 hello.php。

```php
<?php
    class Hello extends Controller {
        function index() {                              // 方法 index()
            $data['title'] = "New Title - Hello.php";
            $data['heading'] = "大家好，欢迎使用 CodeIgniter 框架!";
            $this ->load->view('helloviewl', $data);
        }
```

```
        function saylucky() {                           // 方法 saylucky()
            echo 'it\'s time to say "Good Luck"!';
        }
        function sayhello($name) {                       // 带参数的 sayhello()方法
            echo 'Hello, $name!';
        }
    }
?>
```

程序首先定义了数组$data的两个元素，分别是页面的标题和页面的文本内容。第8行向载入视图文件的view()方法中传入第2个参数，即代码前两行定义的数组。

此时访问 hello.php 会看到执行结果，浏览器的页面标题和页面的 heading 文字都更换成动态数据内容。

最后需要修改 helloview.php，在其中添加输出数据的 PHP 代码，修改后按 helloview1.php 名存储在 application/views/ 目录下，修改后的代码如下。

```
<html>
    <head>
        <title><?php echo $title; ?></title>
    </head>
    <body>
        <h1><?php echo $heading; ?></h1>
    </tbody>
</html>
```

第3行和第6行是有输出数据的 PHP 代码。

# 11.5  ThinkPHP 框架的应用

前面介绍了 Smarty 使用模板架构可以有效地分离代码与页面，当页面发生变化时，程序员并不需要修改代码。本节将介绍另一种基于模板的开发框架——ThinkPHP 框架。

## 11.5.1  ThinkPHP 的安装与项目创建

ThinkPHP 可以通过访问其官网获取。本节的例子与操作方法均以 2.0 版本为例。

### 1．ThinkPHP 的获取与安装

ThinkPHP 官网提供了两个版本：ThinkPHP 5.0.11 核心包和 ThinkPHP 5.0.11 完整包。其中，ThinkPHP 5.0.11 核心包包含运行 ThinkPHP 框架所需的所有代码和一些常用的类库。推荐初学者下载 ThinkPHP 5.0.11 完整包。

ThinkPHP 的代码不需要任何安装过程。只需把下载的压缩包中的 ThinkPHP 文件夹解压缩到项目指定的目录中就可以了，如 D:\WWW\htdocs\thinkphp\。

### 2．项目入口文件

将 ThinkPHP 的核心代码存储好以后，就可以创建一个项目入口文件来开始一个新的

项目。项目入口文件一般使用默认的文件 /public/index.php，入口文件位置的设计是为了让应用部署更安全，public 目录为 Web 可访问目录，其他文件都可以放到非 Web 访问目录的下面。具体代码如下。

```php
<?php
    // [应用入口文件]
    // 定义应用目录
    define('APP_PATH', __DIR__.'/../application/');
    // 加载框架引导文件
    require __DIR__.'/../thinkphp/start.php';
?>
```

上述代码指定了 ThinkPHP 的目录和框架入口文件。这样，在运行项目主页时，ThinkPHP 的框架入口文件将被加载并运行。

## 11.5.2　项目的创建

项目入口文件创建好以后，在浏览器上访问项目的首页，将看到项目配置成功的欢迎页面，如图 11-3 所示。

图 11-3　欢迎页面

下载最新版本的框架后，将其解压缩到 Web 目录下面，可以看到初始的目录结构如下：

```
project   应用部署目录
├──application          应用目录（可设置）
│  ├──common            公共模块目录（可更改）
│  ├──index             模块目录（可更改）
│  │  ├──config.php     模块配置文件
│  │  ├──common.php     模块函数文件
│  │  ├──controller     控制器目录
│  │  ├──model          模型目录
│  │  ├──view           视图目录
│  │  └── ...           更多类库目录
│  ├──command.php       命令行工具配置文件
│  ├──common.php        应用公共（函数）文件
│  ├──config.php        应用（公共）配置文件
│  ├──database.php      数据库配置文件
│  ├──tags.php          应用行为扩展定义文件
```

```
|       └──route.php              路由配置文件
├──extend                         扩展类库目录（可定义）
├──public                         Web 部署目录（对外访问目录）
|       ├──static                 静态资源存储目录（css、js、image）
|       ├──index.php              应用入口文件
|       ├──router.php             快速测试文件
|       └──.htaccess              用于 apache 的重写
├──runtime                        应用的运行时目录（可写，可设置）
├──vendor                         第三方类库目录（Composer）
├──thinkphp                       框架系统目录
|       ├──lang                   语言包目录
|       ├──library                框架核心类库目录
|       |       ├──think          Think 类库包目录
|       |       └──traits         系统 Traits 目录
|       ├──tpl                    系统模板目录
|       ├──.htaccess              用于 apache 的重写
|       ├──.travis.yml            CI 定义文件
|       ├──base.php               基础定义文件
|       ├──composer.json          composer 定义文件
|       ├──console.php            控制台入口文件
|       ├──convention.php         惯例配置文件
|       ├──helper.php             助手函数文件（可选）
|       ├──LICENSE.txt            授权说明文件
|       ├──phpunit.xml            单元测试配置文件
|       ├──README.md              README 文件
|       └──start.php              框架引导文件
├──build.php                      自动生成定义文件（参考）
├──composer.json                  composer 定义文件
├──LICENSE.txt                    授权说明文件
├──README.md                      README 文件
├──think                          命令行入口文件
```

## 11.5.3　项目的配置

　　在开始一个新的项目前，首先要进行项目的配置。默认的配置文件存储在 application 目录下，文件名为 config.php。该文件通过返回数组的形式对各配置项进行配置。常见的配置项包括是否需要开启调试模式。

　　配置好以后，就可以进行项目的具体开发了，其中开启调试模式在开发的过程中非常重要。

## 11.5.4　控制器类的创建

控制器类是 ThinkPHP 项目运行的核心，项目所需的逻辑与方法均存储在控制器类中。ThinkPHP 项目的控制器存储在 application/项目名/controller 文件夹下，此处项目即 index。

### 1．控制器的模块与操作

ThinkPHP 框架对控制器类的文件名有一定的规定，要求必须是<模块名>.php。在默认情况下，项目首页的模块名是 Index，因此在自动创建项目时，index.php 会被自动创建，其代码如下。

```php
<?php
    namespace app\index\controller;

    class Index {
        public function index() {
            return '
            <style type="text/css">
                *{ padding: 0; margin: 0; }
                .think_default_text{ padding: 4px 48px;}
                a{color:#2E5CD5;cursor: pointer;text-decoration: none}
                a:hover{text-decoration:underline; }
                body{ background: #fff; font-family: "Century Gothic", "Microsoft yahei";
                    color: #333;font-size:18px}
                h1{ font-size: 100px; font-weight: normal; margin-bottom: 12px; }
                p{ line-height: 1.6em; font-size: 42px }
            </style>
            <div style="padding: 24px 48px;">
                <h1>:)</h1>
                <p> ThinkPHP V5<br/>
                    <span style="font-size:30px">十年磨一剑 - 为 API 开发设计的高性能框架</span>
                </p>
                <span style="font-size:22px;">[V5.0 版本由<a href=http://www.qiniu.com
                                        target="qiniu">七牛云</a> 独家赞助发布 ]</span>
            </div>
            <script type="text/javascript" src=http://tajs.qq.com/stats?sId= 9347272
                                        charset="UTF-8"></script>
            <script type="text/javascript" src=http://ad.topthink.com/Public/
                                        static/client.js"> </script>
            <thinkad id="ad_bd568ce7058a1091"></thinkad>';
        }
    }
```

从上述代码可以看出，该方法就是用来输出图 11-3 所示页面的源代码。对该代码进行适当修改并在 index 操作方法下添加适当的逻辑，就可以实现项目需要的功能。下面的代码向页面输出一个"Hello World!"字符串。

```php
<?php
    namespace app\index\controller;
```

```
class Index {
    public function index() {
        return 'Hello World!';
    }
}
```

在 ThinkPHP 中，每个程序入口生成的实例都可以称为一个项目，每个项目可以拥有多个模块，每个模块可以包含多个操作方法。

例如，前面示例的项目名称为 index.php，模块名为 Index，方法为 index。在浏览器上可以使用链接 http://Hlocalhost/thinkphp/index.php/lIndex/index/来访问。

在默认情况下，如果在浏览器链接上没有指定模块名和方法名，ThinkPHP 框架会自动寻找默认的模块 Index 和方法 index()，也就是说，以下 4 个链接的访问效果是相同的：http://localhost/thinkphp/，http://localhost/thinkphp/index.php，http://localhost/thinkphp/index.php/lIndex，http://localhost/thinkphp/index.php/lIndex/index。

除了以上默认的操作方法，在同一个模块下还可以创建多个用户自定义方法。这时，可以在浏览器上通过地址 http://localhost/thinkphp/index.php/lIndex/show/id/1 来访问这个用户自定义方法 show()。

### 2．URL 的处理

ThinkPHP 还提供了一些其他 URL 处理模式供用户选择。URL 处理模式可以通过修改 application 目录下的 config.php 文件来实现，如图 11-4 所示。

```
// +----------------------------------------------------------------------
// | URL设置
// +----------------------------------------------------------------------

// PATHINFO变量名 用于兼容模式
'var_pathinfo'        => 's',
// 兼容PATH_INFO获取
'pathinfo_fetch'      => ['ORIG_PATH_INFO', 'REDIRECT_PATH_INFO', 'REDIRECT_URL'],
// pathinfo分隔符
'pathinfo_depr'       => '/',
// URL伪静态后缀
'url_html_suffix'     => 'html',
// URL普通方式参数 用于自动生成
'url_common_param'    => false,
// URL参数方式 0 按名称成对解析 1 按顺序解析
'url_param_type'      => 0,
// 是否开启路由
'url_route_on'        => true,
// 路由使用完整匹配
'route_complete_match' => false,
// 路由配置文件（支持配置多个）
'route_config_file'   => ['route'],
// 是否强制使用路由
'url_route_must'      => false,
```

图 11-4  修改 config.php 文件

在通常情况下，不希望通过输入的网址来发现物理机上的实际位置，因为这是极其不安全的，因此就要用到 URL 路由，将 URL 与实际文件位置做一个映射。

下面简要介绍 ThinkPHP 提供的 URL 处理模式。

① 普通模式。关闭路由，完全使用默认的 PATH_INFO 模式访问 URL：

```
'url_route_on' => false,
```

关闭路由后，不会解析任何路由规则，使用默认的 PATH_INFO 模式访问 URL：

```
http://serverName/index.php/module/controller/action/param/value/…
```

仍然可以通过操作方法的参数绑定、空控制器和空操作等特性实现 URL 地址的简化。

可以设置 url_param_type 配置参数来改变 PATH_INFO 模式下的参数获取方式，默认是按名称成对解析的，支持按照顺序解析变量，只需要将其更改为如下形式：

```
// 按照顺序解析变量
'url_param_type'   => 1,
```

② 混合模式。开启路由，并使用路由定义与默认的 PATH_INFO 模式的混合：

```
'url_route_on' => true,
'url_route_must'=> false,
```

在混合模式下，只对需要定义路由规则的访问地址定义路由规则，其他访问地址仍然按照普通模式的 PATH_INFO 模式访问 URL。

③ 强制模式。开启路由，并设置必须定义路由才能访问：

```
'url_route_on'          => true,
'url_route_must'        => true,
```

在强制模式下，必须严格给出每个访问地址定义路由规则（包括首页），否则将抛出异常。

首页的路由规则采用 "/" 定义即可，如把网站首页路由输出 Hello, world!

```
Route::get('/', function() {
    return 'Hello, world!';
});
```

# 11.5.5  模型类的创建

在早期的 ThinkPHP 版本中，模型类是一个必不可少的组件，然而从 ThinkPHP 2.0 开始，可以不需要任何模型类的定义。因此，在大多数情况下，并不需要为每个数据表创建一个独立的模型类。模型类只在有特殊的需求或需要单独封装基于数据表的程序逻辑时才需要。ThinkPHP 项目的模型类存储在 application\项目名\model 文件夹下，此处项目即 index。使用模型类需要在 application\database.php 中配置。

## 1. 模型的定义与实例化

ThinkPHP 框架对模型类的文件名有一定的规定，要求文件名必须是<模型名>.php。下面创建一个简单的 User 模型。首先创建一个名为 user 的数据表，如表 11-1 所示。

表 11-1  user 数据表结构

| 名　字 | 类　型 | 长度/值 | 主　键 | 注　释 |
| --- | --- | --- | --- | --- |
| uid | int | | 是 | |
| name | varchar | 15 | | |
| email | Varchar | 15 | | |

接下来创建一个基于 User 模型的模型类，文件名为 User.php，代码如下：

```
namespace app\index\model;
use think\Model;
class User extends Model {
```

```
    }
```

上述代码继承了 ThinkPHP 的公用模型类，默认主键为自动识别，如果需要指定，可以设置如下属性：

```
namespace app\index\model;
use think\Model;
class User extends Model {
    protected $pk = 'uid';
}
```

模型会自动对应数据表，模型类的命名规则是除去表前缀的数据表名称，采用驼峰法命名，并且首字母大写，如表 11-2 所示。如果命名规则和系统约定的不符合，就需要设置 Model 类的数据表名称属性，以确保能够找到对应的数据表。

表 11-2　模型自动对应的数据表

| 模型名 | 约定对应的数据表 |
| --- | --- |
| User | user |
| UserType | user_type |

下面修改 Index.php 中的 Index 代码来实例化 UserModel 模型类。

```
<?php
    namespace app\index\controller;
    class Index {
        public function index() {
            $user = new \app\index\model\User();
            $user->name = "user1";
            $user->email = "abc@abc.com";
            $user->save();
            return 'done';
        }
    }
?>
```

此时访问 localhost/安装目录/public/index.php/index，即可看见输出 done，并可在数据库中看到新增条目。

### 2. 数据库的连接与操作

因为 ThinkPHP 的数据操作是基于模型类的，所以所有底层数据库连接和操作都会由 ThinkPHP 的核心代码自动完成，不需用户具体操作。也就是说，该项目只需在 config.php 中进行数据库配置操作。

## 11.5.6　模板文件的编写

与 Smarty 类库类似，ThinkPHP 的页面显示也是通过模板来完成的。事实上，ThinkPHP 框架提供了强大的模板功能。模板文件通常以 HTML 文件格式存储在 application/项目名/view/控制器名/文件夹相应的模块目录中，文件名即操作方法名。本节对 ThinkPHP 模板的几种常见操作进行简要介绍。

### 1. 模板中的变量

从前面的示例模板中可以看到，模板中的变量与 PHP 中的变量定义方法相同，即使

用 "$" 开头的变量名。与 Smarty 模板类似，模板中的变量需要用一对定界符来标示。在默认情况下，这对定界符是 "{}"。以下代码就使用 "{}" 来标记模板中的变量$name。

```
文件 index/view/index/hello.html
hello {$name}
```

创建一个控制器来调用这个模板：

```php
<?php
    namespace app\index\controller;
    class Index {
        public function index() {
            return view("hello", ["name"=>"user1"]);
        }
    }
?>
```

运行后可以看到模板中的内容成功输出，如图 11-5 所示。

图 11-5　内容成功输出

模板变量中除了这种单一变量，常见的还有一种数组变量。ThinkPHP 中十分简单的数组变量的输出方法是 "数组名.关键字"，如下面的模板代码所示。

```
文件 index/view/index/hello.html
hello {$data.name}, your email is {$data.email}
```

创建一个控制器来调用这个模板，如下所示。

```php
<?php
    namespace app\index\controller;
    class Index {
        public function index() {
            $data['name'] = "user1";
            $data['email'] = "abc@abc.com";
            return view("hello", ['data'=>$data]);
        }
    }
?>
```

运行后可以看到模板中对应的 name 和 email 值被成功输出，如图 11-6 所示。

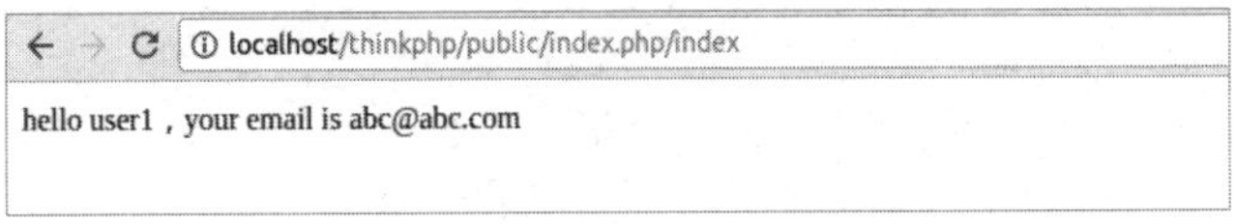

图 11-6　输出结果

## 2．模板中函数的使用

ThinkPHP 模板的另一个强大功能就是可以直接调用 PHP 默认的和用户自定义的函数，其语法格式如下：

```
{?$var | function1 | function2 }
```

其中，$var 是从控制器传入的变量名，function1 和 function2 是要依次运行的函数。在默认情况下，模板会把传入的变量作为函数的唯一参数。但是，如果函数包含多个参数，就需要使用"###"定位。

下面是一个把变量 password 传入模板的控制器，在模板上调用了 PHP 的 MD5 加密函数。模板代码如下：

```
<$data.name|md5>
```

编译后的结果如下：

```
<?php echo (md5($data['name'])); ?>
```

下面是一个把变量 string 传入模板的控制器，在模板上调用了 PHP 的函数来去除首尾空格，并只显示前 5 个字符。模板代码如下：

```
{$string|trim|substr=###,0,5}
```

编译结果如下：

```
<?php echo (substr(trim($tring),0,5)); ?>
```

### 3. 基本标签的使用

与 Smarty 模板类似，在 ThinkPHP 的模板中也可以使用类似的标签来实现循环、条件判断甚至直接使用 PHP 代码。

（1）循环标签<volist>

前面介绍了如何在模板中输出数组的元素，但是该功能一般仅用来处理一维数组。对于通常的数据库操作往往使用循环标签<volist>。该标签有两个属性，即 name 和 id。name 是传入的变量名称，id 是在标签内可以使用的代表数组中每个元素的变量数组。例如，模板代码如下：

```
{volist name="data" id="vo"}
{$vo.id}:{$vo.name}<br/>
{/volist}
```

相应的控制器代码如下：

```php
<?php
    namespace app\index\controller;
    class Index {
        public function index() {
            $data[1]['id']="1";
            $data[1]['name']="user1";
            $data[2]['id']="2";
            $data[2]['name']="user2";
            $data[3]['id']="3";
            $data[3]['name']="user3";
            return view("volist", ['data'=>$data]);
        }
    }
?>
```

运行结果如图 11-7 所示。

图 11-7 运行结果

（2）条件判断标签<if>

与 PHP 的 if 语句类似，在 ThinkPHP 的模板中也可以根据传入的变量进行条件判断，其语法格式如下：

```
{if condition="condition1"} value1
{elseif condition="condition2"/}value2
{else /} value3
{/if}
```

其中，condition1 和 condition2 表示用来判断条件是否满足的表达式，value1、value2 和 value3 表示用于输出的值，如下面的模板代码所示。

```
{if condition="($name == 1) OR ($name > 100) "} value1
{elseif condition="$name eq 2"/}value2
{else /} value3
{/if}
```

除此之外，在 condition 属性中可以使用 PHP 代码：

```
{if condition="strtoupper($user['name']) eq 'THINKPHP'"}ThinkPHP
{else /} other Framework
{/if}
```

相应的控制器代码如下：

```php
<?php
    namespace app\index\controller;
    class Index {
        public function index() {
            $user["name"] = "thinkphp";
            return view("if", ['user'=>$user]);
        }
    }
?>
```

运行结果如图 11-8 所示。

图 11-8 运行结果

（3）PHP 代码标签<php>

在有些情况下，使用控制器与模板输出的方式不能满足项目的需要。为此，ThinkPHP 提供了一个可以直接将 PHP 代码放到模板中运行的方式。用户只需要把要执行的 PHP 代码放到{php}标签中就可以，如下所示。

```
{php}echo 'Hello, world!';{/php}
```

相应的控制器代码如下：

```php
<?php
    namespace app\index\controller;
    class Index {
        public function index() {
            return view("hello");
        }
    }
?>
```

运行结果如图 11-9 所示。

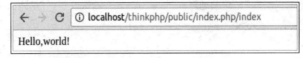

图 11-9  运行结果

# 11.6  ThinkPHP 应用实例——在线日程表

前面介绍了 ThinkPHP 的语法与模板应用的基本方法，本节将用一个在线日程表实例演示如何使用 ThinkPHP 开发一个小型项目。为了简单起见，本节的在线日程表仅提供一个表单页和日程显示页。

### 1. 数据库的设计

创建一个数据表 calendar，用来存储日程表数据，如表 11-3 所示，将记录日程的具体日期、事件、具体描述和是否已经完成。

表 11-3  数据表 calendar

| 名　字 | 类　型 | 长度/值 | 主　键 | 注　释 |
| --- | --- | --- | --- | --- |
| id | int | | 是 | 自增 |
| date | varchar | 15 | | |
| event | varchar | 15 | | |
| complete | varchar | 10 | | |

### 2. 模板的设计

数据库创建好以后，还需要创建供用户访问的模板。这里的每个页面都需要一个模板文件。主页面将显示所有日程，并且提供链接以方便用户添加新日程，以及更新、删除现有日程。添加新日程页面需要一个简单的表单，具体代码如下。

（1）文件名 index.html

```html
<!DOCTYPE html>
<html>
    <head>
        <meta charset="UTF-8">
        <title>在线日程表~</title>
    </head>
```

```
    <body>
        <h1>在线日程表</h1>
        <table>
            <tr>
                <td>时间</td>
                <td>事件</td>
                <td>是否完成</td>
                <td>操作</td>
            </tr>
            [volist name="data" id="item"]
            <tr>
                <td>{$item.date}</td>
                <td>{$item.event}</td>
                <td>{$item.complete}</td>
                <td>
                    <a href="updateView/id/{$item.id}">修改</a>
                    <a href="delete/id/{$item.id}">删除</a>
                </td>
            </tr>
            {/volist}
        </table>
        <button onclick="window.location='addView'">新增</button>
    </body>
</html>
```

（2）模板 edit.html

```
<!DOCTYPE html>
    <html>
        <head>
            <meta charset="UTF-8">
            <title>在线日程表~</title>
        </head>
        <body>
            <h1>{php}if($item->id)echo '修改';else echo'新增'{/php}</h1>
            <form action="{php}if($item->id)echo '../../update/id/'.$item->id; else echo'add'{/php}">
            时间:<input type="text" name="date" value="{php}if($item->date) echo $item->date;{/php}"/>
            事件:<input type="text" name="event" value="{php}if($item->event) echo $item->event;{/php}"/>
            是否完成:<SELECT name="complete">
            <option value="是" selected="{php}if($item->complete=='是')echo 'true';{/php}">是</option>
            <option value="否" selected="{php}if($item->complete=='否')echo 'true';{/php}">否</option>
            </SELECT>
            <input type="submit" value="提交"/>
            </form>
            <button onclick="window.location='{php}if(!$item->id)echo 'index'; else echo '../../index'{/php}'">返回</button>
        </body>
</html>
```

将上述主页面存储为 index.html，表单页面存储为 edit.html 供控制器调用。

## 3．控制器的实现

为了实现在线日程表的功能，控制器需要运行以下操作方法。

- ❖ index()：主页面的操作方法，用于读取数据库中的内容并将其显示在主页面。
- ❖ addView()：显示新日程页面的操作方法，用于调用表单模板。
- ❖ add()：插入新日程的操作方法。
- ❖ update()：更新现有日程的操作方法。
- ❖ updateView()：显示更新的视图页面。
- ❖ delete()：删除现有日程的操作方法。

具体代码如下：

```php
<?php
    namespace app\index\controller;
    use think\Controller;
    class Index extends Controller {
        public function index() {
            $data= \app\index\model\Calendar::all();
            return view("index",['data'=>$data]);
        }
        public function addView() {
            $cal= new \app\index\model\Calendar();
            $cal->id = "";
            $cal->date = "";
            $cal->event = "";
            $cal->complete = "";
            return view("edit",['item'=>$cal]);
        }
        public function add() {
            $cal = new \app\index\model\Calendar();
            $cal->date = input('get.date');
            $cal->event = input('get.event');
            $cal->complete = input('get.complete');
            $cal->save();
            if($cal) {
                $this->success('新增成功', 'Index/index');
            }
            else {
                $this->error('新增失败');
            }
        }
        public function updateView($id) {
            $item = \app\index\model\Calendar::get(["id"=>$id]);
            return view("edit", ['item'=>$item]);
        }
        public function update($id) {
            $cal = new \app\index\model\Calendar();
            $cal->save(["date"=>input('get.date'),"event"=>input('get.event'),
                    "complete"=>input('get.complete')], ["id"=>$id]);
            if($cal) {
                $this->success('修改成功', 'Index/index');
            }
            else {
```

```
                $this->error('修改失败');
        }
    }
    public function delete($id) {
        \app\index\model\Calendar::destroy(['id' => $id]);
        $this->success('删除成功', 'Index/index');
    }
}
?>
```

运行结果如图 11-10 所示。

图 11-10　运行结果

# 思考与练习

1．MVC 三层分别指什么？有什么优点？

2．ThinkPHP 中的 MVC 分层是什么？

3．什么是 Smarty？Smarty 的优点是什么？

4．Smarty 模板引擎中的编译和缓存有什么区别？

5．使用 Smarty 模板输出一句简单的"Hello World"。

【提示】根据第 11.2 节的介绍，安装并调试好 Smarty 模板。

6．使用 CodeIgniter 框架输出一句简单的"Hello World"。

【提示】根据第 11.4 节的流程，分别设计好 CodeIgniter 框架的 M、V、C 三部分，然后输出一句简单的话。

# 第12章　文件和目录操作

程序在运行时将数据加载到内存中，内存中的数据是不能永久存储的，需要将数据存储起来以便后期多次使用，通常将数据存储在文件或数据库中，两者各有适用场合。在 Web 程序开发中，经常需要对文件进行大量的操作，如文件的创建、文件的读取等，因此掌握文件处理技术对 Web 开发者来说是十分必要的。

虽然在处理信息方面，使用数据库是多数情况下的选择，但利用文件来存取少量的数据非常方便快捷，更关键的是，PHP 提供了非常简单方便的文件和目录处理方法。本章将对 PHP 文件和目录的操作进行系统讲解。

## 12.1　文件概述

文件可以是文本文件、图片、音频、视频等，总之，它是数据的集合，可以有不同的类型。

### 12.1.1　文件类型

在 Windows 系统中的文件只有 file（普通文件类型，如文本类型、可执行文件等）、dir（目录类型，目录也是文件的一种）、unknown（未知类型）三种。在 Linux/UNIX 系统中，文件有 block、char、dir、fifo、file、link、unknown 七种。

在 PHP 中可以通过 filetype()函数来获取文件的类型，其语法格式如下：

```
filetype(string $filename)
```

其中，$filename 表示包含文件路径的文件名，该函数返回文件的类型，如果文件不存在，则返回 false。

【例 12-1】 filetype()函数的使用方法。

```php
<?php
    $file1 = "index.php";
    $file2 = "./";
    echo "{$file1}的文件类型为：".filetype($file1)."<BR>";
    echo "{$file2}的文件类型为：".filetype($file2);
?>
```

运行结果如下：

```
index.php 的文件类型为：file
./的文件类型为：dir
```

上述例子中，"./"表示当前目录。

例 12-1 讲解了文件类型的获取，在获取文件类型前，有时需要检测文件是否存在，PHP 提供了 file_exists( )函数用来检测文件是否存在，其语法格式如下：

```
bool file_exists(string $filename)
```

其中，$filename 表示包含文件路径的文件名，若文件存在，则返回true，否则返回 false。下面通过例 12-2 演示 file_exists( )函数的使用方法。

【例 12-2】 file_exists( )函数的使用方法。

```php
<?php
    $file1 = "index.php";
    if(file_exists($file1)) {
        echo "{$file1}的文件类型为：".filetype($file1);
    }
    else {
        echo "{$file1}文件不存在。";
    }
?>
```

运行结果如下：

```
index.php 的文件类型为：file
```

## 12.1.2 文件的常见属性

在处理文件时需要用到文件的一些常用属性，如文件大小、读写权限、修改时间等，PHP 提供了一系列内置函数用来获取文件属性，如表 12-1 所示。

表 12-1 获取文件常见属性的函数

| 函 数 | 函数功能 |
| --- | --- |
| bool is_dir(string $filename) | 判断给定文件名是否是一个目录 |
| bool is_executable(string $filename) | 判断给定文件名是否可执行 |
| bool is_file(string $filename) | 判断给定文件名是否是一个正常的文件 |
| bool is_readable(string $filename) | 判断给定文件名是否可读 |
| bool is_writable(string $filename) | 判断给定文件名是否可写 |
| bool is_uploaded_file(string $filename) | 判断文件是否是通过 HTTP POST 上传的 |
| int filesize(string $filename) | 返回文件大小的字节数，若出错，则返回 false，并生成一条 E_WARNING 级别的错误信息 |
| int filectime(string $filename) | 返回文件上次 inode（索引节点）被修改的时间，或者在失败时返回 false。时间以 UNIX 时间戳的方式返回 |
| int filemtime(string $filename) | 返回文件中的数据块上次被写入的时间，也就是文件的内容上次被修改的时间。时间以 UNIX 时间戳的方式返回 |
| int fileatime(string $filename) | 返回文件上次被访问的时间，或者在失败时返回 false。时间以 UNIX 时间戳的方式返回 |

在表 12-1 中，所有函数的参数都为 $filename，即提供一个包含文件路径的文件名，然后通过函数返回值获取文件属性。

【例 12-3】 获取文件属性。

```php
<?php
    $filename = "index.php";
    // 检测文件是否存在
    if(file_exists($filename)) {
        echo "{$filename}文件存在<br>";
        if(is_dir($filename)) {                         // 检测是否是目录
            echo "{$filename}是一个目录<br>";
        }

        if(is_file($filename)) {                        // 检测是否是文件
            echo "{$filename}是一个文件<br>";
            // filesize()只能返回字节数
            echo "{$filename}文件大小为: ". filesize($filename)."<br>";
        }

        if(is_readable($filename)) {                    // 获取文件权限，检测是否可读
            echo "{$filename}文件可读<br>";
        }

        if(is_writable($filename)) {
            echo "{$filename}文件可写<br>";
        }

        if(is_executable($filename)) {
            echo "{$filename}文件可执行<br>";
        }
        // 创建时间
        echo date("文件的创建时间：Y-m-d H:i:s", filectime($filename))."<br>";
        // 访问时间
        echo date("文件的访问时间：Y-m-d H:i:s", fileatime($filename))."<br>";
        // 修改时间
        echo date("文件的修改时间：Y-m-d H:i:s", filemtime($filename))."<br>";
    }
    else {
        echo "{$filename}文件不存在<br>";
    }
?>
```

运行结果如下：

```
index.php 文件存在
index.php 是一个文件
index.php 文件大小为: 2.607421875KB
index.php 文件可读
index.php 文件可写
文件的创建时间：2020-04-17 13:34:48
文件的访问时间：2020-04-17 13:34:48
文件的修改时间：2020-05-19 05:06:10
```

## 12.2　基本的文件操作

了解文件类型与属性后，接着需要对文件进行操作，如打开文件、读写文件、关闭文件等，文件操作是通过 PHP 内置的文件系统函数完成的。文件和目录操作可以归纳为如下 3 个步骤：打开文件，读取、写入和操作文件，关闭文件。掌握这 3 个步骤，就可以区分出函数使用的先后顺序和功能，达到运用自如的效果。

### 12.2.1　打开文件

对文件进行操作，首先要打开这个文件。在 PHP 中使用 fopen( )函数打开文件，其语法格式如下：

```
resource fopen(string $filename, string $mode[, bool $use_include_path [, resource $Szcontext]])
```

其中，$filename 表示包含文件路径的文件名，还可以为 URL 地址；$mode 表示设置打开文件的方式，可选值如表 12-2 所示；$use_include_path 为可选参数，决定是否在 include_path（php.ini 中的 include_path 选项）定义的目录中搜索 filename 文件，如在 php.ini 文件中设置 include_path 选项的值为 "C:\xampp\php"；$context 称为上下文，同样为可选参数，是设置流操作的特定选项，用于控制流的操作特性，一般只需使用默认的流操作设置，不需要使用此参数。

表 12-2　fopen( )函数中参数 mode 的可选值

| mode | 模式名称 | 说　　明 |
| --- | --- | --- |
| r | 只读 | 读模式——读文件，文件指针位于文件头部 |
| r+ | 只读 | 读写模式——读、写文件，文件指针位于文件头部。注意：如果在现有文件内容的末尾之前写入，就会覆盖原有内容 |
| w | 只写 | 写模式——写入文件，文件指针指向文件头部。注意：若文件存在，则文件内容被删除，重新写入，否则函数自行创建文件 |
| w+ | 只写 | 写模式——读、写文件，文件指针指向文件头部。注意：若文件存在，则文件内容被删除，重新写入，否则函数自行创建文件 |
| X | 谨慎写 | 用写模式打开文件，从文件头部开始写入。注意：若文件存在，则函数返回 false，产生一个 E_WARNING 级别的错误信息 |
| x+ | 谨慎写 | 用读/写模式打开文件，从文件头部开始写入。注意：若文件存在，则函数返回 false，产生一个 E_WARNING 级别的错误信息 |
| a | 追加 | 用追加模式打开文件，文件指针指向文件尾部。注意：若文件已有内容，则从文件末尾开始追加，否则函数自行创建文件 |
| a+ | 追加 | 用追加模式打开文件，文件指针指向文件尾部。注意：若文件已有内容，则从文件末尾开始追加或读取，否则函数自行创建文件 |
| b | 二进制 | 二进制模式——用于与其他模式进行连接。注意：若文件系统能够区分二进制文件和文本文件，可能会使用它，Windows 可以区分，UNIX 则不可以区分。推荐使用这个选项，便于获得最大程度的可移植性，默认模式 |
| t | 文本 | 用于与其他模式的结合，只是 Windows 下的一个选项 |

如果 fopen( )函数成功打开一个文件，将返回一个指向这个文件的文件指针资源，可以通过这个资源对该文件进行读写操作。

**注意：** 在使用 fopen( )函数时应该谨慎，从 fopen( )函数的参数可以看到，使用这个函数不像平时用的记事本、Word 应用程序那么简单，一不小心就有可能将文件内容全部删掉。

**【例 12-4】** 通过 fopen( )函数打开指定的文件。

```php
<?php
    // 以只读方式打开当前执行脚本所在目录下的 count.txt 文件
    $file1 = fopen("./count.txt", "r");
    // 以读写方式打开指定文件夹下的文件，如果文件不存在，则创建文件
    $file2 = fopen("C:/count.txt", "w+");
    // 以二进制只写方式打开指定文本，并清空文件
    $file3 = fopen("./images/bg_01.jpg", "wb");
    // 以只读方式打开远程文件
    $file4 = fopen("http://127.0.0.1/in/index.php", "r");
?>
```

运行本例后，在页面中看不到任何效果。但是在 C 盘的根目录下会有一个 count.txt 文件；在本例根目录下的 images 文件夹存储了两个图片：bg_01.jpg 和 bg_01.jpg 的备份。

另外，如果在本实例的根目录下没有创建 count.txt 文件，那么运行本程序将看到错误信息。

## 12.2.2  读取文件内容

文件打开后，就可以进行读取和写入操作了，这里先讲解文件的读取。可以将 PHP 提供的文件读取函数分为 4 类：读取一个字符、读取一行字符串、读取任意长度的字符串和读取整个文件。

### 1. 读取一个字符

fgetc( )函数可以从文件指针指定的位置读取一个字符，语法格式如下：

```
string fgetc(resource $handle)
```

该函数返回一个字符，该字符从$handle 指向的文件中得到，遇到文件结束符 EOF( End of File )，则返回 false。

**【例 12-5】** 用 fgetc( )函数循环读取 in.txt 文件中的字符。

① 在当前目录下创建 txt 文件夹，新建一个 in.txt 文本文件。向文件中写入如下内容，然后存储并关闭文件。

```
<font size="13" color="red">Welcome to Beijing! </font>
```

② 创建 index.php 文件。首先定义文件路径，然后用只读方式打开文件，由于 fgetc( )函数只能读取单个字符，因此为了拼接 for 循环的循环条件，这里使用 filesize( )函数判断文本文件的数据长度。最后，利用 fgets( )函数输出文本数据。

```php
<?php
    header("Content-Type:text/html; charset=UTF-8");      // 设置页面编码格式
    $path = "./txt/in.txt";                                // 定义文件路径
    $ffile = fopen($path,"r");                             // 打开指定文件（只读方式）
```

```php
    $size = filesize($path);                    // 获取文件的数据长度
    for($a = 0; $a < $size; $a++) {             // for 循环语句
        echo fgetc($ffile);                      // 输出数据
        fclose($ffile);                          // 关闭文件
    }
?>
```

运行结果为：

"Welcome to Beijing!"（字体为红色）

### 2. 读取一行字符串

fgets()函数用于从文件指针中读取一行数据字符串。文件指针必须是有效的，并且必须指向一个由 fopen()函数或 fsockopen()函数成功打开的文件。fgets()函数语法格式如下：

```
string fgets(int $handle [, int $length])
```

其中，参数$handle 是被打开的文件，参数$length 是要读取的数据长度。

fgets()函数能够从$handle 指定文件中读取一行并返回长度最大值为$length-1 字节的字符串，遇到换行符、EOF 或读取了$length-1 个字节后停止。若忽略$length 参数，则默认为 1024 字节。

◀》 注意：fgetss()函数是 fgets()函数的变体，用于读取一行数据，同时 fgetss()函数会过滤掉被读取内容中的 html 和 php 标记。

fgetss()函数的语法格式如下：

```
string fgetss(resource $handle[, int $length[, string $allowable_tags]])
```

其中，参数$handle 指定读取的文件；参数$length 指定读取字符串的长度；参数$allowable_tags 控制哪些标记不被去掉。

【例 12-6】 用 fgets()函数和 fgetss()函数分别输出文本文件的内容，对比两者之间有什么区别。

```php
<?php
    $fopen = fopen('./files.php','rb');
    while(!feof($fopen)) {                       // 应用 feof()函数测试指针是否到了文件结束的位置
        echo fgets($fopen);                      // 输出当前行
    }
    fclose($fopen);
?>
<!-- fgetss 函数读取.php 文件 -->
<?php
    $fopen = fopen('./files.php','rb');
    while(!feof($fopen)) {                       // 应用 feof()函数测试指针是否到了文件结束的位置
        echo fgetss($fopen);                     // 输出当前行
    }
    fclose($fopen);
?>
```

运行结果如图 12-1 所示。

◀》 注意：用 fgets()函数读取的数据原样输出，没有任何变化；用 fgetss()函数读取的数据去除了文件中的 html 标记，输出的完全是普通字符串。

chris@chris-ebhrz:~/php$ php test.php
<html>
<body>
<h1>hello wolrd</h1>
<p>test</p>
</body>
</html>
<!-- fgetss函数读取.php文件 -->
hello wolrd
test

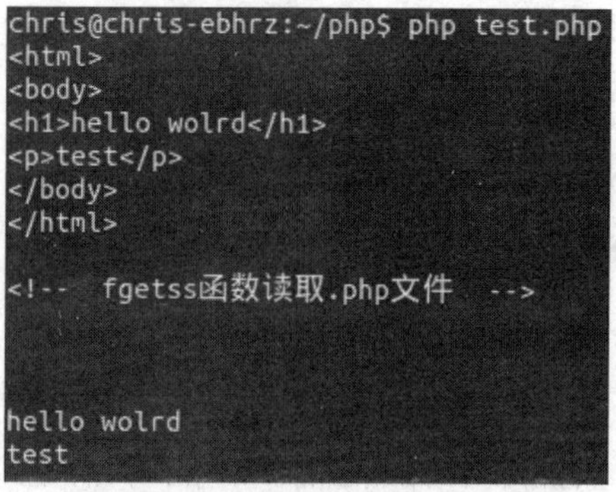

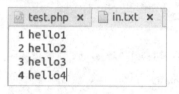

图 12-1　运行结果

### 3．读取任意长度的字符串

fread()函数用于从文件中读取指定长度的数据，还可以读取二进制文件，其语法格式如下：

```
string fread ( int $handle, int $length )
```

其中，参数$handle 为指向的文件资源，参数$length 指定要读取的字节数。

fread()函数在读取到$length 字节或到达 EOF 时停止执行。

【例 12-7】用 fread()函数读取 txt 文件夹下 in.txt 文件的内容，如图 12-2 所示。

test.php ×
in.txt ×
1 hello1
2 hello2
3 hello3
4 hello4

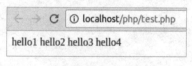

图 12-2　in.txt 文本内容

首先，定义文本文件在实例根目录下的存储位置；其次，用 fopen()函数以只读方式打开文件并返回文件句柄；然后，用 filesize()函数获取文本文件数据的长度；最后，用 fread()函数输出文本数据。

```
<?php
    $path = "txt/in.txt";                  // 定义文本文件路径
    $open = fopen($path, "r");             // 打开指定文件
    $size = filesize($path);               // 获取文本数据长度
    echo fread($open, $size);              // 输出所有数据
    fclose($open);                         // 关闭文件
?>
```

运行结果如图 12-3 所示。

localhost/php/test.php
hello1 hello2 hello3 hello4

图 12-3　运行结果

### 4．读取整个文件

readfile()函数用于读取一个文件并将其写入输出缓冲，若成功，则返回读取的字节数，

否则返回 FALSE。readfile( )函数的语法格式如下：

```
int readfile(string $filename[, bool $use_include_path[, resource $context]])
```

其中，参数$filename 指定读取的文件名称；参数$use_include_path 控制是否支持在 include_
path 中搜索文件，若支持，则置为 true；参数 context 是 PHP 5.0 的新增内容。

🔊 **注意：** readfile( )函数不需要打开/关闭文件，不需要输出语句，直接应用函数即可。

file( )函数用于将整个文件的内容读入一个数组，若成功，则返回数组，数组的每个元
素都是文件中对应的一行，包括换行符在内，否则返回 false。file( )函数的语法格式如下：

```
array file(string $filename[, int $use_include_path[, resource $context]])
```

其参数与 readfile( )函数的参数相同，唯一区别是该函数的返回值是数组。

file_get_contents( )函数用于将文件内容全部读取到一个字符串中，其语法格式如下：

```
string file_get_contents(string $filename[, bool $use_include_path[, resource $context
                        [, int $offset[, int $maxlen]]]])
```

其中，参数$filename 指定读取的文件名称；参数$use_include_path 控制是否支持在
$include_path 中搜索文件，若支持，则置为 true。如果有$offset 和$maxlen 参数，将在$offset
参数指定的位置开始读取长度为$maxlen 的内容。如果失败，函数返回 false。

🔊 **注意：** 读取整个文件中的内容，推荐读者使用 file_get_contents( )函数。

**【例 12-8】** 读取指定文件中的全部内容。创建 index.php 文件，分别用 readfile( )、
file( )和 file_get_contents( )函数读取指定文件中的内容。

```php
<?php
    // 自定义函数，将 path 参数定义为可选参数
    function type($number, $path="txt/in.txt") {
        if($number == "1") {                              // 判断传递进来的参数是否等于1
            echo '<h2>file_get_contents()输出数据</h2>';   // 输出数据
            echo file_get_contents($path);
        }
        else{
            if($number == "2") {                          // 判断传递进来的参数是否等于2
                echo '<h2>readfile()输出数据</h2>';        // 输出数据
                readfile($path);
            }
            else {
                $array = file($path);                      // 将数据存储在数组中
                echo '<h2>file()输出数据</h2>';            // 循环输出数据
                for($a = 0; $a < count($array); $a++) {
                    echo "#".$array[$a]."<br>";
                }
            }
        }
    type("3");                                             // 方法调用
    type("2");
    type("1");
?>
```

运行结果如图 12-4 所示。

图 12-4　运行结果

📢 **注意**：在用 readfile( )、file( )和 file_get_contents( )函数读取整个文件中的内容时，不需要通过 fopen( )函数打开文件，也不需要通过 fclose( )函数关闭文件。但是，在读取一个字符、读取一行字符串和读取任意长度的字符串时，必须通过 fopen( )函数打开文件后才能进行读取，读取完成后还要通过 fclose( )函数关闭文件。

## 12.2.3　向文件中写入数据

在实际开发过程中，通常将读取文件的结果进行处理后再写入其他文件。PHP 通过 fwrite( )函数和 file_put_ contents( )函数执行文件的写入操作。

### 1. 向文件中写入数据

fwrite( )函数用于执行文件的写入操作，还有一个别名 fputs( )函数。fwrite( )函数的语法格式如下：

```
int fwrite(resource $handle, string $string [, int $length])
```

把$string 的内容写入文件指针$handle 处，若设置$length，当写入$length 个字节或完成$string 的写入后，操作就会停止。若写入成功，则返回写入的字符数，否则返回 false。

📢 **注意**：在应用 fwrite( )函数时，若给出$length 参数，则 magic_quotes_runtime（php.ini 文件中的选项）配置选项将被忽略。若在区分二进制文件和文本文件的系统（如 Windows）应用这个函数，打开文件时，fopen( )函数的$mode 参数要加上'b'。

### 2. 向文件中写入数据

file_put_contents( )函数可以将一个字符串写入文件，而且不需要通过 fopen( )函数打开文件，若写入成功，则返回写入的字节数，否则返回 false。

file_put_contents( )函数的语法格式如下：

```
int file_put_contents(string $filename, string $data[, int $flags [, resource $context]])
```

其中的参数说明如表 12-3 所示。

📢 **注意**：file_put_contents( )函数可安全用于二进制对象，如果"fopen wrappers"已经被激活，就可以把 URL 作为文件名来使用。

表 12-3  file_put_contents( )函数的参数说明

| 参　数 | 说　　明 |
| --- | --- |
| filename | 指定写入文件的名称 |
| data | 指定写入的数据 |
| flags | 实现对文件的锁定。可选值为 FILE_USE_INCLUDE_PATH、FILE_APPEND 或 LOCK_EX，只要知道 LOCK_EX 的含义即可，LOCK_EX 为独占锁定 |
| context | context 资源 |

【例 12-9】 通过 fwrite( )函数和 file_put_contents( )函数执行文件的写入操作。

用 file_put_contents( )函数写入文件，并用 file_get_contents( )函数读取 bg_01.jpg 图片文件。然后，将读取到的二进制数据通过 file_put_contents( )函数写入另一个 files.jpg 文件。最后，通过 img 标记输出 files.jpg 图片。

```php
<?php
    $path = "images/cau_03.gif";                   // 图片地址和名称
    $pic = file_get_contents($path);               // 获取数据信息并存储到变量
    file_put_contents("images/cau_04.gif", $pic);  // 将图片信息写入另一张图片
    echo "<img src='images/cau_04.gif'>";          // 显示图片
?>
```

应用 fwrite()函数完成文件的写入操作：

```php
<?php
    $path = "images/cau_03.gif";                   // 图片地址和名称
    $pic = file_get_contents($path);               // 读取图片数据
    $open = fopen("images/cau_04.gif","wb");       // 以读写二进制方式打开文件
    fwrite($open, $pic);                           // 写入信息
    echo "<img src='images/cau_04.gif'>";          // 输出图像
    fclose($open);                                 // 关闭文件
?>
```

运行结果如图 12-5 所示。

图 12-5　运行结果

## 12.2.4　关闭文件指针

对文件的操作结束后，应该关闭这个文件，否则可能引起错误。在 PHP 中使用 fclose( )函数关闭文件，其语法格式如下：

```
bool fclose(resource $handle);
```

其中，参数 handle（文件指针）必须是有效值，并且是通过 fopen( )函数成功打开的文件。fclose( )函数将参数$handle 指向的文件关闭，若成功，则返回 true，否则返回 false。

虽然每个请求最后都会自动关闭文件，但明确地关闭打开的所有文件是一种较好的编程习惯。

## 12.2.5　文件的其他操作

在实际开发过程中，如果需要对文件进行删除或销毁操作，就可以使用 unlink( )函数，其语法格式如下：

```
bool unlink($filename,$context);
```

其中，参数$filename 表示文件名称，若删除成功，则返回 true，否则返回 false；$filename，必选，规定要删除的文件；$context，可选，规定文件句柄的环境，是可修改流的行为的一个选项。

# 12.3　常用的目录操作

目录是一种特殊的文件，如果要对其进行操作同样要先打开目录，然后才可以进行浏览、操作，最后还要关闭目录。常用的目录操作包括创建和删除目录、遍历目录、解析目录等。PHP 提供了许多与目录操作相关的标准函数，本节主要讲解这些函数的使用。

## 12.3.1　打开指定目录

虽然打开文件和打开目录都是执行打开的操作，但是使用的函数不同，而且对未找到指定文件的处理结果也不同。如果 fopen( )函数未找到指定的文件，就可能自动创建这个文件，而 PHP 提供的打开目录函数 opendir( )会直接抛出一个错误信息。

opendir( )函数打开一个指定目录，若打开成功，则返回目录句柄，否则返回 false。opendir( )函数的语法格式如下：

```
resource opendir(string $path[, resource $context])
```

其中，参数$path 指定要打开的目录路径，若指定的不是一个有效的目录或者因为权限、文件系统错误而不能打开，则返回 false，并产生一个 E_WARNING 级别的错误信息。

◀)) 注意：通过在 opendir()函数前添加@符号，可以屏蔽错误信息的输出。

【例 12-10】验证指定目录是否存在，若存在，则通过 opendir( )函数打开指定的目录。

```php
<?php
    header("Content-Type:text/html;charset=utf-8");
    if(is_dir("dir")) {                            // 判断指定文件夹是否存在
        echo "<b >指定文件夹存在</b>";
        echo"<br>";
        $array = scandir('dir');                   // 读取目录结构
        foreach($array as $key=>$value) {
            echo "#".$value."<br>";
        }
    }
```

```
    else {
        echo  "<b>指定文件夹不存在</b>" ;
    }
?>
```

运行结果如图 12-6 所示。

localhost/php/test.php
打开失败


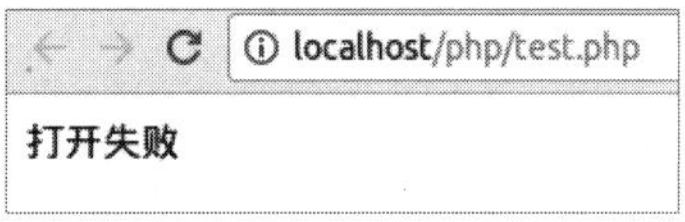

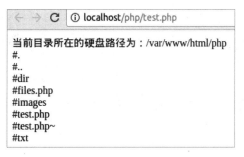

图 12-6　运行结果

## 12.3.2　读取目录结构

用 opendir()函数打开目录后，可以利用其返回的目录句柄，配合 scandir()函数完成对目录的浏览操作。

scandir()函数用于浏览指定路径下的目录和文件。若浏览成功，则返回包含文件名的 array，若浏览失败，则返回 false。scandir()函数的语法格式如下：

```
array scandir(string $directory[, int $sorting_order [, resource $context]])
```

其中，参数$directory 指定要浏览的目录，若$directory 不是目录，则返回 false，并生成一条 E_WARNING 级别的错误信息；参数$sorting_order 设置排序顺序，默认按字母升序排序，如果添加了该参数，就变为降序。

**【例 12-11】** 打开 Apache 服务器的根目录，并且浏览目录下的文件和文件夹。

```
<?php
    $path = "../../../../";                                 // 定义相对路径
    // 输出 Apache 根目录的绝对路径
    echo "Apache 根目录所在的硬盘路径为：".realpath($path)."<br>";
    if(is_dir($path)) {                                     // 判断当前路径是否为目录
        $path = scandir($path);                             // 将目录信息存储在数组中
        for($a = 0; $a < count($path); $a++){               // 循环输出结果
            echo "#".$path[$a]."<br>";
        }
    }
?>
```

运行结果如图 12-7 所示。

localhost/php/test.php
当前目录所在的硬盘路径为：/var/www/html/php
#.
#..
#dir
#files.php
#images
#test.php
#test.php~
#txt


图 12-7　运行结果

### 12.3.3　关闭目录

完成目录的操作后，就应该关闭目录。PHP 通过 closedir( )函数关闭目录，其语法格式如下：

```
void closedir(resource $handle)
```

其中，参数$handle 为使用 opendir()函数打开的一个目录句柄。

在应用 rmdir( )函数删除指定的目录时，被删除的路径必须是空的目录，并且权限必须合乎要求，否则将返回 false。

# 12.4　文件上传处理

文件的上传和下载是 Web 项目开发中必不可少的模块，大多数 PHP 框架封装了关于文件上传和下载的功能，不过对于原生的上传和下载仍需了解，其基本思路是通过 POST 方式提交 form 表单来实现文件上传，通过流输出的方式实现文件下载。

## 12.4.1　相关设置

要想顺利地实现文件上传，首先要在 php.ini 中开启文件上传功能，并对一些参数做出合理的设置。在 php.ini 文件中找到 File Uploads 项，可以看到如下 3 个属性值。

① file_uploads：若为 on，说明服务器支持文件上传；若为 off，则不支持文件上传。

② upload_tmp_dir：上传文件临时目录。在文件被成功上传前，文件先被存储到服务器端的临时目录中。若要指定位置，就在这里设置，否则使用系统默认目录即可。

③ upload_max_filesize：服务器允许上传的文件的最大值，以 MB 为单位。系统默认为 2 MB，用户可以自行设置。

除了 File Uploads 项，还有几个属性也会影响文件上传的功能。

① max_execution_time：PHP 一个指令能执行的最大时间，单位是秒。

② memory_limit：PHP 一个指令分配的内存空间，单位是 MB。

📢 注意：如果使用集成化的安装包来配置 PHP 的开发环境，就不必担心上述配置信息，因为默认已经配置好了。

📢 注意：如果上传超大文件，就必须对 php.ini 文件进行修改，包括 upload_max_ filesize 的最大值、max_execution_time 指令能执行的最大时间和 memory_limit 指令分配的内存空间。

## 12.4.2　全局变量 $_FILES 应用

$_FILES 变量存储的是上传文件的相关信息，对于上传功能有很大的作用。该变量是一个二维数组。预定义变量$_FILES 元素如表 12-4 所示。

表 12-4　预定义变量 $_FILES 元素

| 元素名 | 说　　明 |
| --- | --- |
| $_FILES[filename][name] | 存储了上传文件的文件名，如 exam.txt、myDream.jpg 等 |
| $_FILES[filename][size] | 存储了文件大小，单位为字节 |
| $_FILES[filename][tmp_name] | 文件上传时，首先在临时目录中被存储为一个临时文件。该变量为临时文件名 |
| $_FILES[filename][type] | 上传文件的类型 |
| $_FILES[filename][error] | 存储了上传文件的结果。如果返回 0，说明文件上传成功 |

【例 12-12】创建一个上传文件域，通过 $_FILES 变量输出上传文件的资料。

```
<table width="500" border="0" cellspacing="0" cellpadding="0">
    <!-- 上传文件的 form 表单，必须有 enctype 属性 -->
    <form action="" method="post" enctype="multipart/form-data">
        <tr>
            <td width="150" height="30" align="right" valign="middle">请选择上传文件：</td>
            <!-- 上传文件域，type 类型为 file -->
            <td width="250"><input type="file" name="upfile"/></td>
            <!-- 提交按钮 -->
            <td width="100"><input type="submit" name="submit" value="上传" /></td>
        </tr>
    </form>
</table>
<?php
<!-- 处理表单返回结果 -->
    if(!empty($_FILES)) {                         // 判断 $_FILES 变量是否为空
        // 使用 foreach 循环输出上传文件信息的名称和值
        foreach($_FILES['upfile'] as $name => $value)
            echo $name.' = '.$value.'<br>';
    }
?>
```

运行结果如图 12-8 所示。

(a) 页面显示

(b) 结果显示

图 12-8　运行结果

## 12.4.3　文件上传与处理函数

本质上，文件上传就是将表单数据的一部分提交到服务器端，因为其数据类型（字节流或二进制流）不一样，所以导致其在服务器上的处理方式不一样。用户通过单击"选择文件"和"上传"按钮，触发 HTTP 请求，服务器端程序（xxx.php）接收数据信息，响应客户端请求。如果文件成功上传，服务器端程序会将上传的文件存储到指定的目录中，同时将文件的路径存入数据库。

在实现文件上传时，首先需要设置文件上传表单，这个表单的提交方式必须为 POST。另外，需要增加上传的属性 enctype="multipart/form-data"，该属性说明浏览器可以提供文件上传功能。当用户通过上传表单选择一个文件并提交后，PHP 会自动生成一个$\_FILES[]的二维数组，该数组存储了上传文件的信息。

PHP 中使用 move_uploaded_file()函数上传文件，其语法格式如下：

```
bool move_uploaded_file(string $filename, string $destination)
```

其中，参数$filename 是上传文件的临时文件名，即$\_FILES[tmp_name]；参数$destination 是上传文件后存储的新的路径和名称。move_uploaded_file()函数将上传文件存储到指定的位置，若存储成功，则返回 true，否则返回 false。

【例 12-13】创建一个上传文件表单并对上传文件限制，仅允许用户上传.gif、.jpeg、.jpg、.png 图片文件，文件大小必须小于 200 KB。

```php
<!-- 上传表单，有一个上传文件域  -->
<form action="" method="post" enctype="multipart/form-data">
    <label for="file">文件名: </label>
    <input type="file" name="file" id="file"><br>
    <input type="submit" name="submit" value="提交">
</form>


<!-- ----------------------------------------  -->
<?php
if(isset($_POST['submit'])) {                               // 判断表单是否已经提交
    $allowedExts = array("gif", "jpeg", "jpg", "png");      // 允许上传的图片后缀
    $temp = explode(".", $_FILES["file"]["name"]);
    $extension = end($temp);                                // 获取文件后缀名
    if ((($_FILES["file"]["type"] == "image/gif") ||
        ($_FILES["file"]["type"] == "image/jpeg") ||
        ($_FILES["file"]["type"] == "image/jpg") ||
        ($_FILES["file"]["type"] == "image/pjpeg") ||
        ($_FILES["file"]["type"] == "image/x-png") ||
        ($_FILES["file"]["type"] == "image/png")) &&
        ($_FILES["file"]["size"] < 204800) &&               // 小于 200KB
        in_array($extension, $allowedExts)) {
        if ($_FILES["file"]["error"] > 0) {
            echo "错误: : ".$_FILES["file"]["error"]."<br>";
        }
        else {
            echo "上传文件名: ".$_FILES["file"]["name"]."<br>";
            echo "文件类型: ".$_FILES["file"]["type"]."<br>";
            echo "文件大小: ".($_FILES["file"]["size"] / 1024)." kB<br>";
            echo "文件临时存储的位置: ".$_FILES["file"]["tmp_name"]."<br>";
            // 判断当前目录下的 upload 目录中是否存在该文件
            // 如果没有 upload 目录，就需要创建它，upload 目录权限为 777（可读写权限）
```

```
            if (file_exists("upload/".$_FILES["file"]["name"])) {
                echo $_FILES["file"]["name"]."文件已经存在。";
            }
            else {                     //如果 upload 目录不存在该文件，将文件上传到 upload 目录下
                move_uploaded_file($_FILES["file"]["tmp_name"], "upload/". $_FILES["file"]["name"]);
                echo "文件存储在: "."upload/".$_FILES["file"]["name"];
            }
        }
    }
    else {
        echo "非法的文件格式";
    }
  }
?>
```

运行结果如图 12-9 所示。

文件名： 选择文件 未选择任何文件
提交
上传文件名: 评标专家.jpg
文件类型: image/jpeg
文件大小: 48.5869140625 kB
文件临时存储的位置: C:\xampp\tmp\phpAADC.tmp
文件存储在: upload/评标专家.jpg

图 12-9　运行结果

move_uploaded_file( )函数用于上传文件，在创建 form 表单时，必须设置 form 表单的 enctype="multipart/form-data"属性，通过 PHP 的全局数组$_FILES，可以从客户计算机向远程服务器上传文件。

第 1 个参数是表单的 input name，第 2 个参数可以是"name"、"type"、"size"、"tmp_name"、"error"。

① $_FILES['myFile']['name']：客户端文件的原名称。

② $_FILES['myFile']['type']：文件的 MIME 类型，需要浏览器提供该信息的支持，如"image/gif"。

③ $_FILES['myFile']['size']：已上传文件的大小，单位为字节。

④ $_FILES['myFile']['tmp_name']：文件上传后在服务器端存储的临时文件名，一般是系统默认的，可以在 php.ini 的 upload_tmp_dir 中指定，但用 putenv( )函数设置是不起作用的。

⑤ $_FILES['myFile']['error']：和文件上传相关的错误代码。['error']是在 PHP 4.2.0 版本中增加的，在 PHP 4.3.0 之后变成了 PHP 常量。

❖ UPLOAD_ERR_OK 值：0，表示没有错误发生，文件上传成功。

❖ UPLOAD_ERR_INI_SIZE 值：1，表示上传的文件的大小超过了 php.ini 中 upload_max_filesize 选项限制的值。

❖ UPLOAD_ERR_FORM_SIZE 值：2，表示上传文件的大小超过了 HTML 表单中 MAX_FILE_SIZE 选项指定的值。

❖ UPLOAD_ERR_PARTIAL 值：3，表示只有部分文件被上传。

❖ UPLOAD_ERR_NO_FILE 值：4，表示没有文件被上传。

❖ UPLOAD_ERR_NO_TMP_DIR 值：6，找不到临时文件夹，PHP 4.3.10 和 PHP 5.0.3
引进。

❖ UPLOAD_ERR_CANT_WRITE 值：7，文件写入失败，PHP 5.1.0 引进。

文件上传结束后，默认被存储在临时目录中，这时必须将它从临时目录中删除或移动到其他地方。无论是否上传成功，脚本执行完成后临时目录里的文件都会被删除，即临时的副本文件会在脚本结束时消失。要存储被上传的文件，我们需要把它复制到其他位置。脚本检测文件是否已存在，若不存在，则把文件复制到名为"upload"的目录下。

## 12.4.4 多文件上传

PHP 支持同时上传多个文件，只需要在表单中对文件上传域使用数组命名即可。

【例 12-14】有 4 个文件上传域，文件域的名称为 u_file[]，提交后上传的文件信息都被存储到 $_FILES[u_file]中，生成多维数组。读取数组信息，并上传文件。

```php
<!-- 上传文件表单 -->
<form action="" method="post" enctype="multipart/form-data">
    <table id="up_table" border="1" bgcolor="f0f0f0" >
        <tbody id="auto">
        <tr id="show" > <td>上传文件 </td>
            <td><input name="u_file[]" type="file"></td>
        </tr>
        <tr>
            <td>上传文件 </td>
             <td><input name="u_file[]" type="file"></td>
        </tr></tbody>
        <tr>
            <td colspan="4"><input type="submit" value="上传" /></td>
        </tr>
    </table>
</form>
<?php
<!-- 判断变量$_FILES 是否为空 -->
if(!empty($_FILES[u_file][name])){
    $file_name = $_FILES[u_file][name];                 // 将上传文件名另存为数组
    $file_tmp_name = $_FILES[u_file][tmp_name];          // 将上传的临时文件名另存为数组
    for($i = 0; $i < count($file_name); $i++) {         // 循环上传文件
        if($file_name[$i] != '') {                       // 判断上传文件名是否为空
            move_uploaded_file($file_tmp_name[$i],$i.$file_name[$i]);
            echo '文件'.$file_name[$i].'上传成功。更名为'.$i.$file_name [$i].'<br>';
        }
    }
}
?>
```

运行结果如图 12-10 所示。

(a) 页面显示

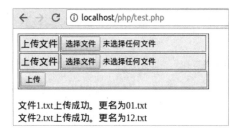

(b) 运行结果

图 12-10　运行结果

# 12.4.5　文件下载

header( )是一个 HTTP 相关函数，是以 HTTP 将 HTML 文档的标头送到浏览器，并告诉浏览器具体怎么处理这个页面。当用户使用 HTTP 方式下载文件时，就可以使用 header( )函数告诉浏览器这是一个下载文件。

header( )函数的语法格式如下：

```
void header(string string[, bool replace[, int http_response_code]])
```

参数说明如下。

string：发送的标头。

replace：如果一次发送多个标头，判断相似的标头是替换还是添加。若返回结果是false，则强制发送多个同类型的标头。返回结果默认是 true，即替换相似的标头。

http_response_code：强制 HTTP 响应为指定值。

通过 HTTP 下载的代码如下：

```
header("Content-type: application/x-gzip");
header("Content-Disposition: attachment; filename=文件名");
header("Content-Description: PHP3 Generated Data"); >
```

HTTP 的标头有很多，这里介绍的是下载的 HTTP 标头：

```
header('Content-Disposition: attachment; filename="filename"');
```

在应用的过程中，唯一需要改动的就是 filename，将 filename 替换为要下载的文件。

【例 12-15】　运用 header( )函数完成文件的下载操作。

① 通过"Content-Type"指定文件的 MIME 类型。

② 通过"Content-Disposition"对文件进行描述，值"attachment;filename="test.jpg""说明是一个附件，同时指定下载文件名称。

③ 通过"Content-Length"设置下载文件大小。

④ 通过 readfile( )函数读取文件内容：

```
header('Content-Type:image/jpg');                              // 设置图片类型
header('Content-Disposition:attachment;filename="test.jpg"'); // 描述下载文件，指定文件名称
header('Content-Length:'.filesize('test.jpg'));               // 定义下载文件大小
readfile('test.jpg');                                          // 读取文件，执行下载
```

# 思考与练习

1. 编写一个函数，遍历一个文件夹下的所有文件和子文件夹。
2. 如何获取一个指定网页中的内容？
3. 简述文件上传的原理。
4. 编写程序，制作一个简单的文件存储系统，实现文件上传的功能。
5. 实现一个文件上传网页，要求不允许上传可执行文件。
6. 下列说法正确的是（　　）。
A. 在执行文件操作时，都必须先执行 fopen() 函数将其打开
B. 使用 r+ 模式打开文件时，只能从文件中读出数据
C. 使用 w+ 模式打开文件时，只能向文件中写入数据
D. 使用 x+ 模式不能打开已存在的文件
7. 要查看文件创建时间，可使用（　　）函数。
A. filetype()　　　　　　　　　　B. filectime()
C. fileatime()　　　　　　　　　　D. filemtime()
8. 打开文件后，不可以从文件中（　　）。
A. 读一个字符　　　　　　　　　　B. 读一个单词
C. 读一行　　　　　　　　　　　　D. 读多行
9. 在实现上传文件表单时，表单编码方式应使用（　　）。
A. Text/plain　　　　　　　　　　B. application/octet-stream
C. Multipart/form-data　　　　　　D. image/gif
10. 下列说法中正确的是（　　）。
A. 如果没有设置任何文件大小限制，就可上传超大文件
B. 要启用 PHP 文件上传，必须设置 upload_tmp_dir
C. 上传的文件存储在临时目录中，可随时访问
D. 可从全局变量 $_FILES 中获得上传文件的信息

# 第 13 章　PHP 图形图像处理

在 Web 项目开发中，经常遇到这样的需求：用户登录时，需要动态生成一张验证码或需要对图片添加水印，或者加上自己的 Logo 等，这些都需要使用图形图像处理技术。本章讲解的 GD2 函数库是 PHP 处理图形图像的扩展库，GD2 函数库提供了一系列用来处理图形图像的 API，使用 GD2 函数库可以处理图形图像，或者生成图形图像。由于 GD2 函数库的强大支持，PHP 的图形图像处理功能可以说是 PHP 的一个强项，便捷易用、功能强大。另外，PHP 图形化类库 Jpgraph 也是一款非常好用和强大的图形处理工具，可以绘制各种统计图和曲线图，也可以自定义颜色、字体等元素。

图像处理技术中的经典应用是绘制饼形图、柱形图和折线图，这是对数据进行图形化分析的最佳方法。本章分别对 GD2 函数库及 Jpgraph 类库进行详细讲解。

## 13.1　了解 GD2 函数库

PHP 目前在 Web 开发领域已经被广泛应用，互联网上已经有近半数的站点采用 PHP 作为开发语言。PHP 不仅可以生成 HTML 页面，还可以创建和操作二进制数据，如图像、文件等，可以通过 GD2 函数库来实现 PHP 操作图形。GD2 函数库可以在页面中绘制各种图形图像及统计图，如果与 AJAX 技术相结合，还可以制作出各种强大的动态图表。

GD2 是一个开放的、动态创建图像的、源代码公开的函数库，目前支持 GIF、PNG、JPEG、WBMP 和 XBM 等图像格式。

## 13.2　设置 GD2 函数库

PHP 5 的 GD2 函数库已经作为扩展被默认安装，但目前在有些版本中还需要对 php.ini 文件进行设置来激活 GD2 函数库。

用文本编辑工具，如用记事本等打开 php.ini 文件，将该文件的 ";extension= php_gd2.dll" 前的 ";" 删除，如图 13-1 所示，存储修改后的文件，并重新启动 Apache 服务器，即可激活 GD2 函数库。

在成功加载 GD2 函数库后，可以通过 phpinfo( )函数来获取 GD2 函数库的安装信息，验证 GD 函数库是否安装成功。在 Apache 的默认站点目录中编写 phpinfo.php 文件，并在该文件中编写如下代码：

```php
<?php
    phpinfo();                                    // 输出 PHP 配置信息
?>
```

在浏览器的地址栏中输入"http://127.0.0.1/phpinfo.php"，按 Enter 键后，如果在打开的页面中检索到图 13-2 所示的 GD 函数库的安装信息，就说明 GD 函数库安装成功，这样开发人员可以在程序中使用 GD2 函数库编写图形图像。

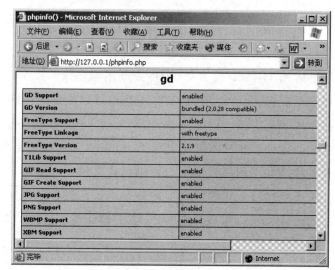

图 13-1　激活 GD2 函数库　　　　　　　图 13-2　GD2 函数库的安装信息

# 13.3　常用的图像处理

## 13.3.1　创建画布

　　GD2 函数库在图像图形绘制方面的功能非常强大，开发者既可以在已有图片的基础上绘制，又可以在没有任何素材的基础上绘制，先要创建画布，再将依据所创建的画布进行所有操作，在 GD2 函数库中应用 imagecreate( )函数创建画布，其语法格式如下：

```
resource imagecreate(int x_size, int y_size)
```

用于返回一个图像标识符，参数 x_size、y_size 为图像的尺寸，单位为像素（pixel）。

　　【例 13-1】通过 imagecreate()函数创建一个宽 400 像素、高 100 像素的画布，并且设置画布背景颜色 RGB 值分别为 200、60、60，最后输出一个 JPEP 格式的图像。

```php
<?php
    header("Content-type:text/html;charset=utf-8");    // 设置页面的编码风格
    header("Content-type:image/jpg");                  // 告知浏览器输出的是图像
    $image = imagecreate(400,100);                     // 设置画布的大小
```

```
    $bgcolor = imagecolorallocate($image,200,60,60);        // 设置画布的背景颜色
    imagejpeg($image);                                       // 输出图像
    imagedestroy($image);                                    // 销毁图像
?>
```

在上述代码中,imagecreate()函数用于创建一个基于普通调色板的画布,通常支持256色。其中通过imagecolorallocate()函数设置画布的背景颜色,通过imagejpep()函数输出图像,通过imagedestroy()函数销毁图像。

代码的运行效果为将背景设置为红色,如图13-3所示。

图 13-3　设置画布背景为红色

## 13.3.2　颜色处理

应用GD2函数库绘制图形需要为图形中的背景、边框和文字等元素指定颜色,在GD2函数库中使用imagecolorallocate()函数设置颜色,其语法格式如下:

```
int imagecolorallocate(resource image, int red, int green, int blue)
```

其中,image参数是imagecolorallocate()函数的返回值。red、green和blue分别是所需的颜色的红、绿、蓝成分,这些参数是0~255的整数或十六进制数0x00~0xFF。

imagecolorallocate()函数返回一个标识符,代表由给定的RGB成分组成的颜色。

注意:如果第一次调用imagecolorallcate()函数,那么它将完成背景颜色的填充。

【例13-2】通过imagecreate()函数创建一个宽685像素,高180像素的画布,通过imagecolorallocate()函数为画布设置背景颜色及图像的颜色,并且输出创建的图像。

首先,通过imagecreate()函数创建一个宽685像素、高180像素的画布。然后,通过imagecolorallocate()函数为画布设置背景颜色及图像的颜色。接着,通过imageline()函数绘制一条白色的直线。最后,完成图像的输出和图像的销毁。

```
<?php
    header("Content-Type:text/html;charset=utf-8");         // 设置页面的编码风格
    header("Content-Type:image/jpeg");                      // 告知浏览器输出的是图像
    $image = imagecreate(685,180);                          // 设置画像大小
    $bgcolor = imagecolorallocate($image,200,60,120);       // 设置图像的背景颜色
    $write = imagecolorallocate($image,200,200,250);        // 设置线条的颜色
    imageline($image,20,20,650,160,$write);                 // 画一条线
    imagejpeg($image);                                      // 输出图像
    imagedestroy($image);                                   // 销毁图像
?>
```

运行结果如图 13-4 所示，在画布背景上绘制了一条白色直线。

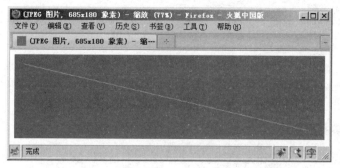

图 13-4　在画布背景上绘制了一条白色直线

### 13.3.3　绘制文字

在 PHP 中的 GD2 函数库既可以绘制英文字符串，又可以绘制中文汉字。绘制英文字符串应用 imagestring()函数，其语法格式如下：

```
bool imagestring(resource image, int font, int x, int y, string s, int col )
```

用 col 颜色将字符串 s 绘制到 image 代表的图像的 x、y 坐标轴处（这是字符串左上角坐标，整幅图像的左上角为 0，0）。若 font 是 1、2、3、4 或 5，则使用内置字体。

绘制中文汉字应用 imagettftext( )函数，其语法格式如下：

```
array imagettftext(resource image, float size, float angle, int x, int y, int color,
                   string fontfile, string text)
```

imagettftext( )函数的参数说明如表 13-1 所示。

表 13-1　imagettftext()函数的参数说明

| 参　数 | 说　　　　明 |
| --- | --- |
| image | 图像资源 |
| size | 字体大小，其长度单位依赖于 GD 库的版本，对 GD1 来说是像素，对 GD2 来说是磅（point） |
| angle | 字体的角度，顺时针计算，0 度为水平，90 度则为由下到上的文字 |
| x | 文字的 x 坐标值，设定了第一个字符的基本点 |
| y | 文字的 y 坐标值，设定了字体基线的位置，不是字符的底端 |
| color | 文字的颜色 |
| fontfile | 字体的文件名称，也可以是远端的文件 |
| text | 字符串内容 |

📢 注意：在 GD2 函数库中支持的是 UTF-8 编码格式的中文，通过 imagettftext( )函数输出中文字符串时，必须保证中文字符串的编码格式是 UTF-8，否则中文将不能正确输出。如果定义的中文字符串是 GB2312 简体中文编码，就要通过 iconv( )函数对中文字符串的编码格式进行转换。

【例 13-3】通过 imagestring( )函数水平地绘制一行英文字符串 "I Like PHP"。

首先，创建一个画布。然后，定义画布背景颜色和输出字符串的颜色。接着，通过 imagestring( )函数水平地绘制一行英文字符串。最后，输出图像并且销毁图像。

```php
<?php
    header("Content-Type:text/html;charset=utf-8");        // 设置页面的编码风格
    header("Content-Type:image/jpeg");                      // 告知浏览器输出的是图像
    $image = imagecreate(300,80);                           // 设置画布大小
    $bgcolor= imagecolorallocate($image,200,60,90);         // 设置背景颜色
    $write = imagecolorallocate($image,0,0,0);              // 设置文字颜色
    imagestring($image,5,80,30,"I Like PHP",$write);        // 书写英文字符
    imagejpeg($image);                                      // 输出图像
    imagedestroy($image);                                   // 销毁图像
?>
```

运行结果如图 13-5 所示，在背景上显示"I Like PHP"英文字符串。

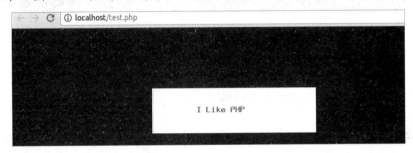

图 13-5　显示英文字符串

【例 13-4】通过 imagettftext( )函数水平地绘制一行中文字符串。

首先，创建一个画布，定义画布背景颜色和输出字符串的颜色。然后，定义中文字符串使用的字体，以及要输出的中文字符串的内容。接着，通过 imagettftext( )函数水平地绘制一行中文字符串。最后，输出图像并且销毁图像。

```php
<?php
    header("Content-Type:text/html;charset=utf-8");             // 设置文件编码格式
    header("Content-Type:image/jpeg");                          // 告知浏览器输出的是图像
    $image = imagecreate(800,150);                              // 设置画布大小
    $bgcolor = imagecolorallocate($image,0,200,200);            // 设置图像背景色
    $fontcolor = imagecolorallocate($image,200,80,80);          // 设置字体颜色为黑色
    $font = "msyh.ttf";                                         // 定义字体，此处字体必须指明路径
    $string = "北京欢迎您 ";                                     // 定义输出中文
    imagettftext($image,80,5,100,130,$fontcolor,$font,$string);
    // 将 TTF 文字写到图中
    imagejpeg($image);                                          // 建立 JPEG 图形
    imagedestroy($image);                                       // 释放内存空间
?>
```

运行结果如图 13-6 所示，在背景上显示"北京欢迎您"中文字符串。

◁》 注意：由于 imagettftext( )函数只支持 UTF-8 编码，如果创建的网页的编码格式使用
　　　GB2312，那么在应用 imagettftext( )函数输出中文字符串时，必须应用 iconv( )
　　　函数将字符串的编码格式由 GB2312 转换为 UTF-8，否则在输出时将会乱码。
　　　在本例中之所以没有进行编码格式转换，是因为创建的文件默认使用的是
　　　UTF-8 编码。

【例 13-5】在用户注册功能模块中，为了提高站点的安全性，避免由于网速慢造成用

图 13-6　显示中文字符串

户注册信息的重复提交，往往会在用户注册表单中增加验证码功能。这里应用 GD2 函数库中的函数生成一个数字验证码，具体操作步骤如下：设置页面的编码风格为 UTF-8，告知浏览器输出的是一个 jpeg 格式的图像，利用 GD2 函数库将 rand()函数生成的验证码以图像的形式输出。

```php
<?php
    header("Content-Type:text/html;charset=utf-8");      // 设置编码风格
    header("Content-Type:image/jpeg");                   // 设置图像格式
    $image = imagecreate(250,100);                       // 设置画布大小
    $bgcolor = imagecolorallocate($image,250,180,180);   // 设置背景颜色
    $fontcolor = imagecolorallocate($image,30,30,30);    // 设置字体颜色
    $font = "meiryon_boot.TTF";                          // 设置字体
    $rand = "";                                          // 需要初始化，否则会报未定义的变量
    for($a = 0; $a < 4; $a++) {                          // 循环语句
        $rand.=dechex(rand(0,15));
    }
    $string=$rand;
    imagettftext($image,50,7,40,80,$fontcolor,$font,$string);      // 输出验证码
    imagejpeg($image);
    imagedestroy($image);
?>
```

运行结果如图 13-7 所示，在背景上生成随机图像验证码。

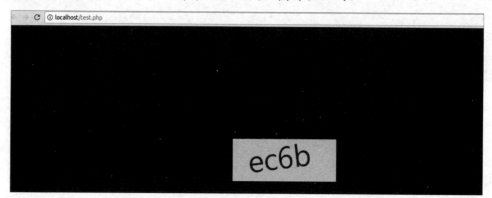

图 13-7　生成随机图像验证码

## 3.3.4 输出图像

PHP 作为一种 Web 语言，无论是解析出的 HTML 代码还是二进制的图片，最终都要通过浏览器显示。用 GD2 函数库绘制的图像首先需要用 header( )函数将 HTTP 标头信息发送给浏览器，告知要输出图像的类型，然后用 GD2 函数库的函数完成图像输出。

header( )函数向浏览器发送 HTTP 标头信息，其语法格式如下：

```
void header(string string[, bool replace[, int http_response_code]] )
```

参数说明如下。

string：发送的标头。

replace：如果一次发送多个标头，对于相似的标头是替换还是添加。如果返回结果是 false，则强制发送多个同类型的标头。返回结果默认是 true，即替换相似的标头。

http_response_code：强制 HTTP 响应为指定值。

header( )函数可以实现如下功能。

① 重定向，这是最常用的功能。

```
header("Location: http://www.mrbccd.com");
```

② 强制客户端每次访问页面时获取最新资料，而不是使用存在于客户端的缓存。

```
// 设置页面的过期时间（用格林尼治时间表示）
header("Expires:    Mon,   08   Jul   2008   08:08:08   GMT");
// 设置页面的最后更新日期(用格林尼治时间表示)，使浏览器获取最新资料
header("Last-Modified: " . gmdate("D, d M Y H:i:s") . "GMT");
header("Cache-Control: no-cache,   must-revalidate");     // 控制页面不使用缓存
header("Pragma: no-cache");                    // 参数（与以前的服务器兼容），即兼容 HTTP 1.0 协议
header("Content-type:    application/file");           // 输出 MIME 类型
header("Content-Length:    227685");                // 文件长度
header("Accept-Ranges:    bytes");                 // 接受的范围单位
// 默认文件存储对话框中的文件名称
header("Content-Disposition: attachment; filename=$filename");        // 实现下载
```

③ 将状态值输出到浏览器，控制访问权限。

```
header('HTTP/1.1 401 Unauthorized');
header('status: 401 Unauthorized');
```

④ 完成文件的下载。

```
header("Content-type: application/x-gzip");
header("Content-Disposition: attachment; filename=文件名");
header("Content-Description: PHP3 Generated Data"); >
```

在应用的过程中，唯一需要改动的就是 filename，将 filename 替换为要下载的文件。

imagegif( )函数以 GIF 格式将图像输出到浏览器或文件，其语法格式如下：

```
bool imagegif(resource image[, string filename])
```

参数说明如下。

image：imagecreate( )函数或 imagecreatefromgif( )函数等创建图像函数的返回值，其图像格式为 GIF。如果应用 imagecolortransparent( )函数，将图像设置为透明，那么图像格式为 GIF。

filename：可选参数，若省略，则原始图像流将直接输出。

imagejpeg( )函数和 imagepng( )函数的使用方法与 imagegif( )函数的使用方法类似，这里不再赘述。关于输出图像函数的应用在前面的实例中已经使用过，这里不再重新举例

### 13.3.5 销毁图像

GD2 函数库通过 imagedestroy( )函数来销毁图像，释放内存，其语法格式如下：

```
bool imagedestroy(resource image)
```

释放与 image 关联的内存。image 是由图像创建函数返回的图像标识符，如 imagecreatetruecolor( )函数。

关于销毁图像函数的应用在前面的实例中已经使用过，这里不再重新举例。

# 13.4 运用 Jpgraph 类库绘制图像

## 13.4.1 Jpgraph 类库简介

Jpgraph 类库是一个可以应用在 PHP 4.3.1 版本以上的用于图形图像绘制的类库，该类库完全基于 GD2 函数库编写，Jpgraph 类库提供了多种方法创建各类统计图，包括坐标图、柱形图、饼状图等。Jpgraph 类库使复杂的统计图编写工作变得简单，大大提高了开发者的开发效率，在现今的 PHP 项目中被广泛应用。

📢 注意：要运用 Jpgraph 类库，首先必须了解它如何下载，都有哪些版本，适用于哪些环境。Jpgraph 包括 Jpgraph 1.x 系列、Jpgraph 2.x 系列和 Jpgraph 3.x 系列。

Jpgraph 1.x 系列仅适用于 PHP 4 环境，在 PHP 5 环境下不能工作。

Jpgraph 2.x 系列仅适用于 PHP 5 环境（>= 5.1.x），在 PHP 4 环境下不能工作。

Jpgraph 3.x 系列是 2.x 的升级版本。

## 13.4.2 Jpgraph 类库的安装

安装 Jpgraph 类库前需要下载该类库的压缩包，Jpgraph 类库的压缩包主要有两种格式，即 ZIP 格式和 TAR 格式，若是 Linux/UNIX 平台，则可以选择 TAR 格式的压缩包，若是 Windows 的 Win32 平台，则都可以。Jpgraph 类库可以从其官网下载。

如果已经下载 Jpgraph 类库的安装包，解压后会呈现图 13-8 所示的目录结构。

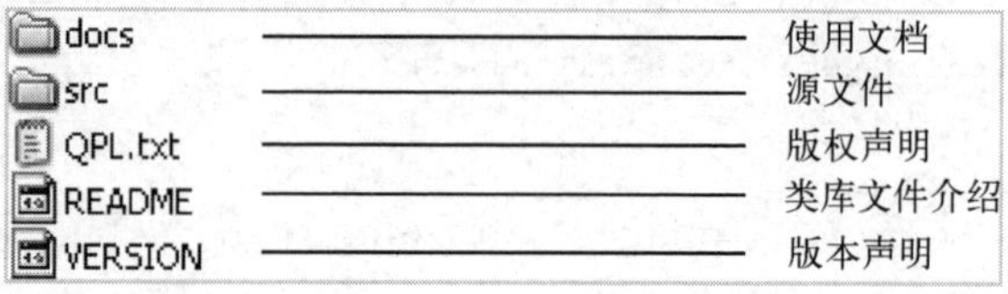

图 13-8　Jpgraph 压缩包解压后的目录

① 如果希望服务器中的所有站点均有效，可以按如下步骤进行配置。首先，解压下载的压缩包，复制图 13-8 中的 src 文件夹，并将该文件夹存储到服务器磁盘中例如

```
c:\jpgraph
```

然后，编辑 php.ini 文件，修改 include_path 配置项，在该配置项后增加 Jpgraph 类库的存储目录，如

```
include_path = ".;c:\jpgraph"
```

最后，重新启动 Apache 服务，配置生效。

② 如果只希望在本站点使用 Jpgraph 类库，则直接将 src 文件夹复制到工程目录下即可。

上述两种方式都可以完成 Jpgraph 类库的安装，此时在程序中通过 require_once 语句即可完成 Jpgraph 类库的载入操作：

```
require_once 'src/jpgraph.php';
```

📢 注意：因为 Jpgraph 类库属于第三方的内容，所以本书没有提供。运行本章所有涉及 Jpgraph 类库的程序时，需要读者自己下载 Jpgraph 类库，然后复制 src 文件夹，将其放置于实例根目录的上级文件夹下。

# 13.4.3  使用柱形图分析产品月销售量

【例 13-6】 通过 Jpgraph 类库创建柱形图，完成对产品月销售量的统计分析。

① 将 Jpgraph 类库导入程序中。

② 将 src 文件夹复制到实例的根目录下。

③ 创建 index.php 文件，将 Jpgraph 类库导入项目中：

➢ 调用 Graph 类创建统计图对象。

➢ 调用 Graph 类的 SetScale( )方法设置统计图的刻度样式。

➢ 调用 Graph 类的 SetShadow( )方法设置统计图阴影。

➢ 调用 Graph 类的 img 属性的 SetMargin( )方法设置统计图的边界范围；

➢ 调用 BarPlot 类创建统计图的柱形图效果；

➢ 调用 BarPlot 类的 SetFillColor( )方法设置柱形图的前景色。

```php
<?php
    header("Content-type: text/html; charset=UTF-8" );     // 设置文件编码格式
    require_once 'src/jpgraph.php';                          // 导入 Jpgraph 类库
    require_once 'src/jpgraph_bar.php';                      // 导入 Jpgraph 类库的柱形图功能
    $data = array(80, 73, 89, 85, 92);                      // 设置统计数据
    $datas = array("C#", "VB", "VC", "JAVA", "ASP.NET");    // 设置统计部门
    $graph = new Graph(600, 300);                           // 设置画布大小
    $graph->SetScale('textlin');                            // 设置坐标刻度类型
    $graph->SetShadow();                                    // 设置画布阴影
    $graph->img->SetMargin(40, 30, 20, 40);                // 设置统计图边距
    $barplot = new BarPlot($data);                          // 实例化 BarPlat 对象
    $barplot->SetFillColor('blue');                         // 设置柱形图前景色
    $barplot->value->Show();
    $graph->Add($barplot);
    $graph->title->Set(iconv("utf-8","gb2312","1月份《程序设计实例教程》售量分析"));
```

```
                                                        // 统计图标题
    $graph->xaxis->title->Set(iconv("utf-8","gb2312","部门")); // 设置 X 轴名称
    $graph->xaxis->SetTickLabels($datas);
    $graph->yaxis->title->Set(iconv("utf-8","gb2312",'总数量(本)'));        // 设置 Y 轴名称
    $graph->title->SetFont(FF_SIMSUN, FS_BOLD);                // 设置标题字体
    $graph->xaxis->title->SetFont(FF_SIMSUN,FS_BOLD);        // 设置 X 轴字体
    $graph->yaxis->title->SetFont(FF_SIMSUN,FS_BOLD);        // 设置 Y 轴字体
    $graph->Stroke();                                        // 输出图像
?>
```

使用柱形图分析产品月销售量如图 13-9 所示。

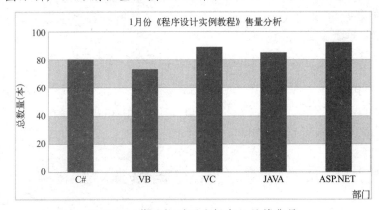

图 13-9　使用柱形图分析产品月销售量

## 13.4.4　两类图书销售的走势

【例 13-7】通过 Jpgraph 类库创建折线图，对网站一天内的访问走势进行分析。其中，用 SetFillColor( )方法为图像填充颜色；用 SetColor( )方法定义数据、文字、坐标轴的颜色。

① 创建 index.php 文件，设置网页的编码格式，通过 include()语句导入所需的存储在文件夹 src 下的 Jpgraph 文件。由于这里创建的是折线图，因此导入的文件也发生了变化。

② 应用 Jpgraph 类库中的方法创建一个折线图，对两类图书销售的走势进行分析。

```
<?php
    // (1) 在程序中导入 Jpgraph 类库及直线绘制功能
    require_once ("src/jpgraph.php");
    require_once ("src/jpgraph_line.php");
    // (2) 创建统计数据，并将其存储到一维数组中
    $data1 = array(89, 78, 99, 65, 92, 85, 85, 55, 64, 79, 85, 98);    // 设置统计数据
    $data2 = array(68, 70, 69, 80, 50, 60, 75, 65, 75, 65, 80, 89);    // 设置统计数据
    // (3) 创建统计对象，并设置坐标的刻度样式
    $graph = new Graph(600, 300);                        // 创建统计图对象
    $graph->SetScale('textlin');                        // 设置刻度样式
    $graph->SetY2Scale('lin');
    $graph->SetShadow();                                // 设置背景带阴影
    $graph->img->SetMargin(40, 50, 20, 70);            // 设置图表灰度四周边距，其顺序为左右上下
    // 设置走势图的标题
    $graph->title->Set(iconv('utf-8', 'GB2312//IGNORE', '图书销售走势表'));
    // (4) 创建 LinePlot 对象，并将创建后的对象添加到统计图的对象中
```

```
$lineplot1 = new LinePlot($data1);                          // 建立 LinePlot 对象
$lineplot2 = new LinePlot($data2);                          // 建立 LinePlot 对象
$graph->Add($lineplot1);
$graph->AddY2($lineplot2);
// （5）设置统计图和坐标轴的标题内容和文字样式，并输出统计图
// 设置 x 轴的标题
$graph->xaxis->title->Set(iconv('utf-8', 'GB2312//IGNORE', "月份"));
// 设置 y 轴的标题
$graph->yaxis->title->Set(iconv('utf-8', 'GB2312//IGNORE', "book A 销售金额（万元）"));
// 设置 y 轴的标题
$graph->y2axis->title->Set(iconv('utf-8', 'GB2312//IGNORE', "book B 销售金额（万元）"));
$graph->y2axis->title->SetMargin(20);                       // 设置右边的 title 到图的距离
$graph->title->SetFont(FF_SIMSUN, FS_BOLD);                 // 设置字体
$graph->yaxis->title->SetFont(FF_SIMSUN, FS_BOLD);
$graph->y2axis->title->SetFont(FF_SIMSUN, FS_BOLD);
$graph->xaxis->title->SetFont(FF_SIMSUN, FS_BOLD);
$lineplot1->SetColor('red');                                // 设置颜色
$lineplot2->SetColor('blue');
$lineplot1->SetLegend('book A');                            // 绑定
$lineplot2->SetLegend('book B');
$graph->legend->SetLayout(LEGEND_HOR);
$graph->legend->Pos(0.4, 0.95, 'center', 'bottom');
// 图例文字框的位置 0.4、0.95 是以右上角为基准的，0.4 是距左右边框的距离，0.95 是上下边框的距离
$graph->Stroke();                                           // 输出
?>
```

网站访问走势分析如图 13-10 所示。

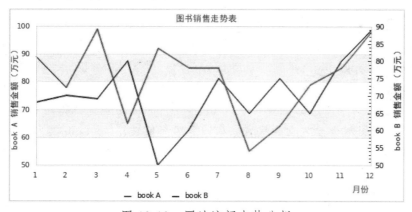

图 13-10　网站访问走势分析

◀》 **注意：** 本例使用 Jpgraph 类库创建折线统计图，除了需要在程序中包含 "jpgraph.php"
文件，还需要包含 "jpgraph_line.php" 文件，从而启用 Jpgraph 类库的折线创
建功能，其中使用到的 Jpgraph 类如下。

（1）用 LinePlot 对象绘制曲线

通过 Jpgraph 类库中的 LinePlot 类创建曲线，语法格式如下：

```
$linePlot = new LinePlot($data)                   // 创建折线图
```

其中，参数$data 为数值型数组，指定统计数据。

（2）用 SetFont( )方法统计图像标题、坐标轴等文字样式

制作统计图时需要对图像的标题、坐标轴内文字的样式进行设置，在 Jpgraph 类库中，可以使用 SetFont( )方法实现，其语法格式如下：

```
SetFont($family, [$style,] [$size])
```

其中，$family 指定文字的字体，$style 指定文字的样式，$size 指定文字的大小，默认为 10。

（3）SetMargin( )方法设置图像标题、坐标轴上的文字与边框的距离

其语法格式如下：

```
SetMargin($left,$right,$top,$bottom)
```

其中，参数指定坐标轴的文字与左右、上下边框的距离。或者采用如下方法：

```
SetMargin($data)
```

其中，参数$data 同样指定与边框的距离。

📢 **注意：** 创建不同图像导入的文件是有所区别的。如果创建的是柱形图，那么导入的是以下文件。

```
include("../src/jpgraph.php");
include("../src/jpgraph_bar.php");
include("../src/jpgraph_flags.php");
```

如果创建的是折线图，那么导入的是以下文件：

```
include("../src/jpgraph.php");
include("../src/jpgraph_line.php");
```

需要注意的是，如果没有导入正确的文件，就不能完成图像的创建操作。

## 13.4.5　使用 3D 饼状图展示不同月份的业绩

【例 13-8】用 Jpgraph 类库制作统计图的功能非常强大，不仅可以绘制平面图形，还可以绘制 3D 图形。直接使用 GD2 函数库可以绘制出各种图形，当然包括 3D 饼状图，但使用 GD2 函数库绘制 3D 图形需要花费大量的时间，而且绘制过程相对复杂，采用 Jpgraph 类库绘制 3D 饼状图却十分方便、快捷。本例介绍如何使用 Jpgraph 类库绘制 3D 饼状图，具体实现代码如下。

```php
<?php
    include("src/jpgraph.php");
    include("src/jpgraph_pie.php");
    include("src/jpgraph_pie3d.php");
    $data = array(20,23,34,38,45,65,21,78,85,87,90,96);
    $graph = new PieGraph(800,600);
    $graph->SetShadow();
    $graph->title->Set(iconv("utf-8", "gb2312", '每月收益图'));
    $graph->title->SetFont(FF_SIMSUN, FS_BOLD);
    $pieplot = new PiePlot3D($data);                  // 创建 PiePlot3D 对象
    $pieplot->SetLegends($gDateLocale->GetShortMonth()); // 设置图例
    $graph->Add($pieplot);
    $graph->Stroke();
?>
```

部门业绩比较如图 13-11 所示。

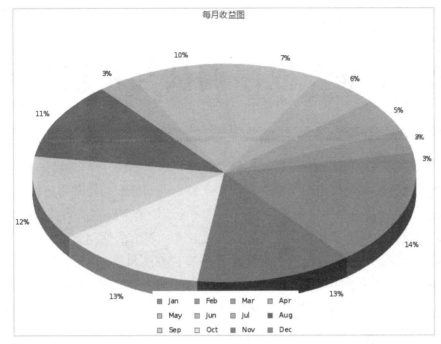

图 13-11　部门业绩比较

# 思考与练习

1．GD2 函数库是做什么用的？

2．Jpgraph 类库是做什么用的？

3．以下获取图片相关信息说法错误的是（　　　）。

A．getimagesize()函数获取图像尺寸

B．imagesetpixel()函数获取图片的像素

C．imagesx()函数获取图像的亮度

D．imagesy()函数获取图像的高度

4．下列选项中，（　　　）函数用于给图像设置颜色。

A．imagecolorallocate()  　　　　　B．imagecolormake()

C．imagecreate()  　　　　　　　　D．imagegif()

5．下列选项中，（　　　）函数不能用于输出图像。

A．imagegif()  　　　　　　　　　B．imagepng()

C．imagejpeg()  　　　　　　　　 D．image()

6．下列选项中，（　　　）函数用于释放图像资源。

A．destroy()  　　　　　　　　　　B．imgdestroy()

C．imagedestroy()  　　　　　　　 D．imageclose()

# 第 14 章　程序调试与错误处理

在大型程序开发中，程序由于某种原因而产生错误或异常是非常常见的，如何避免、调试、修复错误，以及对程序可能发生的异常及时处理是一个程序员必备的能力。PHP 提供了良好的错误提示及异常处理，这对程序的维护带来很大的便利。

本章主要介绍基本的调试策略、常见的程序调试方法和 MySQL 数据库中的常见错误，在 PHP 中如何对程序进行调试，如何避免错误的发生，以及如何修改出现的错误。

## 14.1　程序调试的基本流程

在使用 PHP 编写程序时，难免会出现一些错误，可能是复杂的逻辑错误，也可能是简单的语法错误。虽然调试错误不是什么高深的学问，但是有效的查找方式可以缩短查找错误的时间，其基本的策略应该遵循以下原则，首先要判断错误最可能出现在哪一个环节，然后针对该环节采取一些有效的措施来查找错误。基本调试流程如图 14-1 所示。

图 14-1　基本调试流程

这些只是进行错误调试工作的一个简单流程，具体的调试方法还是由程序设计者自己掌握的。常用的调试方法如下。

① 增加中间变量或跟踪变量。当程序结果与预期结果不一致时，可以通过增加中间变量，或者输出一些相关的变量值来发现错误根源。例如，在实现数据添加时，可以输出 SQL 语句来验证是否正确获取到数据值。

② 应用注释语句排除法调试程序。当无法找到错误根源时，就可以应用注释符号（//或/*　*/）注释掉部分代码进行调试，即先注释掉部分代码，然后运行程序，查看错误是否存在，如果不存在，则说明错误在注释掉的那部分代码中；如果仍然存在，则继续对下一段代码进行注释，以此类推，直到查找到错误的代码为止。该方法是最常用的调试方法。

③ 通过调试器来单步调试，可以跟踪整个程序的执行过程，发现是否有些应该被执行的函数没有被执行，或者变量赋值错误等各种导致错误的原因。

# 14.2 常见的错误类型

错误是指在开发阶段中由一些失误引起的程序问题。在程序的开发过程中会产生很多错误,尤其是初学者,对知识的掌握不够,而且经验不足,出现错误是在所难免的。为了少走弯路,本章根据在学习过程中遇到的一些问题,以及吸取别人的经验,将 PHP 中常见的错误进行了总结,按照错误的类型可以分为语法错误、语义错误、逻辑错误、注释错误和运行错误。

## 14.2.1 语法错误

语法错误是指编写的程序中出现了不符合 PHP 语法规范的代码,如关键字拼写出现错误,这时执行 PHP 脚本就会显示错误信息。这类错误通常发生在程序编写时,可以通过错误报告进行修复。在 PHP 编译过程中,一旦发生语法错误,程序就会立即终止执行。虽然语法错误出现的概率比较高,但是也非常容易解决,多数语法错误通过修正编写的代码就可以解决。下面介绍一些常见的语法错误。

### 1. 缺少结束符引起的语法错误

在编写 PHP 代码时,要求每一行代码以";"结束,如果代码编写人员因疏忽未写结束符";",在运行或调试程序时就会发生错误。

【例 14-1】 用 for 循环输出 1~10 的数字,并设置缺少结束符错误。

```php
<?php
    for($i = 1; $i <= 10; $i++) {
        echo $i                              // 没写结束符
    }
?>
```

运行上述代码,将在页面中输出错误提示:

```
Parse error: syntax error, unexpected '}', expecting ',' or ';' in C:\xampp\htdocs\chap14\
index.php on line 5
```

分析页面中的错误,可以判断程序的第 5 行应该以";"结束,而不应该以"}"结束,也就是说,程序将"}"当作结束符,而非 for 循环体的结束标志。

### 2. 缺少单引号或双引号引起的语法错误

与其他语言不同,PHP 中无论使用单引号还是双引号,引起来的部分都可当作字符串常量,二者的区别是使用单引号的效率比双引号的效率高,而双引号字符串中可以包含变量并能区分。在编写代码时,开发人员可能由于书写错误,使用单引号或双引号时少写一个,或者由于字符串两侧使用的引号不一致导致语法错误。

【例 14-2】 使用 echo 语句输出一个字符串,并设置引号不一致错误。

```php
<?php
    echo "Hello PHP';                        // 引号不一致
?>
```

运行上述实例,将在页面中输出错误提示:

```
Parse error: syntax error, unexpected end of file, expecting variable (T_VARIABLE) or
    ${(T_DOLLAR_OPEN_CURLY_BRACES) or {$(T_CURLY_OPEN) in C:\xampp\htdocs\chap5\index.php on line 3
```

从错误提示中可以判断，导致错误的原因是没有结束标志，这说明在程序编译时将字符串后的单引号当作字符串的一部分，而非字符串的结束标志。

### 3．缺少括号引起的语法错误

与 C/C++语法类似，PHP 中诸如 for 循环、while 循环及包含多条语句的 if 代码块都需要使用大括号。如果代码行数较多，很可能造成大括号遗漏。

【例 14-3】 用双层 for 循环输出两个数的乘积，并设置内层循环缺少结束大括号错误。

```php
<?php
    for($i = 0; $i < 10; $i++) {
        for($j = 0; $j < 10; $j++) {
            echo $i*$j."<br>";                    // 遗漏循环体结束大括号
        }
?>
```

运行上述实例，将在页面中输出错误提示：

```
Parse error: syntax error, unexpected end of file in C:\xampp\htdocs\chap5\index.php on line 8
```

可以得知内层嵌套无结束标志，这就是未写内层 for 循环的结束"}"导致的。

### 4．缺少变量标识符"$"引起的语法错误

在 PHP 中，设置变量时需要使用变量标识符"$"，如果不添加变量标识符，就会引起解析错误。

【例 14-4】 在使用变量时不添加变量标识符会产生错误。

```php
<?php
    for($i = 1; $i <= 10; i++) {                    // 缺一个变量标识符
        echo $i."<br>";
    }
?>
```

运行程序时，将在页面中输出错误提示：

```
Parse error: syntax error, unexpected '++' (T_INC), expecting ')' in C:\xampp\htdocs\chap5\
index.php on line 2
```

其中，"i++"应该修改为"$i++"，如果前面的"$i<=10"没有使用变量标识符"$"，那么该程序将进入无限循环的状态，直到服务器终止执行。

📢 注意：语法错误是最基本的错误，只要在编写程序时认真，就会减少此类错误。这里介绍的只是语法错误中的几种类型，还有很多类似的错误。要避免错误的出现，就要在平时编写代码时注意，尽量书写准确的代码。在出现错误时，注意积累经验，避免同样的错误出现。

## 14.2.2  语义错误

语义错误是在语法正确的前提下出现的错误。例如，应用 PHP 连接符实现两个字符

串的连接：

```php
<?php
    $str = "电子工业出版社";
    $url = "www.phei.edu.cn";
    echo $str + $url;              // 错误地使用了字符串连接符号，正确的连接符是"."
?>
```

PHP 中的字符串连接符是 "."，而不是 "+"。上述代码错误地使用了 "+" 作为字符串的连接符。但是由于 PHP 能够隐式转换变量类型，上述代码并不会导致编译器出错，只是个会输出正确的结果。

## 14.2.3　逻辑错误

逻辑错误是指在程序中使用的逻辑与实际需要的逻辑不符。逻辑错误对 PHP 编译器来说并不算错误，但是由于代码中存在逻辑问题，导致运行后没有得到期望的结果。逻辑错误在语法上是不存在错误的，但从程序的功能上看是有缺陷的，这种缺陷难以调试和发现，因为它们不会抛出任何错误信息，唯一能看到的就是程序的功能（或部分功能）没有实现。

例如，某商城实施商品优惠活动，如果用户为普通用户，那么商品不打折；如果用户是商城的会员，那么商品打八五折。

```php
<?php
    if($user == "普通用户") {
        echo $price=485*1;         // 485 是商品价格，1 是指不打折
    }
    if($user == "会员"){
        echo $price = 485*8.5;     // 485 是商品价格，8.5 是指打八五折
    }
?>
```

上述代码对 PHP 编译器来说没有任何问题。运行程序时，程序没有弹出错误信息。但是当用户为商城的会员时，商品价格乘以 8.5，这一点就不符合要求，属于逻辑错误，应该乘以 0.85 才正确。

📢 注意：实现动态的 Web 编程时，在通常情况下，数据表中的数据均是以 8.5 进行存储的，这时在程序中就应该再除以 10，这样相当于原来的商品价格乘以 0.85。正确的代码如下：

```php
echo $price = 485*8.5/10;         // 485 是商品价格，8.5/10 是指打八五折
```

对逻辑错误而言，发现错误是容易的，但要查找出逻辑错误的原因却很困难。因此，在编写程序的过程中，一定要注意使用语句或函数的书写完整性，否则将导致程序出错。

## 14.2.4　注释错误

培养编写注释的习惯，对一个程序员来说是很有帮助的，可以增强程序的可读性，便于对程序的修改和后期维护。虽然错误的注释并不影响程序的运行，但是会给维护人员在

后期的维护上带来一定的难度。例如：

```php
<?php
    $backTime = date("Y-m-d", (time()+3600*24*30));      // 格式化$backTime 变量为系统当前日期
    echo $backTime;
?>
```

上面获取时间的代码与后面的注释不符，注释应改为"$backTime 为当前日期+30 天期限"。

## 14.2.5　运行错误

运行错误是指由 PHP 本身以外的因素造成的错误，例如，操作文件时没有相应的权限。运行错误与程序代码无关。运行错误的原因不容易确定，可能是由脚本导致的，也可能是在脚本的交互过程中或其他事件、条件下产生的，这就需要程序员平时多积累遇错处理的方法，以提高分析问题和解决问题的能力。

常见的运行错误如下。

① 调用不存在的文件。在编写程序时，由于调用文件的名称书写错误，导致调用了一个不存在的文件。

② 调用不存在的函数。在编写程序时，如果函数名书写错误，就会产生错误。即使函数名写对了，但使用的参数不对，同样也会产生一个错误。

③ 读写文件错误。访问文件的错误也是经常出现的，如硬盘驱动器出错或写满，人为操作错误导致目录权限改变等。如果没有考虑到文件的权限问题，将文件权限设置为只读属性，直接对文件进行操作就会产生错误。因为该文件具有只读的权限，所以不能进行写入操作。在执行这项操作时，首先要明确该文件的属性是否可写。如果要坚持执行操作，就需要修改文件的权限。

④ 运算的错误。在进行一些算术运算或逻辑运算的过程中，如果出现不符合运算法则的运算，例如，在做除法运算时，分母为 0，就会产生错误。

# 14.3　错误处理机制

PHP 最基本的错误处理机制是使用 PHP 的错误报告机制打印出简单的错误信息，并显示出错文件的行号。合理地运用 PHP 的错误处理机制可以降低程序调试的难度，提高开发效率，增强系统的稳定性。

🔊 注意：在程序的生成环境中，应该关闭 PHP 的错误处理机制，这样不仅可以避免浏览者得到一些错误信息，同时可以避免给程序的安全带来隐患。

## 14.3.1　控制错误显示及显示方式

在 php.ini 文件中可以控制错误是否显示，以及以何种方式显示。具体配置选项的名称、默认值和表述的含义，如表 14-1 所示。

表 14-1　php.ini 文件中控制错误显示的主要配置选项说明

| 选项名称 | 默认值 | 说　明 |
|---|---|---|
| error_reporting | E_ALL | 设定报告错误级别 |
| display_errors | On | 控制错误是否作为 PHP 的一部分输出 |
| display_startup_errors | Off | 控制是否显示 PHP 启动时的错误 |
| track_errors | Off | 设置是否使用全局变量$php_errormsg 来记录最后一个错误 |
| html_errors | On | 控制是否在错误信息中采用 HTML 格式 |
| log_errors | Null | 设置是否要记录错误日志文件 |
| errors_log | Off | 控制是否应该将错误发送到主机服务器的日志文件 |
| log_errors_max_len | 1024 | 控制在 log_errors 选项开启时，生成错误信息的最大长度 |
| ignore_repeated_errors | Off | 指定记录错误日志时是否忽略重复的错误信息 |

## 14.3.2　控制错误级别

PHP 中的错误级别在向开发人员展示错误严重性的同时，还可以使开发人员对错误进行准确的定位。错误级别的控制通过 php.ini 文件中的 error_reporting 配置选项进行配置。常见的错误级别如表 14-2 所示。

表 14-2　常见的错误级别

| 值 | 错误常量 | 说　明 |
|---|---|---|
| 1 | E_ERROR | 致命错误，脚本执行中断，就是脚本中有不可识别的内容出现 |
| 2 | E_WARNING | 部分代码出错，但不影响整体运行 |
| 4 | E_PARSE | 字符、变量或结束的地方写规范有误 |
| 8 | E_NOTICE | 一般通知，如变量未定义等 |
| 16 | E_CORE_ERROR | PHP 进程在启动时，发生了致命性错误 |
| 32 | E_CORE_WARNING | 在 PHP 启动时警告（非致命性错误） |
| 64 | E_COMPILE_ERROR | 编译时发生致命性错误 |
| 128 | E_COMPILE_WARNING | 编译时出现警告级错误 |
| 256 | E_USER_ERROR | 用户自定义的错误消息 |
| 512 | E_USER_WARNING | 用户自定义的警告消息 |
| 1024 | E_USER_NOTICE | 用户自定义的提醒消息 |
| 2047 | E_ALL | 所有报错信息，但不包括 E_STRICT 的报错信息 |
| 2048 | E_STRICT | 编码标准化警告，允许 PHP 建议如何修改代码以确保最佳的互操作性和向前兼容性 |

每个常量都表示一种错误类型，错误可以被报告，也可以被忽略。例如，如果指定了错误报告的级别为 E_ERROR，就表示只有出现致命错误才会报告，其中的这些常量可以用二进制数的算法结合起来，产生不同的错误报告级别。

# 14.4　常用程序调试方法

在对 PHP 中的程序进行调试时，除了在前面章节中介绍的常用调试手段，还可以使用 die 和 print 语句进行调试，如果是 MySQL 语句中的错误，可以使用 mysql_error()函数来获取错误信息，同时也可以使用 try-catch 语句抛出和捕获异常。本节将详细介绍 die 语句和 mysql_error() 函数的使用方法。

## 14.4.1  用 die 语句进行调试

应用 die 语句调试程序是一种不错的选择，不但可以查找出错误的位置，而且可以输出错误信息。使用 die 语句进行程序调试时，查询出错误后会终止程序的运行，并在浏览器上显示出错前的信息和错误信息。该语句经常用在 MySQL 数据库服务器的连接中。如果使用 die 语句，就可以知道是否已经与数据库建立了连接；如果不使用 die 语句，就看不到错误的存在，程序会继续执行下去。

【例 14-5】 通过 die 语句检测数据库是否连接成功。

创建一个连接 MySQL 数据库服务器功能的模块，指定数据库的用户名为 "root"，密码是 "123"，数据库名为 "studentinfo"。

```php
<?php
    // 连接服务器
    $conn = mysql_connect("localhost", "root ","") or die("服务器连接失败: ".mysql_error());
    echo "服务器连接成功! <br> ";
    // 连接数据库
    mysql_selectdb("stduentinfo",$conn) or die("数据库连接失败: ".mysql_ error());
    echo "数据库连接成功! ";
    mysqt_query("SET names utf8 ");                    // 设置数据库编码格式
?>
```

由于书写程序代码中的失误，将数据库名错写为 "stduentinfo"，因此输出以下结果：

```
服务器连接成功!
数据库连接失败: Incorrect database name 'stduentinfo'.
```

虽然服务器连接成功，却没有找到指定的数据库。如果不使用 die 语句，就不会输出"数据库连接失败"的提示；如果不使用 mysql_error() 函数，就不会输出"Unknown database name 'stduentinfo'"的提示。

## 14.4.2  用 mysql_error() 函数输出 SQL 语句的错误

在执行 MySQL 语句时产生错误是很难发现的，在 PHP 脚本中执行一个 MySQL 的添加、查询、删除语句时，如果是 MySQL 语句本身的错误，程序不会输出任何信息，除非对 MySQL 语句的执行进行判断，成功输出什么，失败输出什么。

为了查找出 MySQL 语句执行中的错误，可以通过 mysql_error() 函数对 SQL 语句进行判断，若存在错误，则返回错误信息，否则没有输出。该语句应放置于 mysql_query() 函数后。

【例 14-6】 通过 mysql_error() 函数返回 SQL 语句中的错误信息。

首先连接数据库，然后读取数据库中的数据，最后将数据库中的数据输出到浏览器中。

```php
<?php
    $sql = "SELECT *  FROM tb_students ";
    $query = mysql_query($sql, $conn);              // 执行 SQL 语句
    echo mysql_error();                             // 返回错误信息
```

```
        while($myrow = mysql_fetch_array($query)) {
?>
```

本例由于书写失误，将数据表的名称"tb_student"写成了"tb_students"，从而导致上述错误。如果在程序中不使用 mysql_error()函数，就不会输出"Table 'studentinfo. tb_students'doesn't exist"。

# 14.4.3　用 try-catch 语句抛出并捕获异常

在实际的程序运行中，可能存在一些不可预知的错误，如文件没有访问权限、网络连接中断等。虽然这些错误可以采用前面讲的错误处理方法解决，但是 PHP 提供了一种更好的处理方法，即异常处理。

异常处理是对产生的未知错误采取的处理措施，将错误处理的控制流从正常运行的控制流中分离。异常处理使编程者不用再绞尽脑汁去考虑各种错误，为处理某一类错误提供了一个很有效的方法，使编程效率大大提高。

异常处理是 PHP 5.0 中新的高级内置错误机制，提供了处理程序运行时出现的任何意外或异常情况的方法。在程序中，首先对可能产生异常的地方进行检测，如果在被检测的代码段中抛出异常，就会根据异常的类型捕获并处理异常；如果在被检测的代码段中没有抛出异常，就会继续执行其他代码，直到程序结束。

在 PHP 5.0 中通过 try-catch 语句和 throw 关键字对程序中出现的异常进行处理，其中 try 的功能是检测异常，catch 的功能是捕获并处理异常，throw 的功能是抛出异常，其语法格式如下：

```php
<?php
    try {                                       // 检测异常
        ...
        throw new Exception($errmsg, $errcode);  // 抛出异常
        ...
    }
    catch(Exception $e) {                       // 捕获并处理异常
        ...
    }
?>
```

其中，try 语句块为可能出现异常的代码，当有异常发生时，可以通过 throw 语句抛出一个异常对象，catch 语句块可以捕获并处理异常。如果在 try 语句块中有异常对象被抛出，则该语句块不会再继续往下执行，而是直接跳转到 catch 处捕获异常。

【例 14-7】通过 try-catch 语句捕获程序中的错误。

通过 try-catch 语句捕获在读取文本文件中的数据时产生的错误。关键代码如下：

```php
<?php
    try {                                       // 检测异常
        $fp = @fopen("text.txt","r");          // 在此处通过 "@" 屏蔽了错误的输出
        if($fp) {
            fwrite($fp, "文件权限设置错误！");    // 写入数据
            fclose($fp);                        // 关闭文件
        }
        else{
```

```php
        throw new Exception();                              // 抛出异常
    }
    }
    catch(Exception $e) {                                   // 捕获并处理异常
        echo "读取文件时出现错误！";
        die("错误出现的行数: ". $e->getLine(). "<br/>");     // 返回错误出现的行数
    }
?>
```

由于在本实例中读取的是不存在的文件，将显示错误提示信息"读取文件时出现错误！错误出现的行数：8"。

📢 注意：上例的 try-catch 语句应用了 PHP 5.0 的异常处理类 Exception，用于脚本发生异常时建立异常对象，该对象将用于存储异常信息并用于抛出和捕获异常。Exception 是所有异常的基类，其成员属性与成员方法都是用来记录和获取程序中的异常信息的。

异常处理可以通过 try-catch 语句实现，使用时需注意以下几点。

① 如果 try 语句块未抛出任何异常，try 语句块将运行完毕，catch 语句块的内容不会被执行。

② 如果 try 语句块抛出了异常，程序会立刻在 catch 语句块中寻找可以捕获该异常的语句块，并运行相应的 catch 语句块代码，然后跳出 try-catch 语句块继续运行。

③ 如果 try 语句块中的异常不能被 catch 语句块捕获，异常将会向上层（如果有）抛出，或者程序终止运行。

④ 在 catch 语句块中，异常类型后跟的是一个变量，这个变量将指向被捕获的异常实例对象。

虽然 PHP 内置的异常类 Exception 可以记录和获取程序中的异常，但有时用户希望采用自定义的异常类来处理特定类型的异常。注意，自定义的异常类必须继承自 Exception 类或其子类。

# 14.5　错误处理技巧

在 PHP 的错误报告中会输出一些包含服务器信息的提示，在实际应用的环境中，由于一些环境原因导致的错误可能会给服务器或 Web 系统带来安全隐患，因此对于可能出现的错误处理在实际应用环境中至关重要。

## 14.5.1　用"@"隐藏错误

PHP 提供了一种隐藏错误的方法，即在要被调用的函数名前加上"@"来隐藏可能由于这个函数导致的错误信息。例如，在应用 fopen()函数打开文件时，如果出现文件不存在或不可用等错误，PHP 会输出一条警告信息。关键代码如下：

```php
<?php
    $fp = fopen("fopen.txt","r");               // 以只读方式打开指定的文件
```

```php
    fclose($fp);                            // 关闭指定的文件
?>
```

从警告信息中可以看到，打开指定的文件失败，如果隐藏这个警告信息，可以在 fopen()函数和 fclose()函数前加上"@"。修改后的程序如下：

```php
<?php
    $fp = @fopen("fopen.txt","r");          // 屏蔽错误信息
    @fclose($fp);                           // 屏蔽错误信息
?>
```

## 14.5.2　自定义错误信息

在 PHP 中，使用错误隐藏的方法处理错误会令访问者很迷惑。因为访问者无法知道当前页面的状态，所以往往需要在隐藏错误信息的同时定义错误信息。定义错误信息通常使用 if 语句来完成，用于判断当没有错误时执行什么内容，当出现错误时执行什么内容。

【例 14-8】通过自定义错误信息提示错误。

应用 if 语句定义错误信息，判断执行的文件是否被打开，如果打开失败，就跳转到错误提示页面。

```php
<?php
    if($fp = @fopen("fopen.txt", "r")) {    // 判断文件打开的操作是否执行成功
        echo "文件打开成功！";              // 执行成功输出的内容
    }
    else {
        header("Location:error.html");      // 重定向页面
    }
    fcfose($fp);                            // 关闭文件
?>
```

当文件打开失败时，跳转到错误提示页面：error.html。

定义错误信息是在实际的生产环境中经常使用的一种提示错误信息的方法，该方法只给出一个错误的提示，并不会具体给出哪里出现了错误，从而可以避免访问者通过错误信息获取到程序中的一些重要信息。

# 思考与练习

1. 常见的错误类型有哪些？
2. 常用的程序调试方法有哪些？
3. （　　）表示致命的运行时错误。

A. E_ERROR　　　　　B. E_NOTICE　　　　C. E_ALL　　　　D. E_WARNING

4. 检测异常使用的关键字是（　　）。

A. catch　　　　　B. break　　　　　C. try　　　　　D. throw

5. 自定义的异常类必须继承自（　　）类或它的子类。

A. ERROR　　　　　B. MyError　　　　C. Exception　　　　D. MyException

# 参 考 文 献

[1]  李辉. 数据库技术与应用（MySQL 版）[M]. 北京：清华大学出版社，2016.

[2]  陈建国. PHP 程序设计案例教程[M]. 北京：机械工业出版社，2015.

[3]  马骏. PHP 应用开发与实践[M]. 北京：人民邮电出版社，2012.

[4]  软件开发技术联盟. PHP 自学视频教程[M]. 北京：清华大学出版社，2014.

[5]  孙鹏程，等. PHP 开发手册[M]. 北京：电子工业出版社，2011.

[6]  李辉，等. 数据库系统原理及 MySQL 应用教程 [M]. 2 版. 北京：机械工业出版社，2019.

[7]  孔祥盛. PHP 编程基础与实例教程[M]. 2 版. 北京：人民邮电出版社，2016.

[8]  陈浩. 零基础学 PHP [M]. 北京：机械工业出版社，2012.

[9]  李辉. PHP+MySQL Web 应用开发教程[M]. 北京：机械工业出版社，2018.

[10]  千锋教育高教产品研发部. PHP 从入门到精通[M]. 北京：清华大学出版社，2019.